鷹凌亞太

從美國的再平衡戰略
透視亞太軍演

林文隆、李英豪——著

名詞對照

縮寫或簡寫	全文	中譯
AFSB (I)	Afloat Forward Staging Base (interim)	浮動前沿發動基地（暫時）
CMO	Civil-Military Operations	軍民行動
A2/AD	Anti-Access and Area-Denial	反介入／區域拒止
ADIZ	Air Defense Identification Zone	防空識別區
AFB	Air Force Base	空軍基地
AFCEA	Armed Forces Communications and Electronics Association	武裝部隊通訊暨電子協會
AHW	Advanced Hypersonic Weapon	先進極音速武器
anti-SLOC	anti-Sea Lines Of Communication	反海上交通線
AOR	Area Of Responsibility	責任區域
ARG	Amphibious Ready Group	兩棲登陸群
ASB	AirSea Battle	空海整體戰
ASG	Abu Sayyaf Group	阿布薩耶夫組織
ATF	Amphibious Task Force	兩棲特遣部隊
BCA	The Budget Control Act	預算控制法
C2	Command and Control	指揮與管制
C4ISR	Command, Control, Communications, Computers, Intelligence, Surveillance and Reconnaissance	指揮、管制、通信、資訊、情報、監視與偵察
CALFEX	Combined Arms Live Fire Exercises	聯合武器實彈射擊演習
CARAT	Cooperation Afloat Readiness and Training	聯合海上戰備和訓練
CBMU	Construction Battalion Maintenance Units	建築營保修小隊
CE2	Combatant Command Exercise Engagement	戰鬥部隊指揮與演習交往
CFC	Combined Force Command	聯盟部隊指揮部

CIC	Confronting Irregular Challenges	應對非正規挑戰
CNO	Chief of Naval Operations	海軍軍令部部長（美國）
COC	Code of Conduct	行為準則
COMCAM	Combat Camera	戰鬥攝影
COP	Common Operational Picture	共同作戰圖像
CORIVFOR	Coastal Riverine Force	河岸部隊
CORIVRON	Coastal Riverine Squadron	河岸作戰中隊
CPX	Command Post Exercises	指揮所演習
CRF	Coastal Riverine Force	河岸部隊
CSG	Carrier Strike Group	航空母艦打擊群
CSL	cooperative security locations	合作安全地點
CSOFEX	Counter Special Operations Forces Exercises	反特種作戰（軍事演習）
CTF	Combined Task Force	聯盟特遣部隊
CTX	Combined Training Exercises	聯盟訓練演習
DACT	Dissimilar Air Combat Training	不同機種對抗空戰訓練
DOC	Declaration on the Conduct of Parties in the South China Sea	南海各方行為宣言
DSRV	Deep Submergence Rescue Vehicle	深海救難載具
ECD	Expeditionary Communication Detachment	遠征軍通訊分遣隊
ECRC	Expeditionary Combat Readiness Center	遠征作戰整備中心
EOD	Explosive Ordnance Disposal	爆破物處理
EODESU	Explosive Ordnance Disposal Support Units	爆破物處理遠征支援區隊
EODGRU	Explosive Ordnance Disposal Group	爆破物處理團
EODMU	Explosive Ordnance Disposal Mobile Units	破物處理區隊
EODTEU	Explosive Ordnance Disposal Training and Evaluation Units	爆破物處理訓練與評估區隊
ESF	Expeditionary Strike Force	遠征打擊部隊
ESG	Expeditionary Strike Group	遠征打擊群
FCX	Fire Coordination Exercises	火力協調演習
FOC	Full Operational Capability	完全作戰能力
FSA	Force Structure Assessment	兵力架構評估

FTX	Field Training Exercises	野戰訓練演習
GFS	Global Fleet Station	全球艦隊基地
GWOT	Global War On Terrorism	全球反恐戰爭
HA/DR	Humanitarian Assistance and Disaster Relief	人道救援暨災難救助
HCA	Humanitarian and Civil Assistance	人道暨民眾協助
HMAS	Her Majesty's Australian Ship	澳洲皇家海軍艦船
HMNZS	Her Majesty's New Zealand Ship	紐西蘭皇家海軍艦船
HSPD	Homeland Security Presidential Directive	國土安全總統訓令
HUMINT	Tactical Ground Human Intelligence	戰術性地面人工情報
IA	Individual Augmentee	特殊擴編
IOC	Initial Operating Capability	初始作戰能力
ISO POM	In Support Of Program Objective Memorandum	計畫目標備忘錄
IW	Irregular Warfare	非正規作戰
JASDF	Japan Air Self-Defense Force	日本空中自衛隊
JDS	Japanese Defense Ship	日本自衛隊艦船
JEBLC-FS	Joint Expeditionary Base Little Creek-Fort Story	小溪－史特瑞堡聯合遠征基地
JGSDF	Japan Ground Self-Defense Force	日本陸上自衛隊
JOAC	Joint Operational Access Concept	聯合作戰介入概念
JSOTF	Joint Special Operations Task Force	聯合特種作戰特遣小組
JTLS	Joint Theater Level Simulation	聯合戰區電腦兵棋系統
KADIZ	Korea S. Air Defense Identification Zone	南韓防空識別區
LCS	Littoral Combat Ship	濱海戰鬥艦
LOGEX	Logistics Exercises	後勤演習
MAFPSC	Mongolian Armed Forces Peace Support Center	蒙古國武裝維和支援中心
MAPEX	Map Exercises	沙盤推演
MCA	Maritime Civil Affairs	海上民事
MCASTC	Maritime Civil Affairs and Security Training Command	海上民事與維安訓練指揮部
MDA	Maritime Domain Awareness	海域警覺
MDA	Mutual Defense Assistance	協防援助

MDMAF	Mekong Delta Mobile Afloat Force	湄公河三角洲機動水上部隊
MDSU	Mobile Dive and Salvage Units	機動潛水救援區隊
MDT	Mutual Defense Treaty	協防條約
MEB	Marine Expeditionary Brigade	海軍陸戰隊遠征旅
MEDRETE	Medical Readiness Training Exercise	醫療救助訓練演習
MESF	Maritime Expeditionary Security Force	海上遠征維安部隊
MESRON	Maritime Expeditionary Security Squadron	海上遠征維安中隊
MEU	Marine Expeditionary Unit	海軍陸戰隊遠征隊
MIO	Maritime Interdiction Operations	海上阻絕行動
MLP	Maritime Landing Platform	機動登陸儎台
MOOTW	Military Operations Other Than War	非戰爭性軍事行動
MSO	Maritime Security Operations	海上維安行動
NAB	Naval Amphibious Base	海軍兩棲基地
NATO	North Atlantic Treaty Organization	北大西洋公約組織
NAVELSG	Navy Expeditionary Logistics Support Group	海軍遠征後勤支援大隊
NAVSOG	Naval Special Operations Group	海軍特種作戰隊
NCD	Naval Construction Division	海軍工兵師
NCG	Naval Construction Groups	海軍建築工程大隊
NCHB	Navy Cargo Handling Battalions	海軍貨品運輸營
NCHF	Navy Cargo Handling Force	海軍貨品處理部隊
NCR	Naval Construction Regiment	海軍建築工程團
NECC	Navy Expeditionary Combat Command	海軍遠征戰鬥指揮部
NEIC	Navy Expeditionary Intelligence Command	海軍遠征情報指揮部
NELR	Navy Expeditionary Logistics Regiments	海軍遠征軍後勤團
NHK	Nippon Hōsō Kyōkai（日語羅馬字）	日本放送協會
NIC	National Intelligence Council	國家情報委員會
NMCB	Naval Mobile Construction Battalion	海軍機動建築營
NRF	Navy Riverine Force	海軍河川部隊
NSPD	National Security Presidential Directive	國家安全總統訓令

NSWU	Naval Special Warfare Unit	海軍特種作戰隊
NWS	Naval Weapons Station	海軍武器站
OEF-P	Operation Enduring Freedom—Philippines	持久自由行動－菲律賓
OIF	Operations Iraqi Freedom	伊拉克自由行動
OMFTS	Operational Maneuver From The Sea	海上作戰機動
PHIBLEX	Amphibious Landing Exercise	兩棲登陸軍事演習
PIF	Pacific Islands Forum	太平洋島國論壇
PKO	Peacekeeping Operations	維和行動
PRT	Provisional Reconstruction Teams	臨時重建小組
QDR	Quadrennial Defense Review	四年期國防總檢討
RDRA	Rapid Disaster Response Agreement	快速災難反應協議
RIMPAC	Rim Pacific	環太平洋
RIVRON	Riverine Squadron	內河中隊
RSOI	Reception, Staging, Onward Movement, Integration	「反應、階段、前進與整合」（軍事演習）
RTAFB	Royal Thai Air Force Base	泰國皇家空軍基地
SALVEX	Salvage Exercise	救援演習
SAR	Search And Rescue	搜索與救難
SBX-1	Sea-Based X-Band Radar-1	海基 X 波段雷達 1 號
SFA	Security Force Assistance	維安部隊協助
SOF	Special Operations Forces	特種作戰部隊
SPDMM	South Pacific Defence Ministers' Meeting	南太平洋國防部長會議
SPIE	Special Patrol Insertion/Extraction	特種巡邏投入與撤出
SPLOS	States Parties to the Law Of the Sea	聯合國海洋法公約締約國
SRG	Seabees Readiness Group	海蜂整備大隊
STAFFEX	Staff Exercises	參謀演習
STOM	Ship To Objective Maneuver	艦船至目標的機動
STX	Situational Training Exercises	情境訓練演習
TAT	Tactical Airdrop Training	戰術空投
TEU	Training and Evaluation Unit	訓練評估區隊
TF	Task Force	特遣部隊
TOCEX	Tactical Operations Center Exercises	戰術行動中心演習
TSC	Theater Security Cooperation	戰區安全合作
TSN	Thousand-Ship Navy	千艦海軍

UAV	Unmanned Aerial Vehicle	無人飛行載具
UCT	Underwater Construction Teams	水下建築工程小組
UFC	Ulchi-Freedom Guardian	乙支自由衛士（軍事演習）
UPT	Underwater Photo Team	水下攝影小隊
USARJ	United States Army, Japan	美國駐日陸軍
USCG	United States Coast Guard	美國海岸防衛隊
USDOD	United States Department of Defense	美國國防部
USDOS	United States Department of State	美國國務院
USMC	United States Marine Corps	美國海軍陸戰隊
USS	United States Ship	美國（海軍）艦船
UXO	Unexploded Explosive Ordnance	未爆彈
VBSS	Visit, Board, Search and Seizure	查訪、登臨、搜查、扣押
VFA	Visiting Forces Agreement	軍隊訪問協定
WiMAX	Worldwide Interoperability for Microwave Access	全球互通微波存取
WMD	Weapons of Mass Destruction	大規模毀滅性武器

推薦序

　　海權鼻祖馬漢在其著作「海權論」中反覆強調：世界貿易、領土擴張、及海權，是使國家強大的鎖鑰；此可謂「海權論」的箇中三昧。19 世紀末，美國在馬漢的催促下，開始轉型為海權國家，並涉入亞太事務；自第二次大戰後迄冷戰結束期間，美國為嚇阻前蘇聯，乃採用全球部署及武力展示等戰略，漸次掌控全球的航道扼制點，確立全球開放，在自由世界建立起全球化的政經體系；迨冷戰末期，全球化蔚為席捲全球的風潮。從歷史的宏觀角度來看，這是拜「海權論」之賜；畢竟，正如英國學者指稱：海權是全球化進程的核心。

　　中共自 1978 年末推動經改，搭上全球化列車，不數年初嘗「海權論」況味，國家戰略開始由陸權轉向海權；時至今日，中共更深得箇中三昧，發展為崛起中的強權，挑戰美國的霸權地位。誠然，就「世界貿易」而言，北京致力建構區域全面經濟夥伴協定（RCEP），與華府的跨太平洋夥伴協定（TPP）分庭抗禮，爭奪區域經貿整合的主導地位；就「領土擴張」而言，在美國擴張前沿部署的束縛下，中共走向海洋擴大其所謂的核心利益，抗衡美國及其盟邦的制約；而就狹義的「海權」而言，中共海軍現代化進展快速，近年除發展遠洋海軍以維護貿易所賴的海上交通線之外，另強調提高近海綜合作戰、戰略威懾與反擊能力，更結合解放軍發展所謂「反介入／區域拒止」（A2/AD）戰力，捍衛漸次擴大的核心利益。美國在軍事支配優勢遭逢挑戰的情況下，本能地尋求強化狹義海權以為因應。

此即美國推出「戰略再平衡」的根本原因。美國自 2012 年 1 月初推出「戰略再平衡」，政學界多將之等同於「轉向亞洲」(pivot to Asia)，咸認再平衡包含經貿及外交等多種國力工具的運用。本文作者則正本溯源指出再平衡出自《國防戰略指南》，原意係將軍事部署重心調整轉向亞太，以因應中共的軍事挑戰。作者主張 21 世紀的國際政治，乃以美中海權競合為主軸；此論述無論就廣義或狹義的海權而言，均至為正確。事實上，從現實主義理論來看，狹義的海權實為廣義海權的中流砥柱。這也意味狹義的海權，扮演「戰略再平衡」的主體。

亞太國家大多以海相連，海上霸權美國自然尋求從海上進行再平衡布局，依其意志形塑區域安全環境。美國海軍指稱「海洋戰略乃是使用海權，以影響在海上及在陸上的軍事行動與活動」；本文作者據此確立「再平衡」與「海洋戰略」彼此間之指導與支持關係，並找出海洋戰略的核心運作機制，細究該機制在軍演中的角色、功能與職掌；作者更藉由綜整亞太軍演，檢視核心運作機制落實海洋戰略的程度，反向推論再平衡的進程與展望。這對於「再平衡」的學術探討，以及亞太軍演的軍事觀察而言，提供了跨領域、雙向交流印證、極富原創性的清新視角，厥為本書最可貴之處。本書付梓，說明作者的海軍專業背景與多年研究教學心得，相得益彰。

21 世紀初始，中美海權競合相互激盪、方興未艾；我中華民國位於國際政治中心舞台的正中央，將淪為兩雄爭奪擺佈的籌碼，抑或扮演兩雄之間的和平締造者，端視我國的海洋實力而定。本書問世，提醒我國亟需規劃國家戰略層級、可長可久、可

大可遠的海洋戰略，並以之指導國防戰略，俾利我國在亞太海權
競合的大棋盤中，有能力創機造勢、趨吉避凶，為國家謀求最大
福祉。

中華民國國防部前部長、高等政策研究協會秘書長

楊念祖　謹識

推薦序

　　通常鑽研純軍事領域的問題而能有所創見與心得已經是難能可得，而如果研究政治－軍事（POL-MIL）領域而有所得更是不易。當我們研究一個區域的政軍安全問題則是難上加難。因為當牽扯到數個國家時，很多關係的發展通常多屬動態的，很難將其定性。在冷戰後，美國的亞太區域政軍戰略實則成為重中之重，所以是全研究的核心與焦點。而其中，中國這個新興大國的崛起，而且也正阻擋不住的向強國地位疾行，更增加了問題的複雜性與困難度。

　　近年來，中國挾著與美國海軍幾乎數量已經概等的海軍艦艇，其在亞太地區活躍的程度遠超過需全球部署的美國海軍，中國快速發展的軍事現代化正在改變亞太地區的力量平衡，由於美國正在削減其國防預算，所以在亞太地區，中美軍事平衡正向有利於中國的方向傾斜。

　　面對中共在國力與軍力的高度發展，在戰略上美國只有兩種選擇，要麼冒著軍事的風險進入對其安全至關重要的區域，也就是那些關鍵性盟國以及有法律責任的友邦。或者是研究可以維持穩定的軍事平衡選項。這就需要美軍在此一區域維持投射足夠軍力的能力，以保護美國的利益、友邦和盟國。

　　美中關係改善以及在東亞事務上相互節制、穩定，是中美要避免所謂的「修昔底德陷阱（Thucydides Trap）」，才能化解敵意、避免衝突。但這並不代表美國會放棄東亞，美國介入亞太的戰略實質並未改變。儘管美國面臨軍費預算縮減的壓力，但美國不會減少對亞洲盟友的安全承諾，美國將繼續深化在亞太地區的軍事存在。在政治和經濟重返亞洲頗顯乏力的同時，美國正進一步希望通過借助地區性軍事同盟國的力量來遏制中國的政治、經濟和軍事擴張。美國在這個區域的軍事努力目標是希望成為一個較大的抵銷戰略的一部分。而這種的抵銷戰略中的一個關鍵因素是，對在該地區的盟友和夥伴展示美國持續保證他們不會成為被脅迫的受害者，或「芬蘭化」型式形成中國一部分的能力。在整個西太平洋地區維持一個穩定、良好的傳統軍事平衡。這意味著美軍必須要維持一種能防止中國在該地區侵略或脅迫行徑的能力，並在威懾失敗必要時作出有效反應。

解放軍海軍相信，在台海發生意外或是沿中國大陸近海區域發生某種衝突時，可以用「拒止」方式把意圖介入、干預的力量——主要是美國海軍——擋在東亞海域以外，或者是阻止其進入某一範圍之內。這個距離隨著兵力與武器的進步而越來越遠，如東風-21D 反艦彈道飛彈射程已達 1500-2000 公里，解放軍的反介入確實能讓外力的干預困難度與代價增加，增加到讓美國總統猶豫很長時間、從而使北京有足夠長的時間來實現其目標。

面對中共具遠攻能力的現代化兵力逐步加入其完全針對美軍的反介入／區域拒止的戰鬥序列，使美軍的介入將付出極高的代價，或是被拒止進入某一區域內。事實上美國早已察覺出戰略態勢在改變，美軍面對的是，要麼退出東亞然後整個退出亞洲，否則必須調整亞太軍事戰略與兵力部署。

美國調整亞太軍事戰略由前緣部署改為後退機動之際，相對的美國要求前緣的各友、盟國必須先單獨的抵擋首波攻擊而待後方機動的美軍支援，而美軍同樣寄望前緣的各友盟國提供護航兵力。在亞太區域美國希望日本與澳洲能扮演積極的角色。準此，美軍規畫一系列的聯合軍演，藉以建立與各盟、友邦的作戰默契。這些軍演正如美國再平衡的基本原則「不同於我們在冷戰、越戰期間所看到的，這次的參與將是嶄新的，規模更小，更靈活，政治上對我們的夥伴和盟友有可持續性。」而美軍本身也一改數十年的作風，強調跨軍種的合作，並藉「勇敢之盾」演習測試與磨練多軍種之統合。

作者能體察美國海軍在冷戰後期各年代的海軍戰略文件，至冷戰結束後應對新型態威脅、複雜多變的政軍情勢、新興大國與嶄新的海洋戰略概念的產生。其中在我國鮮有人能深入探討研究的，就是「海軍遠征戰鬥指揮部」低調地在全世界各戰略要域，深入核心地帶，遂行海軍外交，扮演實踐美國海洋／海軍戰略的前端指爪神經。這個部隊的運用完全是結合了美國海軍陸戰隊的「海上作戰機動」（Operational maneuver from the sea, OMFTS）與「艦船至目標的運動」（ship to objective maneuver, STOM），強調美國海軍支援陸上作戰的聯合作戰契合。

因此，遠征部隊的運用時空環境變化，促成美國海軍戰略思維的轉變，將最關鍵的制海權，從海洋控制轉變成兵力投射，填補海洋與陸地間棕水地帶空際；亦即，制海權「向陸」（landward）發展的概念乍現。這個兵力投射的意義在恐怖份子、海盜、核子與化武等之禁運防制，均有其特定的意義。我國海軍戰略思維由於受陸權思想的禁錮，這一部分目前連海軍陸戰隊的基本「向陸」都還在質疑之下尚難以成形。

台灣四面環海，98%以上的動力資源均賴海上交通線從中東運來，即便海線的暢通與否關係我國的維持時日，其重要性已如生命線，但遺憾的是：今天的我國是一個徹徹底底的陸權思想國家。林文隆博士在過去十餘年懷抱著「知其不可而為之」的信念，像傳教士般致力於海權思想的宣傳與推動，就足以讓我們欽佩。這本著作如果不是作者經長時間的深入研究，斷無可能梳理出那麼有系統的大作。

海軍退役中將　蘭寧利　謹識

推薦序

　　近代國際關係的發展，受到許多新型態因素的衝擊，例如：經濟自由化與網路民主化的加乘效果，讓國家之間的關係受到更多政經層面的影響，讓國家失去更多自主空間。加上，全球化浪潮的湧現，安全議題的多面向化，傳統與非傳統威脅相互交雜，軍事力量不再是維護國家安全的唯一手段。換言之，軍事力量加上與其他國家力量相互結合，透過綜合安全的手段才得以捍衛國家利益與安全。

　　例如中國崛起是一個當代國際戰略的重要挑戰，為了因應此一議題，美國從 2010 年推出再平衡亞太戰略，除了在經濟上提倡跨太平洋經濟夥伴架構 TPP、強化美國與本地區國家外交與政治合作外，在軍事戰略上，特別研議空海整體戰 ASB，事實上，就是一種綜合手段的運用。同時，ASB 屬於以美國為主軸的西太平洋軍事同盟指揮架構，區分不同作戰階段，同時賦予相關盟國聯合作戰相互支援能力的建構，尤其在海軍方面，既有大洋艦隊的布局，亦有存在艦隊的運用，足見美國海軍未來在空海整體戰的戰略角色。

　　本書論述的主軸結構在於：建構從再平衡戰略（理論）到亞太軍演（實務）的運作路線圖，並檢視亞太軍演為例證，評論美國推動「戰略再平衡」的進程與意涵。一言之，透過三種變項關係：國家利益、區域安全與歷史脈絡，亦即主體與客體、時間與空間三維結合，清楚呈現出國際關係理論與軍事戰略結合的實證研究成果，有助於補足國內學術界對此一問題的深度理解與研究成果。同時，根據本書的論述有助於了解台灣未來在美國亞太再平衡下軍事戰略的角色與功能，對於未來國軍在海洋戰略與軍事佈署，亦提供實證性政策參考意見。

　　總之，本書作者林文隆博士為國軍優秀社會科學研究人才，除了戮力於本職學能的精進之外，近年來在國防大學海軍學院與戰略研究所教授相關海軍戰略與戰術課程，並集中心力於國家海洋戰略與海軍戰略的研究，其相關作品散見各重要學術刊物，迭有佳作產生，發揮其書生報國為志業的心志。學術研究為一切事務的基礎，研究過程辛勞備至，應該給予更多鼓勵，特此推薦，未來有夠多後續佳作，以饗國際關係與戰略研究學界所需。

特此推薦

翁明賢（淡江大學國際事務與戰略研究所教授兼所長）

2014 年 12 月 1 日於淡江大學驚聲大樓 T1029 研究室

自　序

　　美國歐巴馬政府於 2012 年初宣告「戰略再平衡」後不久，四處宣稱「戰略再平衡」並非針對中共，且並非僅依賴軍事工具；尤其強調樂見和平繁榮的中國。

　　一般人都接受這套說辭，鮮少回顧「戰略再平衡」的發展脈絡及原始初衷。本書探究自 1990 年代中後期起、迄今近二十年來美國官方重要安全文件，發現歷任政府均將中共視為亞太地區的最大安全威脅；且「戰略再平衡」原意，即指調整軍事部署重心於亞太。易言之，儘管**「戰略再平衡」**並非針對中共，但毫無疑問**是以中共作為最主要對象**；儘管「戰略再平衡」並非僅依賴軍事工具，但無庸置疑**是以軍事作為最主要工具**。因此，「戰略再平衡」**著眼於以軍事因應中共在亞太的挑戰為重心；是美國維繫霸權、延續美利堅治世的亞太戰略**。

　　當美國國力走向疲軟、而中共相對走向崛起之際，美國更有必要炒作亞太地區的傳統／非傳統安全議題，拉幫結盟、加碼進場，主導亞太地區的軍演，俾利維繫其霸權地位。因此，美國必須要**藉由亞太軍演**展現**落實「戰略再平衡」**的決心、承諾、與嚇阻能力；亞太軍演是支持「戰略再平衡」的重要工具與方法。

　　自 2012 年起，學界探討「戰略再平衡」的理論性論述頗多，有如雨後春筍；然而，對於亞太軍演實務進行全面、體系性分析與綜整的著作，卻付之闕如。而一般報章媒體報導美國亞太軍演，往往僅關注有多少國家、戰機、戰艦、新式武器參與演習；

由於不瞭解作為軍演中流砥柱之美國海軍的戰略議程之故，鮮少能深入探究軍演的科目與內容，更遑論解讀美國推動「戰略再平衡」的進程與意涵。易言之，有關「戰略再平衡」的理論，迄今仍缺乏體系性地檢視軍演實務來加以印證。

本書的主要寫作動機，即在於填補此一缺憾；具體的**研究目的**，包括：**建構從再平衡戰略（理論）到亞太軍演（實務）的運作路線圖**，並**藉由有體系地檢視亞太軍演，評論美國推動「戰略再平衡」的進程與意涵。**

本書為期能呈現從國際關係理論概念到聯合軍演實務操作的整體戰略體系觀，乃秉持「**戰略三維**」－國家利益的高度、區域安全的廣度、及歷史脈絡的深度－等理念作為軸線，進行寫作。希望這一本書，能夠讓讀者看到：最高階層的美國總統，依**國家利益**需求而做成的決策，經過層層轉化，最終成為最低階層之演習士兵的戰術科目與戰鬥任務；從西太平洋的黃海、以迄印度洋，美國如何依據東北亞、東南亞、及環太平洋等各區的**區域安全**態勢，因勢利導，加碼進場，形塑有利自身的安全環境；從冷戰時代到後冷戰時代，亞太各區地緣戰略態勢演變的**歷史脈絡**，如何影響主要軍演的發展－緣起、目的、與內涵，尤其聚焦於近年因應再平衡的蛻變。

本書是**專為兩岸三地的戰略安全研究社群而寫**，論述盡可能採用美國官方與軍方文件，據以提升研究分析的可信度與說服力。然而，作者為引起所有中華文化地區人士，對於國際、亞太局勢的關注，尤其是瞭解當前美國與中共兩造之間海洋戰略競合的核心議題，寫作時力求深入淺出，淺顯易懂。因此，即使是一般社會人士、普羅大眾，隨手翻閱時將發現本書易讀性甚高。誠摯期望本書能協助大眾認清國際局勢、確認民族利益、凝聚國民意志；更期望本書能激勵當局擬定恢弘的海洋戰略、制訂更具前瞻性的戰略計畫、增進國家民族福祉。

林文隆　謹識 2014/10/10

目次

表目次

圖目次

CHAPTER 1

美國對亞太「戰略再平衡」

"..., while the U.S. military will continue to contribute to security globally, we will of necessity rebalance toward the Asia-Pacific region. Our relationships with Asian allies and key partners are critical to the future stability and growth of the region."

Secretary of Defense, ed., Sustaining US Global Leadership:
Priorities for 21st Century Defense

第一節　後冷戰時代美國的亞太威脅觀

　　1991 年蘇聯垮台、冷戰結束，美利堅治世（Pax Americana）－或稱美利堅和平時代－[1] 於焉展開。就美國政策制訂者的觀點來看，美國的全球使命涉及對國際社會的廣泛而直接的投資，這意味美國的國際和平與安全利益勢須涵蓋他國政府的穩定，並具備足夠的能力以維護市場經濟所需的法治。[2] 美國國家安全決策官員的論述及重要政府安全文件，對於亞太戰略環境的觀點，最能反映其領導階層對於亞太區域及特定議題的威脅認知。

◎美國歷任政府的亞太威脅認知

　　美國在柯林頓（Bill Clinton）主政時期（1993-2001），1997年發佈的第一份《四年期國防總檢討》（Quadrennial Defense Review, QDR）中，將國家利益概分為極端重要（vital）、重要（important）、人道及其他（humanitarian and other）等三類。[3] 其中，攸關其國家生存發展的極端重要利益包括：保護美國的主權、領土、與人口，防止並嚇阻核生化及恐怖主義對本土的攻擊

---

[1]　所謂治世，根據 Webmaster 網路辭典的定義，意指國際事務在某一最具勢力之軍事強權的影響下，維持一段時期的穩定狀態。

[2]　Seyom Brown, *The Illusion of Control: Force and Foreign Policy in the Twenty-First Century* (Washington DC: The Brookings Institution, 2003), pp. 75-76. Seyom Brown,《掌控的迷思──美國 21 世紀的軍力與外交政策》，李育慈譯（台北：國防部譯印軍官團叢書，2006），頁 108。

[3]　Office of Secretary of Defense, *Quadrennial Defense Review Report 1997*, ed. Department of Defense (Washington DC: Office of Secretary of Defense, 1997), p. 26.

與威脅；防止出現敵對的區域霸權；確保海洋、國際海上交通線、空中航線、與太空的自由；確保不受限制地自由進出關鍵市場；及嚇阻並打敗對美國盟國及友邦的侵略行動。[4] 美國在 1995 年及 1998 年發佈的兩份《國家安全戰略》中，更矢言要片面並斷然採取軍事武力，捍衛其極端重要的國家利益。[5]

美國小布希（George W. Bush）總統 2001 年初就任後，中情局局長泰內特（George J. Tenet）在內部簡報中，將中國崛起、恐怖主義、及大規模毀滅性武器並列為美國所面臨的三大威脅。[6] 同年 4 月 1 日，美軍機在南海專屬經濟海域對中共監偵時爆發擦撞事件，不僅引發美國是否有權在中國大陸周邊專屬經濟海域進行軍事監偵的爭議，也反映美中關係呈現對峙的惡化趨勢。所幸，9/11 恐怖攻擊事件暫時挽救美中關係。當年 9 月底的《四年期國防總檢討》指出：要防止敵對強權掌控重要區域，尤其包括歐洲、東北亞、東亞濱海、中東、及西南亞；此處所謂東亞濱海，係指自日本南部延伸到澳洲及孟加拉灣，尤其具挑戰性；且預見亞洲正逐步醞釀大規模的軍事競爭，並具體指出自中東到東北

---

[4] Office of Secretary of Defense, *Quadrennial Defense Review Report 1997*, p. 26. 2014 年 2 月 5 日，美國主管東亞與太平洋事務助理國務卿 Daniel Russel 在對國會眾議院外交事務委員會的證辭中，聲明在東海與南海的航行及飛航自由（freedom of navigation and overflight）事關美國國家利益，此話呼應國際海上交通線與空中航線屬於極端重要的國家利益；詳見後文第四、五章。

[5] President of the United States (ed.), *A National Security Strategy of Engagement and Enlargement* (Washington DC: White House, 1995), p. 12. President of the United States (ed.), *A National Security Strategy for A New Century*, (Washington DC: White House, 1998) p. 5.

[6] Bob Woodward, *Bush at War* (New York: Simon & Schuster, 2002), pp. 34-35..

亞，因區域強權興衰交替之故，構成一不穩定之弧。[7] 因此，美國的全球兵力規劃將進行典範轉移，固然改以滿足全般兵力需求為焦點，但兵力規劃上仍然維持同時在兩個戰區（東北亞及西南亞）打贏侵略戰爭的作戰能力。[8]

值得注意的是，該文件竟然隻字未提中共；顯然，美國為了因應反恐大局需要，大幅修正對於中共的敵視態度。

小布希總統第二任執政時期，2006 年《國家安全戰略》要求北韓放棄核武；[9] 指控俄羅斯民主倒退；[10] 在論及美國對東亞的安全態勢立場時，美國一方面敦促中共擁抱市場經濟與自由民主、扮演負責任的利害關係者（responsible stakeholder），但另一方面也矢言要對中共不透明的軍事擴張、及其他可能的不利發展採取防範措施。[11] 此際，美國對東南亞的關注聚焦於藉由拓展經貿投資、獎掖民主人權發展，促進其穩定與繁榮。[12] 2006 年《四年期國防總檢討》，同樣關注俄羅斯民主倒退、北韓發展核生化武器及對其他國家出售長程飛彈；[13] 另外，點名中共是所有新興

---

[7] Office of Secretary of Defense, *Quadrennial Defense Review Report 2001*, ed. Department of Defense (Washington DC: Office of Secretary of Defense, 2001), pp. 2, 4.

[8] Office of Secretary of Defense, *Quadrennial Defense Review Report 2001*, pp. 17-18.

[9] President of the United States (ed.), *The National Security Strategy of the United States of America 2006*, p. 21.

[10] President of the United States (ed.), *The National Security Strategy of the United States of America 2006*, p. 39.

[11] President of the United States (ed.), *The National Security Strategy of the United States of America 2006*, pp. 26, 28, 30, 41, 42.

[12] President of the United States (ed.), *The National Security Strategy of the United States of America 2006*, p. 40.

[13] Office of Secretary of Defense, *Quadrennial Defense Review Report 2006*, ed. Department of Defense (Washington DC: Office of Secretary of Defense, 2006),

國家中，「最有可能與美國進行軍事競爭的國家」。[14] 該文件並聲明要在關島部署 6 部航空母艦（以下簡稱航母）戰鬥群及 11 艘核潛艦；此乃美國防戰略轉向亞太的重要里程碑。

美國歐巴馬（Barrack Obama）總統 2009 年初上任不久，美國家情報總監 Dennis Blair 在 2009 年 9 月的《國家情報戰略》中明確指出，伊朗、北韓、中共、及俄羅斯在傳統安全領域挑戰美國利益。其中，北韓追求核子及彈道飛彈戰力、向外輸出核子及彈道飛彈、且具備龐大傳統戰力，威脅東亞和平安全；中共聚焦自然資源的外交及軍事現代化，構成複雜的全球挑戰；俄羅斯尋求重新崛起的權力與影響力，加重對美國利益的威脅。[15]

2010 年 2 月《四年期國防總檢討》中，美國關切中共軍事現代化發展反介入戰力、軍備發展不透明、及其對亞洲甚至於亞洲以外的行為及意圖；[16] 美國也關切北韓及伊朗積極測試並部署新式彈道飛彈系統。[17] 在該文件中，美國政府首次具體而明確提及要強化與泰菲等舊盟友關係，深化與新加坡的夥伴關係，並與印尼、馬來西亞、越南發展新戰略關係，俾在東南亞因應諸如反恐、反毒、及人道救援暨災難救助（humanitarian assistance & disaster

---

pp. 29, 32.

[14] Office of Secretary of Defense, *Quadrennial Defense Review Report 2006*, p. 41.

[15] Dennis C. Blair, *The National Intelligence Strategy of the United States of America* (Washington DC: Office of the Director of National Intelligence, August 2009), p. 3.

[16] Office of Secretary of Defense, *Quadrennial Defense Review Report 2010*, ed. Department of Defense (Washington DC: Office of Secretary of Defense, 2010), pp. 31, 60.

[17] Office of Secretary of Defense, *Quadrennial Defense Review Report 2010*, pp. 31, 101.

relief, HA/DR）等非傳統安全議題。[18] 值得注意的是，其中菲、印、馬、越等國涉及與中共在南海的爭端。

在 2010 年 5 月《國家安全戰略》中，歐巴馬政府期盼與俄羅斯共同追求無核武的世界；[19] 持續與中共追求正向且建設性的全面關係，但也將監視中共的軍事現代化，確保美國及其盟國利益不致受到負面影響。[20] 該文件對東南亞的關注，除強調拓展經貿投資促進發展繁榮外，也將增加安全合作以因應暴力性的極端主義及核子擴散。[21] 2011 年 2 月美國《國家軍事戰略》提及北韓的核子戰力對區域穩定帶來風險；[22] 持續關切中共的軍事現代化外，首次在重大國安文件中，對中共在太空、網際空間、黃海、東海、南海的強勢立場表達關注。[23]

美國國防部原本每年向國會提交《中共軍力報告》（Military Power of the People's Republic of China），自 2010 年起改稱《中國軍事與安全發展》（Military and Security Developments Involving the People's Republic of China）。《中共軍力報告》及《中國軍事與安全發展》等一系列安全文件，非常關注中共與周邊國家的

---

[18] Office of Secretary of Defense, *Quadrennial Defense Review Report 2010*, p. 59.

[19] President of the United States (ed.), *National Security Strategy* (Washington DC: White House, 2010), p. 23.

[20] President of the United States (ed.), *National Security Strategy*, p. 43.

[21] President of the United States (ed.), *National Security Strategy*, p. 43.

[22] Joint Chiefs of Staff (ed.), *The National Military Strategy of the United States of America* (Washington DC: Department of Defense, 2011), pp. 3, 13.

[23] Joint Chiefs of Staff (ed.), *The National Military Strategy of the United States of America*, p. 14.

領土爭端，主要如中日東海油氣田與釣魚台列嶼（Diaoyu/Senkaku islands）爭議、南海爭議、與中印邊界爭議等。[24]

2014 年 3 月的《四年期國防總檢討》中，關注中共軍事現代化透明度不足，且領導人軍事意圖不明；尋求發展「反介入／區域拒止」戰力、及利用網路及太空科技挑戰美國。[25]

綜整以上屬總統職權的《國家安全戰略》，屬國防部長職權的《四年期國防總檢討》、《中共軍力報告》、《中國軍事與安全發展》，以及屬聯參主席職權的《國家軍事戰略》等重要安全文件，發現自後冷戰時代以來，美國歷任政府對亞太的安全觀，除關注俄羅斯的重新崛起、北韓的核武與傳統軍備發展外，已確認中共是亞太區域安全的最大挑戰。東南亞個別相關諸國被美國提上安全議程，顯然與南海議題增溫有關。

---

[24] Office of the Secretary of Defense, *Military and Security Developments Involving the People's Republic of China 2010*, ed. Department of Defense (Washington DC: Office of the Secretary of Defense, 2010), pp. 16-17; Office of the Secretary of Defense, *Military and Security Developments Involving the People's Republic of China 2011*, ed. Department of Defense (Washington DC: Office of the Secretary of Defense, 2011), p. 15; Office of the Secretary of Defense, *Military and Security Developments Involving the People's Republic of China 2012*, ed. Department of Defense (Washington DC: Office of the Secretary of Defense, 2012), p. 3; Office of the Secretary of Defense, *Military and Security Developments Involving the People's Republic of China 2013*, ed. Department of Defense (Washington DC: Office of the Secretary of Defense, 2013), pp. 3-4.

[25] Office of Secretary of Defense, *Quadrennial Defense Review Report 2014*, ed. Department of Defense (Washington DC: Office of Secretary of Defense, 2014).

◎中共益發強勢的「核心利益」

美國重要安全文件中，首先於 2010 年《中國軍事與安全發展》，注意到中共對於其所謂「核心利益」（core interests）的說法。該文件指稱中共國務院國務委員戴秉國於 2009 年 7 月將核心利益定義為：保護基本體系與國家安全，國家主權與領土完整，及持續而穩定的經濟與社會發展。[26] 隨後，該系列文件密切注意該詞彙的演變。

2010 年 3 月爆發南韓「天安艦」（ROKS Cheonan, PCC-772）事件，促成美韓計畫在黃海擴大軍演。新聞媒體報導，中共高層官員於 2010 年 3 月私下會見來訪的美國副國務卿 James Steinberg 及美國國安會亞洲事務資深主任 Jeffrey Bader 時，透露中共界定其所謂的「核心利益」地區，除臺灣、新疆與西藏之外，另外還包括黃海與南海。[27] 後來，美國學者 Michael Swaine 查證此說並不確實。[28]

美國 2011 年《中國軍事與安全發展》指出，2010 年 12 月，戴秉國說明中共的外交政策時，列舉其核心利益包括：共產黨領導的國家體系，社會主義政治體系，及政治穩定；主權與安全，

---

[26] Office of the Secretary of Defense, *Military and Security Developments Involving the People's Republic of China 2010*, p. 18.

[27] Lee Jeong-hoon, "Living Target," *Donga.com*, 2010, http://english.donga.com/srv/service.php3?biid=2010070748478 (accessed July 13, 2010). 然而，後來美國學者 Michael Swaine 查證，中共高層官員並未如此表述，因此媒體傳聞並不確實；參見 Michael Swaine, "China's Assertive Behavior Part One: On "Core Interests"," *China Leadership Monitor*, Vol. 2011, No. 34, June 15, 2011, pp. 8-9.

[28] Swaine, "China's Assertive Behavior Part One: On "Core Interests"," pp. 8-9.

領土完整，與國家統一；持續的經濟與社會發展。[29] 該文件指出，中共近年越趨頻繁地強調主權與領土利益是核心利益，並敦促美國「尊重」中國的核心利益。[30] 2012 年《中國軍事與安全發展》指出，中共為推進自詡的核心利益，正大力且有系統地追求軍事現代化。[31]

　　同一時期，釣魚台問題持續惡化，中日對峙越演越烈，媒體報導中共於 2013 年 4 月將釣魚台納入所謂的核心利益地區。儘管中共官方對於「核心利益」的地理定義仍然有待釐清，但無論如何，中共強勢主張核心利益已成普遍的既定印象。2013 年 11 月 20 日，「美中經濟暨安全檢討委員會」出版書面報告，該委員會副主席 Dennis C. Shea 在國會的聽證會中作證稱，中共官方與非官方消息指稱東海與南海攸關核心利益；[32] 而且，中共藉由聲明「核心利益」，向他國傳遞北京不會在特定議題政策上妥協的政治信號，並意味中共將使用武力捍衛核心利益。[33] 西方學者如 Robert Sutter，懷疑中共未來可能放棄和平發展路線。[34]

---

[29] Office of the Secretary of Defense, *Military and Security Developments Involving the People's Republic of China 2011*, p. 13.

[30] Office of the Secretary of Defense, *Military and Security Developments Involving the People's Republic of China 2010*, pp. 1, 56.

[31] Office of the Secretary of Defense, *Military and Security Developments Involving the People's Republic of China 2012*, p. 2.

[32] Dennis C. Shea, "US-China Economic and Security Review Commission *2013 Report to Congress*: China's Maritime Disputes in the East and South China Seas, and the Cross-Strait Relationship," in *Report to Congress of the US-China Economic and Security Review Commission* (Washington DC: US-China Economic and Security Review Commission, 2013), p. 4.

[33] Shea, "US-China Economic and Security Review Commission *2013 Report to Congress*," p. 4.

[34] 轉引自 Aaron Jensen, "Military Mindedness," *Strategic Vision*, Vol. 2, No. 8 (2013), p. 25.

◎美國的南海政策與意涵

　　南海議題值得進一步探討。冷戰結束後，因美國宣布如果菲律賓無法提供基地，美國無法保證提供協助，導致美軍撤出，雙方同盟關係在 1990 年代瀕臨解體，1995 至 1998 年間美菲雙邊「肩並肩」（Balikatan）聯合軍演完全停辦；但隨後南海議題的加溫，促使美方重新思考南海的戰略價值。

　　南海本身蘊藏豐富油氣漁礦，引發許多周邊國家涉入聲索主權與搶奪資源爭端；更由於南海連接太平洋與印度洋、掌握交通要衝之故，引發諸多南海域外強權關切海上交通線的安全議題。由於大部分的亞太國家都是南海的利害關係者，南海議題牽連廣泛，極具特殊性。前文提及 2001 年小布希政府執政之初的軍機擦撞事件，2009 年初歐巴馬上任後，3 月 8 日美國海軍「無瑕號」（USNS Impeccable, T-AGOS-23）海洋監測船，在海南島潛艦基地以南 75 英里監測中國潛艇位置時，遭中共包括情報船在內的五艘船艦包圍，無瑕號聲納亦遭破壞。同年 6 月，美國「麥肯號」（USS John S. McCain, DDG-56）飛彈驅逐艦在菲律賓蘇比克灣附近遭中國潛艦跟監，聲納也遭中方潛艦撞壞，重新引爆美國是否有權在中國大陸周邊專屬經濟海域進行軍事監偵的爭議。

　　美國務卿柯林頓（Hillary Clinton）在 2009 年 7 月宣佈「重返亞洲」（"the US is back"），似正呼應 2001 年的軍機擦撞事件，宣示美國再次介入南海爭議的決心。隨後，美國國防部長蓋茲（Robert Gates）在 2010 年 6 月的香格里拉會談（Shangri-La Dialogue）中宣布南海政策，包含五點：航行自由及不受阻礙的經濟發展、美國不會在主權爭議選邊站、反對武力使用阻礙航行自由、美國及國際間的合法經濟活動應予保護、所有各方依循習慣國際法和平手段及多邊努力來解決分歧。[35]

自此，歐巴馬及柯林頓不斷重申其南海政策。[36] 在同年 7 月底的東南亞國協（東協）區域論壇，柯林頓聲稱航行自由事關美國家利益，且力促以「合作的外交進程」（a collaborative diplomatic process）解決領土問題，[37] 等同公然反對中共所謂的核心利益說及雙邊途徑解決說。

2010 年 8 月中旬，美國國防部在其向國會呈報的《2010 中國軍事與安全發展》非機密部分報告中，指出中共將反海上交通線（anti-sea lines of communication, anti-SLOC）列為海軍主要任務之一，[38] 似是藉此挑動「中國威脅論」，警告所有利用中共周

---

[35] USDOD, "International Institute For Strategic Studies (Shangri-La--Asia Security) Remarks as Delivered by Secretary of Defense Robert M. Gates, Shangri-La Hotel, Singapore, Saturday, June 05, 2010," 2010, http://www.defense.gov/speeches/speech.aspx?speechid=1483 (accessed Jul 18, 2011). 筆者自行中譯

[36] 例如，USDOS, "Remarks at Press Availability, Hillary Rodham Clinton, National Convention Center, Hanoi, Vietnam," *Department of State*, 2010, http://www.state.gov/secretary/rm/2010/07/145095.htm (accessed 30 July, 2010).另參見 USDOS, "South China Sea Press Statement Patrick Ventrell August 3, 2012," *US Department of State*, 2012, http://www.state.gov/r/pa/prs/ps/2012/08/196022.htm (accessed August 8, 2012). 2014 年 2 月 5 日，美國主管東亞與太平洋事務助理國務卿 Daniel Russel 在對國會眾議院外交事務委員會的證辭中，聲明美國在東海與南海的國家利益包括：maintenance of peace and stability; respect for international law; unimpeded lawful commerce; and freedom of navigation and overflight in the East China and South China Seas；Daniel R. Russel, "Maritime Disputes in East Asia," *US Department of State*, 2014, http://www.state.gov/p/eap/rls/rm/2014/02/221293.htm (accessed February 12, 2014). 在本書的註腳中，作者欄的"USDOS"代表美國國務院。

[37] USDOS, "Remarks at Press Availability, Hillary Rodham Clinton, National Convention Center, Hanoi, Vietnam."

[38] 中共海軍海上作戰準則（doctrine for maritime operations）聚焦於六項攻

邊海域作為海上交通線的相關國家，要提防中共的強勢作為。次年，美國國防部復於《2011 中國軍事與安全發展》報告中，指出中共海軍的關注重心仍是「『第一島鏈和第二島鏈』內的意外事件，尤其以與美國部隊在臺灣問題上的潛在衝突或者領土糾紛為主」，[39] 寓意南海衝突日益升高。2011 年末，柯林頓更斷言南海航行自由事關美國極端重要利益。[40] 2012 年 2 月底，美軍太平洋司令部海軍指揮官 Robert F. Willard 上將，在對參院的證詞中，指控中共將其所發展的「反介入／區域拒止」（anti-access and area-denial, A2/AD）戰力延伸進入南海。[41]

綜整以上美國政軍領導階層及安全文件對於中共在南海行為的觀點，發現美國隱然指控中共危害南海的自由航行及海上交通線的安全，衝擊美國進出南海周邊關鍵市場的自由，且可能侵略美國在南海的盟國及友邦；對美國而言，中共儼然成為南海區域的敵對霸權。簡言之，依美國 1997 年《四年期國防總檢討》定義，中共在南海已威脅到美國的多項極端重要利益；因此，柯

擊與守勢作戰任務，包括：封鎖（blockade）、反海上交通線（anti-sea lines of communication）、海對陸攻擊（maritime-land attack）、反艦（antiship）、海上交通保衛（maritime transportation protection）、與海軍基地防衛（naval base defense）；參見 Office of the Secretary of Defense, *Military and Security Developments Involving the People's Republic of China 2010*, p. 22.

[39] Office of the Secretary of Defense, *Military and Security Developments Involving the People's Republic of China 2011*, p. 23.

[40] Hillary Clinton, "America's Pacific Century," *Foreign Policy*, Vol. 2013, No. 189 (2011), pp. 57, 61.

[41] Senate Armed Services Committee (ed.), *Statement of Admiral Robert F. Willard, US Navy Commander, US Pacific Command, before the Senate Armed Services Committee on Appropriations on US Pacific Command Posture, 28 February 2012* (Washington DC: US Senate, 2012), p. 9.

林頓的極端重要利益說，等同隱然警告：在南海議題上，美國可能為捍衛其極端重要利益，斷然與中共開戰。

第二節　「戰略再平衡」⇔「權力轉移」

中共自 1978 年底鄧小平復出實施經改以來，國力大舉成長；1991 年蘇聯垮台後，中共漸成美國潛在的圍堵目標。2000 年代初，中共內部出現「和平崛起」的論述；但北京為消弭中國挑戰既有體系、權力轉移的疑慮，重新強調堅持「和平發展」的國家戰略。然而，中共所謂的堅持「和平發展」，並未能消減美國對於亞太可能發生權力轉移的疑慮。客觀地說，中共經濟持續蓬勃發展，國際學界預測其取代美國成為全球第一大經濟體的進程不斷提前；[42] 而且，中共強勢主張核心利益、積極從事軍備建設，已成普遍認知。以上狀況，使得美中深陷權力轉移的戰略互疑的情境之中，難以自拔。

---

[42] 美國國家情報委員會（National Intelligence Council）預測：如以相對購買力（purchasing power parity, PPP）計算，中共的 GDP 將於 2022 年超越美國；如以市場匯率（market exchange rates, MERs）計算，中共的 GDP 將於 2030 年超越美國；參閱 Christopher Kojm, *Global Trends 2030: Alternative Worlds* (Washington DC: National Intelligence Council, December 2012), pp. 16, footnote a.

◎「戰略再平衡」的發展脈絡

中共軍力的快速成長，尤其是中共海軍現代化及走向遠洋最令人矚目，促使美國自後冷戰時代以來，在歷年重要文件中，包括《國家安全戰略》、《四年期國防總檢討》、《中共軍力報告》、及《國家軍事戰略》等，始終尋求將中共納入美國所主導的政經體系，並防範中共對既有體系的挑戰，已如前節所述。

就國際關係理論而言，以上美國重要安全文件顯示，自後冷戰時代以來，美國歷任政府採「霸權穩定論」的論述。霸權（hegemony）一詞源自於希臘，原義乃指政治上的領導地位；[43]即使在現代，霸權主義（hegemonism）仍遵循原義，指某國家、地區、或集團以其優勢政治經濟影響力，支配其他國家的局面。學者 Rowlands 將「大英治世」（Pax Britannica）歸功於「霸權穩定論」（hegemonic stability）；[44] 霸權穩定論係 Robert Keohane 所創，意指全球第一強權運用外交、脅迫及勸誘方式維繫和平；第一強權藉其支配性影響力，減少國際社會的無政府狀態、嚇阻侵略、提倡自由貿易，為全球提供政治與經濟秩序。[45]

當今的美利堅治世，相較於之前的大英治世更具規模與制度。美國歷任政府的重要安全文件論述，無論是新自由主義式的

---

[43] Robert Gilpin, *The Political Economy of International Relations* (Princeton: Princeton University Press, 1987), p. 66 note 2.

[44] Kevin Rowlands, ""Decided Preponderance at Sea" Naval Diplomacy in Strategic Thought," *Naval War College Review*, Vol. 65, No. 4 (2012), p. 93.

[45] Rowlands, ""Decided Preponderance at Sea" Naval Diplomacy in Strategic Thought," p. 93. Joshua S Goldstein and Jon C. Pevehouse, *International Relations*, 9 ed. (New York: Russak & Company, 2010), p. 58.

國際政經體系整合訴求，或是新現實主義式的軍事嚇阻作為，都有利於美國延續其霸權地位。

　　檢視美國權力核心階層的熱切期望，能獲得進一步印證。面對亞太正醞釀中的權力轉移，2011 年 1 月 26 日，美國國防部發言人莫雷爾（Geoff Morrell）表示，美國今後將「沿著太平洋盆地邊緣，尤其是東南亞地區，增強軍力部署」。[46] 2011 年末，國務卿柯林頓在外交政策（Foreign Policy）期刊所發表《美國的太平洋世紀》一文中，指出亞太橫跨印太兩洋，有許多全球經濟發展的關鍵引擎，已成為全球地緣政治的關鍵；因此，美國將「面向亞洲」（pivot to Asia），確保 21 世紀是美國的太平洋世紀；並藉由維持亞太的和平安全，推動全球的進步。[47] 約莫同時，歐巴馬在澳大利亞國會演說，指出「即使大幅削減預算也不會犧牲亞太」，斷言「美國是太平洋強權，我們會留在這裡」。[48] 美國繼 2011 年 12 月下旬正式完成伊拉克撤軍後，另計畫於 2014 年完成阿富汗撤軍。2012 年元月初，歐巴馬發表《維繫美國的全球領導地位：21 世紀防衛優先任務》（Sustaining US Global　Leadership: Priorities for 21st Century Defense），指出美國的經濟及安全利益，與自西太平洋及東亞延伸至印度洋及南亞的弧帶區域之發展密不可分；為區域安全穩定計，美國軍事戰略部署勢必需要向亞

---

[46] DoD, "DOD News Briefing with Geoff Morrell from the Pentagon," 2011, http://www.defense.gov/transcripts/transcript.aspx?transcriptid=4758 (accessed August 14, 2011).

[47] Clinton, "America's Pacific Century," p. 57.

[48] Barrack Obama, "Remarks by President Obama to the Australian Parliament," *White House*, 2012, http://www.whitehouse.gov/the-press-office/2011/11/17/ remarks-president-obama-australian-parliament (accessed November 20, 2011).

太再平衡（rebalance toward the Asia-Pacific region）。[49] 此即眾所周知的「戰略再平衡」或「再平衡戰略」。

依據霸權的原義來看，柯林頓之《美國的太平洋世紀》所揭示的「面向亞洲」，及歐巴馬之《維繫美國的全球領導地位》所揭示的對亞太「戰略再平衡」，兩份文件的標題及核心旨趣，在在顯示美國決策領導階層以維繫亞太霸權、防止權力轉移為志業。2012 年 5 月，歐巴馬在美國空軍官校演說，復指「21 世紀將會是另一個偉大的美國世紀」，[50] 無異是美國矢志維繫全球及亞太霸權的另一註腳。

◎「戰略再平衡」的內涵與意涵

歐巴馬發表該文時，係由前國防部長潘內達（Leon Panetta）及聯參主席鄧普西（Martin Dempsey）上將兩位文武大員及其他國防部高層人員陪同，在國防部簡報室發表；尤其，該文件另一正式名稱係《國防戰略指南》（Defense Strategic Guidance）。《維繫美國的全球領導地位》的重要內涵包括：

1. 在揭示未來軍事戰略部署將大幅轉向亞太此一特點後，提及美國國防部要在該區強化與既有盟國的關係，拓展與新興夥伴的合作，投資與印度的戰略夥伴關係。

---

[49] Secretary of Defense, *Sustaining US Global Leadership: Priorities for 21st Century Defense*, ed. Department of Defense (Washington DC: Department of Defense, 2012), pp. 2, 4.

[50] White House, "Remarks by the President at the Air Force Academy Commencement," *White House*, 2012, http://www.whitehouse.gov/the-press-office/2012/05/23/remarks-president-air-force-academy-commencement (accessed June 1, 2012).

2. 在回顧當前全球戰略態勢一節中，固然提及俄羅斯、伊朗、……等傳統／非傳統安全威脅來源，但論述亞太戰略環境時，僅具體提及北韓及中共。

3. 隨後，列舉美國軍事部隊必須準備執行的十大關鍵安全任務，包括：反恐怖主義和非常規戰爭、威懾和擊敗侵略、在「反介入與區域拒止」挑戰下完成兵力投射、反大規模毀滅武器、在網際網路與太空有效運作、維持安全與有效的核武嚇阻能力、防衛國土並對民事機關提供支援、提供有助穩定的駐軍、進行安定與平亂作戰、執行人道救援、災害防救及其他任務等。[51]

　　以上內涵精華，透露若干重要意涵。首先〈維繫美國的全球領導地位〉一文，本質上完全是如假包換的《國防戰略指南》；該文內容純僅以軍事領域為限，此說明軍事是「戰略再平衡」的核心考量。其次，美國軍事戰略部署既然以向亞太再平衡為特點，而且僅認知中共及北韓為亞太安全威脅的唯二來源，凸顯中共及北韓在美國威脅清單中的優先地位。最後，十大關鍵任務與中共的關聯性遠高於北韓，意味中共是威脅考量的重中之重。綜而言之，「戰略再平衡」之原始初衷乃是以軍事因應中共在亞太的挑戰為重心，確保美國的軍事實力明顯強過於潛在的對手中共，使中共斷卻挑戰之念頭；因此，「戰略再平衡」是美國維繫霸權、防止權力向中共轉移的亞太戰略。

　　中共強勢主張核心利益，相對於美國「面向亞洲」及對亞太「戰略再平衡」，意味美中海權競合已成 21 世紀的國際政治主

---

[51] Secretary of Defense, *Sustaining US Global Leadership: Priorities for 21st Century Defense*, pp. 1, 4-6.

軸，且國際政治的中心舞台，自西太平洋延伸至印度洋。由於中共經濟蓬勃發展而美國經濟疲軟不振，未來中共海軍在經濟成長的支撐下不斷強化軍備，其艦艇數量有可能持續穩定地增加並擴大超越美國的幅度；美國勢必要藉由強化與既有盟國及新興防衛夥伴的關係，作為因應。美國現有與亞太各國簽訂的軍事協防條約，如下圖所示。

資料來源：作者繪製

圖1　美國與亞太各國簽訂的軍事協防條約

美國始終強調與日韓澳泰菲等國的同盟關係，是亞太和平、穩定、繁榮的基石，並矢言與這些盟國共同致力維護區域的安全。[52]美國在與亞太各國簽訂的軍事協防條約架構下，定期、不定期地舉行雙邊或多邊的軍事演習，這些大大小小的軍演，是支撐美國「再平衡戰略」的重要力量，亦是美逐步編織「空海整體戰」（AirSea Battle, ASB）（見第七章第一節）綿密網絡的關鍵手段。

◎「權力轉移」與南海議題的聯結

當西太平洋至印度洋之弧形海域躍升為國際政治中心舞台之際，南海由於坐落於中心舞台的正中央，且大部分亞太國家都是南海議題的利害關係者之故，自然成為美中兩國縱橫捭闔的場域。學者 Patrick M. Cronin 及 Robert D. Kaplan 聲稱，南海將會成為決定未來美國領導地位的競技場，並且指出中共對於美國海軍的優勢地位將形成日益嚴峻的挑戰；如果美國不加以抑制，中共可能破壞自二戰結束以來的權力平衡；最後，區域國家將被迫加入勢力強大的中共陣營。[53] 由此觀之，南海儼然已成為中美權力轉移的核心競技場。

根據權力轉移（power transition）理論，當逐漸衰弱的霸權與新興崛起的強權彼此間國力差距消失，且後者對現況不滿，並

---

[52] 例如，President of the United States (ed.), *National Security Strategy*, p. 42. Clinton, "America's Pacific Century," p. 58.

[53] Patrick M. Cronin and Robert D. Kaplan, "Cooperation from Strength: US Strategy and the South China Sea," in Patrick M. Cronin (ed.), *Cooperation from Strength: The United States, China and the South China Sea* (Washington DC: Center for New America Security, 2012), pp. 7-8.

意圖使用武力改變既有體系之際，最容易爆發衝突。[54] 權力轉移理論並主張，既有霸權倘能堅守在既有體系中的最高領導地位，並使其他諸國各安其位，則和平或能延續。[55]

　　亞太眾多安全問題中，無疑以南海議題牽連最廣，也最為棘手；可想而知，美國自然因勢利導，除反覆主張霸權穩定論之外，也藉南海議題將所有在亞太的利害關係國納入己方陣營，增加中共崛起的阻力，俾遲滯甚或阻止權力轉移。Bonnie Glaser 認為美國介入南海事務，形同為其他聲索國壯膽，鼓舞其支持美軍的前沿部署進駐，並促使其與美軍聯手共同抗衡軍力日益增長的中共。[56] 前述美國指控中共將反海上交通線列為海軍主要任務之一，並將「反介入／區域拒止」能力延伸至南海，更是說服其他亞太中等強權（middle power）與美國並肩合作對抗中共的有力理由。

---

[54] A.F.K. Organski, *World Politics* (New York: Alfred A. Knopf, 1958), p. 334. M. Taylor Fravel, "International Relations Theory and China's Rise: Assessing China's Potential for Territorial Expansion," *International Studies Review*, Vol. 12, No. 4 (2010), p. 505.

[55] Goldstein and Pevehouse, *International Relations*, p. 57.

[56] Bonnie Glaser, "Tensions Flare in the South China Sea," *Center for Strategic and International Studies*, 2011, http://csis.org/files/publication/110629_Glaser_South_China_Sea.pdf (accessed 23 November, 2011).

第三節 2013：戰略再平衡基調的調整

在 2012 年 11 月上旬，美國總統大選確定由歐巴馬勝選連任後，首次赴國外訪問，即選定亞洲為首訪的目的地，總共訪問泰國、緬甸、柬埔寨等三個國家；他在曼谷記者會上重申，「美國是『太平洋國家』，亞太地區對美國創造就業機會以及形塑美國的安全和繁榮至關重要」。[57]《華爾街日報》認為，歐巴馬此行旨在為美國重返亞洲政策背書，抗衡中共崛起。美國總統歐巴馬、國務卿柯林頓和國防部長潘內達於同月 17 至 20 日連袂出訪泰國、緬甸和柬埔寨等三國，亞太區域安全的重要性不言而喻。

2012 年 12 月 10 日，美國國家情報委員會（National Intelligence Council, NIC）發表最新的「全球趨勢」報告，其標題是《全球趨勢 2030：另類的各種世界》（Global Trends 2030: Alternative Worlds），文中分析建議，美國未來在與中共的策略上，應採取「融合」（fusion）策略，如此，雙方在一系列問題上合作，將導致更廣泛的全球合作，進而獲得較佳的國家利益。[58] 約莫同時，《維繫美國的全球領導地位》一文提出「戰略再平衡」近一年之後，2013 年初美國家安全顧問 Tom Donilon 主張戰略再平衡涉及全般國力工具——軍事、政治、經貿投資、發展、與文化價值——的運用；[59] 新任國務卿 John Kerry 則特別強調戰略再

---

[57] White House, "President Obama's Asia Trip," *White House*, 2012, http://www.whitehouse.gov/issues/foreign-policy/asia-trip-2012 (accessed November 30, 2012).

[58] Kojm, *Global Trends 2030: Alternative Worlds*, pp. ii, xiii, 113, 20.

[59] Tom Donilon, "Remarks By Tom Donilon, National Security Advisor to the President: "The United States and the Asia-Pacific in 2013"," *White House*,

平衡以經濟面向為主，目標在於追求經濟成長。[60] 美國政軍學等各界精英四處宣稱「戰略再平衡」並非針對中共，且「戰略再平衡」並非僅依賴軍事工具。這類訊息，毋寧說是歐巴馬連任後的新領導團隊，決意修正「戰略再平衡」的基調，希望藉此降低與中共新上台第五代領導「習李體制」交往的困難；此外，也與美國經濟疲軟，國防經費削減有關，希望藉此敦促盟國與夥伴們多方分攤區域聯防的重擔。

美國歐巴馬政府近來重覆表示樂見和平繁榮的中國，中共領導人習近平也多次指出「太平洋夠大，容得下中美兩大強權」；顯然兩國都期望在亞太和平共處。2013 年 6 月歐習會期間，更達成追求「新型大國關係」的共識，儼然既有霸權與崛起強權有志一同地宣稱要告別霸權戰爭的宿命。然而，美國的「戰略再平衡」矢言要確保自由進出亞太及履行雙邊同盟；[61] 引來中共在其 2013 年《國防報告書》中，暗指美國藉深化軍事同盟、擴大軍事存在、頻繁製造亞太緊張，北京更矢言堅持「人不犯我，我不犯人，人若犯我，我必犯人」立場，採取一切必要措施維護國家主權和領土完整。[62] 美國海軍戰爭學院某教授認為，中共此種論述其實屬

2013, http://www.whitehouse.gov/the-press-office/2013/03/11/remarks-tom-donilon-national-security-advisory-president-united-states-a (accessed 22 June, 2013). See also Edward Chen, "Rebalancing Act US Policy of Rebalancing toward Asia Seen Continuing in Obama Second Term," *Strategic Vision*, Vol. 2, No. 9 (2013), p. 18.

[60] Chen, "Rebalancing Act US Policy of Rebalancing toward Asia Seen Continuing in Obama Second Term," p. 15.

[61] Secretary of Defense, *Sustaining US Global Leadership: Priorities for 21st Century Defense*, p. 2.

[62] 中華人民共和國國務院新聞辦公室, "中國武裝力量的多樣化運用," *新華網*, 2013, http://news.xinhuanet.com/politics/2013-04/16/c_115403491.htm (accessed April 20, 2013).

22　鷹凌亞太——從美國的再平衡戰略透視亞太軍演

投機主義性質。言下之意，中共《國防報告書》的警告，只會強化美國霸權穩定論的思維，及貫徹「戰略再平衡」的決心。

以上顯示維護和平、保持合作，或為美中當前的主要共識與期許，然而彼此有關權力轉移的戰略互疑根深柢固，恐非外交辭令所能化解。尤其，面對中共建設海洋強國的決心、不透明的軍備建設和意圖、以及益發強勢的核心利益主張，美國已決意持續擴張其亞太駐軍與軍演規模以為因應。

小結

自後冷戰時代以來，美國歷任政府一致確認中共是亞太區域安全的最大挑戰。另一方面，中共綜合國力不斷成長，益發強勢地主張「核心利益」，向他國傳遞北京不會在特定議題上妥協的政治信號，甚至表明不惜使用武力捍衛核心利益。在最棘手的南海議題上，美國隱然指出中共已經挑戰其多項極端重要的國家利益，甚至視中共為南海區域的敵對霸權。尤其，中共經濟蓬勃發展，持續擴張區域政治影響力，積極從事軍備建設，展現出挑戰美國亞太霸權的雄厚潛能。以上矛盾，使得美中兩國深陷權力轉移的戰略互疑格局之中，不克自拔。

美國政府的重要安全文件，向來反映「霸權穩定論」的論述。歐巴馬政府 2011 年底的「面向亞洲」，及 2012 年初的「戰略再平衡」，顯示美國決策階層以維繫亞太霸權、防止權力轉移為志業。本書研究發現，「戰略再平衡」之原始初衷乃是以軍事因應中共在亞太的挑戰為重心，確保美國的軍事實力明顯強過中共，使其斷卻挑戰之念頭；「戰略再平衡」是美國維繫霸權、防止權力向中共轉移的亞太戰略。

中共強勢主張核心利益，相對於美國「面向亞洲」及對亞太「戰略再平衡」，意味美中海權競合已成為 21 世紀的國際政治主軸，且國際政治的中心舞台，自西太平洋延伸至印度洋；連結印、太兩洋的南海，更儼然已成為中美權力轉移的核心競技場。美國為堅守在既有體系中的最高領導地位，除反覆主張霸權穩定論之外，也意圖藉南海及其他相關區域安全議題，將所有亞太國家納入己方陣營，俾遲滯甚或阻止權力向中共轉移。

2013 年初，歐巴馬連任後的新領導團隊成型，開始修正「戰略再平衡」的基調，宣稱「戰略再平衡」並非針對中共，且並非僅依賴軍事；希望藉此降低與中共新上台第五代領導「習李體制」交往的困難；此外，也與美國經濟疲軟，國防經費削減有關，希望藉此敦促盟國與夥伴們分攤區域聯防的重擔。儘管維護和平、保持合作，或為美中當前的共識，但彼此有關權力轉移的戰略矛盾根深柢固；尤其，面對中共建設海洋強國的決心、不透明的軍備建設和意圖、以及益發強勢的核心利益主張，美國決意以擴張亞太駐軍與軍演作為因應。

CHAPTER 2

再平衡棋局中的美國海軍

第一節　美國的海洋／海軍戰略

◎美國霸權中的海軍角色

　　自 1990 年代中期以來，美國的國家安全戰略一向公開宣稱以提升安全、繁榮經濟、推展民主作為其國家政策目標。[1] 美國此一全球使命涉及對其他國家龐大而直接的投資，這意味著美國的國際和平與安全利益等議程，必須涵蓋他國政府的穩定，並具備足夠的能力以維護市場經濟所需的法治；易言之，美國的全球商業利益與海上優勢賦予其實踐「美利堅治世」的動機與能力。[2] 也就是說，美國運用其強大海權，形塑對自身有利的國際戰略環境，乃得以創建並延續美利堅治世。有學者認為「全球開放」乃是美國霸權的骨幹，甚至於演變成美國支配全世界的雄心壯志。[3] 另有學者認為美國之所以能成為單極體系的提倡者，實仰賴其強大的海軍艦隊，能夠支配全球海洋並維護美國自己的利益。[4] 究其根源，美國得以實踐全球開放並成就單極霸權，無疑

---

[1]　例如 1995、1998 國家安全戰略；President of the United States (ed.), *A National Security Strategy of Engagement and Enlargement*, pp. i, 14. President of the United States (ed.), A National Security Strategy for A New Century, pp. 5-6.

[2]　Brown, *The Illusion of Control*, pp. 75-76.

[3]　Andrew J. Bacevich, *American Empire: The Realities and Consequences of U.S. Diplomacy* (Cambridge: Harvard University Press, 2002), p. 88. Neil Smith, *American Empire: Roosevelt's Geographer and the Prelude to Globalization* (Berkeley: University of California Press, 2003), pp. 52, 115.

[4]　Rude Lu, "The New U.S. Maritime Strategy Surfaces," *Naval War College Review*, Vol. 61, No. 4 (2008).

是憑藉制海；而美國達成制海的最重要工具，自然當屬存在於各戰略要域的前沿部署。

後冷戰時期之初，美國國防部於 1995 年重新擬訂軍事戰略為包括和平交往、衝突預防與危機控制、及同時因應兩場緊急作戰並獲取勝利等三大元素。[5] 1997 年，時任美國海軍軍令部長的詹森（Jay L. Johnson）上將斷言：「海軍前沿部署的關鍵作戰優勢，就是我們有能力在現場同時執行國家軍事戰略的三項元素，然卻不致於侵犯他國的主權」。[6] 美國海軍在承平時期所擔負的交往任務旨在形塑安全環境，促進區域經濟與政治穩定，從而協助區域的民主體制成長茁壯，使其成為美國的合作夥伴。[7] 當美國決策者預判某特定地區可能肇生危機時，在危機發生前即展開部署、長期駐留以製造政治姿態。

2001 年 9/11 事件發生後，美國小布希總統在 2004 年 8 月提出《全球軍力部署調整計畫》（Global Posture Review），除將自海外基地撤回六至七萬士兵返國外，並重新調整軍力部署與海外基地；該文件提出「合作安全地點」（cooperative security locations, CSL）概念，意指：為提昇盟軍支援意願及美軍應變能力，「美軍在地主國同意支援的設施上，僅設置極少數永久部署兵力，甚或不設置任何永久部署兵力，而該等部署得包含前置裝備及／或後

---

[5] *Background Briefing Subject: National Military Strategy*, ed. Department of Defense (Office of the Assistant Secretary of Defense (Public Affairs), 1995).

[6] Office of Chief of Naval Operations, "Forward ... From the Sea－The Navy Operational Concept," *US Navy*, March, 1997, http://www.navy.mil/navydata/policy/fromsea/ffseanoc.html (accessed September 23, 2007).

[7] Office of Chief of Naval Operations, "Forward ... From the Sea－The Navy Operational Concept."

勤支援協定，俾利為安全合作活動及緊急進駐事宜提供服務」；[8]
設置「合作安全地點」的概念隨後被稱為「蓮葉戰略」（lily-pad
strategy），且一般指空軍基地而言。[9]

　　然而，小布希政府時代日益增強的單邊主義，在國際社會造
成普遍反感；結果，對美國而言，飛越領空的限制逐漸增加，海
外部署權限亦持續縮減；如中亞的烏茲別克在 2005 年要求美軍
在半年內撤離，對於美國的「蓮葉戰略」帶來不小的衝擊。[10] 美
國在單邊主義遭逢挑戰的狀況下，進一步發展出「鈍性結盟
（alliance-insensitive）」策略－不依賴外國政府和軍事組織合作的
結盟形態；在此趨勢下，美國勢必更加依賴海軍武力，因為唯有
海軍能持續確保通往世界大部分地區的能力。[11] 美國海軍乃成為
支持外交政策目標，維護國家利益之最主要的工具。畢竟，在所
有軍種之中，惟有海軍能夠在不侵犯他國主權的情況下，達成依
國家意志形塑安全環境的使命。

8　"Defense Department Background Briefing on Global Posture Review,"
　　Department of Defense, 2004, http://www.defense.gov/transcripts/transcript.
　　aspx?transcriptid=2641 (accessed March 13, 2004). James Jones, "Strategic
　　Theater Transformation," *United States Eruopean Command*, 2005, http://web.
　　archive.org/web/20070204141322/http://www.eucom.mil/english/Transforma
　　tion/Transform_Blue.asp (accessed March 13, 2014). "Cooperative Security
　　Location," *Wikipedia*, http://en.wikipedia.org/wiki/Cooperative_Security_
　　Location (accessed March 13, 2014). 本書作者自行翻譯。
9　Adam J. Hebert, "Presence, Not Permanence," *Air Force Magazine*, Vol. 89,
　　No. 8, 2006, p. 36. "Cooperative Security Location."
10　Vicky O'Hara, "Worries over U.S. Lily Pad Base Strategy," *National Public
　　Radio*, 2005, http://www.npr.org/templates/story/story.php?storyId=4827697
　　(accessed March 13, 2014).
11　Brown，《掌控的迷思——美國 21 世紀的軍力與外交政策》，頁 135-36。

歐巴馬政府上台後，竭力修正小布希時代單邊主義的錯誤；為順利達成對亞太「戰略再平衡」，並且為對中共遂行「空海整體戰」預作部署，乃再次推動「蓮葉戰略」，並藉由炒作南海議題，加碼進場、圍堵中共，重新對二戰期間美軍在太平洋諸島嶼的機場進行翻新與擴建，[12] 以因應中共「反介入／區域拒止」與美國國防預算縮減的挑戰。但即使「蓮葉戰略」重新獲得青睞，該戰略係美軍空海整體戰之一部；事實上，「戰略再平衡」與「空海整體戰」更加重了美國海軍的角色扮演；況且，（亞太）海上武力的增加，可導致（該區）基地的增加。[13] 因此，美國海軍的前沿部署，係襄助國家政策的有力工具；就霸權的創建與維繫而言，美國海軍扮演特殊的骨幹角色。

◎戰略再平衡的海軍部署與指導

　　由於戰略再平衡旨在維繫美國霸權，以軍事因應中共在亞太的挑戰為重心，且霸權的創建與延續極其倚賴海軍；美國海軍領導階層的思維與指導，自然成為再平衡戰略的核心內涵。

---

[12] John Reed, "Surrounded: How the U.S. is Encircling China with Military Bases," *Foreign Policy*, 2013, http://complex.foreignpolicy.com/posts/2013/08/20/surrounded_how_the_us_is_encircling_china_with_military_bases#sthash.DhUDGQiW.dpbs (accessed October 17, 2013). 美軍計畫利用塞班島（Saipan island）、威克島（Wake island）、天寧島（Tinian island），帛琉群島（Palau archipelago），澳洲的達爾文（Darwin）和廷德爾（Tindal）空軍基地，新加坡的東樟宜（Changi East）空軍基地，泰國的呵叻（Korat）空軍基地，印度的特里凡德瑯（Trivandrum），菲律賓的庫比角、普林塞薩（Puerto Princesa, 或稱公主港）基地，及印尼和馬來西亞的空軍基地，如同蓮葉脈絡般，分散關島的兵力，成為提供青蛙撲向獵物的跳板。

[13] Tanguy Struye de Swielande, "The Reassertion of the United States in the Asia-Pacific Region," *Parameters*, Vol. XLII, No. Spring (2012), p. 84.

美國海軍軍令部長葛林奈特（Jonathan Greenert）上將指出海軍執行再平衡的四個面向：在亞太部署更多兵力，調整部署態勢；建造更多艦艇及戰機；針對亞太挑戰運用新作戰概念，部署新戰力；強化盟邦及夥伴關係，發展智能資本能量。[14] 美軍太平洋總部指揮官洛克利爾（Samuel J. Locklear）上將，認為要強化與盟邦關係，調整軍事部署與前沿部署，運用新作戰觀念、戰力、與能量，以確保海軍能持續對區域穩定與安全作出貢獻；戰略再平衡的成功關鍵，包括創新的進入協議、大舉擴增軍演、增加輪駐部隊、及有效的兵力態勢倡議。[15]

　　就海軍部署態勢而言，歐巴馬宣佈向亞太「戰略再平衡」之前，美國 2006 年《四年期國防總檢討》早已聲明要在關島部署 6 部航母戰鬥群及 11 艘核潛艦；標示美國防戰略轉向亞太。2011 年 1 月底，美國國防部發言人莫雷爾復表示美國將「沿著太平洋盆地邊緣，尤其是東南亞地區，增強軍力部署」。2012 年初，歐巴馬揭示「戰略再平衡」之後，美國國防部即表示，美國海軍目前部署於太平洋的戰艦約佔其艦艇總數 52%；未來數年內，將調高到 60%部署於此區域。[16] 國防部長潘內達在 2012 香格里拉會

---

[14] Office of the Assistant Secretary of Defense (Public Affairs), "Presenter: Admiral Samuel J. Locklear III, Commander, U.S. Pacific Command DOD News Briefing with Adm. Locklear from the Pentagon," *Department of Defense*, 2012, http://www.defense.gov/transcripts/transcript.aspx?transcriptid=5161 (accessed 13 December, 2012).

[15] Office of the Assistant Secretary of Defense (Public Affairs), "Presenter: Admiral Samuel J. Locklear III, Commander, U.S. Pacific Command DOD News Briefing with Adm. Locklear from the Pentagon."

[16] Jim Wolf, "Pentagon Says Aims to Keep Asia Power Balance," *Reuters*, March 8, 2012, http://www.reuters.com/article/2012/03/08/us-china-usa-pivot-idUSBRE82710N20120308 (accessed March 13, 2012). 稍早之前，海軍預劃未來 313 艘艦艇中，181 艘（或 58%，包括 6 艘核動力航空母艦）艦

談中，重申 60%的海軍艦艇將部署於太平洋，包括 6 艘航母，及大部分的巡洋艦、驅逐艦、潛艦、及其他戰艦。[17] 潘內達復於 2012 年 12 月 18 日，以「21 世紀軍力」（The Force of the 21st Century）為題在華府演說時，再次提及：「重新分派海軍艦隊，未來幾年間太平洋與大西洋地區的部署比例達 60/40 比。但願我們可以在 2020 年前，……，在太平洋部署我們最先進的飛機，包括在日本部署 F-22 匿蹤戰機與 MV-22 新型魚鷹（Osprey）傾斜旋翼機，為 2017 年首度於海外部署 F-35 聯合攻擊戰鬥機做準備」。[18] 美國海軍軍令部長葛林奈特在 2012 年的報告中，也表示在 2020 年之前，將在西太平洋的海軍部署增加 20%。[19] 稍後，葛林奈特 11 月中在外交政策期刊發表《改變的海洋》（Sea Change）專文重申，即使美國軍事預算縮減，但亞太布局比重仍將增加；至 2020 年，美軍船艦總數將提高至 295 艘，亞太地區運作能力將提高 20%，每天將有 60 艘船艦頻繁往來亞太海域，執行任務、輪替或維修。[20]

艇將派駐於太平洋艦隊；參見 Ronald O'Rourke, *China Naval Modernization: Implications for US Navy Capabilities-Background and Issues for Congress* (Washington DC: Library of Congress, 2009), p. 27.

[17] Jonathan Marcus, "Leon Panetta: US to deploy 60% of Navy Fleet to Pacific," *BBC*, 2012, http://www.bbc.co.uk/news/world-us-canada-18305750 (accessed June 3, 2012).

[18] Leon E. Panetta, "Washington DC "The Force of the 21st Century" (National Press Club)," *US Department of Defense*, 2012, http://www.defense.gov/speeches/speech.aspx?speechid=1742 (accessed December 23, 2012).

[19] Jonathan Greenert, *CNO's Position Report: 2012* (Washington DC: US Navy, 2012), p. 2.

[20] Jonathan Greenert, "Sea Change The Navy Pivots to Asia," 2012, http://www.foreignpolicy.com/articles/2012/11/14/sea_change?page=0,1 (accessed December 27, 2012). 此處 295 艘艦艇的 60%為 177 艘，依海軍服勤、訓練、維修各佔 1/3，即為 59 艘，概算 60 艘。

CHAPTER 2　再平衡棋局中的美國海軍　31

這反映出美國國防部及海軍的思維與共識：自馬漢（Alfred H. Mahan）時代開始，美國海軍就遵循一項準則，要挑戰所有制海方面的敵人；「但是外交的運作，以及與其他主要海軍強國的結盟，也都是為了一個終極的目的，那就是確保就集結艦隊的陣容數量而言，沒有任何國家可以超越美國海軍」。[21] 海軍的部署計畫顯示，即使面臨自動減支的陰影（見第八章第二節），美國國防部及海軍高層齊力貫徹戰略再平衡的決心。

仔細檢視美日同盟、美澳同盟、美韓同盟、美菲同盟、美印戰略夥伴關係、及成型中的美越戰略夥伴關係，具體的發展如美國自 2012 年起五年內達成派遣 2500 名陸戰隊員輪駐澳洲達爾文基地；[22] 新建濱海戰鬥艦已部署於新加坡；美軍已在 2013 肩並肩軍演期間重新使用菲律賓蘇比克海軍基地及克拉克空軍基地，未來可能進駐 P-8A 海神（Poseidon）式海上巡邏機，且菲國預計花 18 億美金向美國採購海軍軍備，另據日本媒體報導美軍陸戰隊可能進駐巴拉望島烏爾根基地；向印度出售 8 架 P-8I 海王星長程海巡機，近期可望簽訂再購 4 架 P-8 型海巡機合約。美國最新的濱海戰鬥艦，亦將部署於日本。

就擴增軍演而言，近幾年美軍在亞太地區的軍事演習日益頻繁，據統計美軍每年在亞太地區舉行的大小聯合軍演和聯軍演習大約 180 餘次，投入單位約 175 個。在海軍演習部分，2009 年時，

---

[21] 原文：”but diplomatic maneuvering and shifting alliances with other major naval powers have also served the ultimate purpose of ensuring that in terms of massed fleets the U.S. Navy has been second to none.” Kenneth J. Hagan, *This People's Navy The Making of American Sea Power* (New York: The Free Press, 1991), p. xii. 筆者自行翻譯。

[22] Shirley A. Kan, *Guam: US Defense Deployments* (Washington DC: Library of Congress, 2013), p. 10.

美國海軍在亞太雨露均霑式地與各國舉行的各種演習，約有 58 次之多；到了 2011 年，演習次數已飆升至約百次之譜。迄今，美國主導之亞太軍演的夥伴與次數仍然不斷擴增中。美國海軍太平洋艦隊司令哈尼上將（Cecil D. Haney）於 2013 年 1 月 30 日，在美國聖地牙哥參加年度「軍隊通訊暨電子協會」（Armed Forces Communications and Electronics Association, AFCEA）時發表演說，說明海軍如何支持美國亞太再平衡戰略時指出：美國海軍現今與二十多個盟國，每年進行超過百次演習和演訓，且增加與亞太盟邦間的互動、高層次的軍事演習，包括試驗及驗證新的戰術、戰技、程序和作戰概念。[23]

以上發展，再再顯示美國海軍從決策面到執行面，正不遺餘力實踐戰略再平衡的核心內涵，力求確保美國在西太平洋得以優勢的海軍艦隊領導盟國海軍、合組平衡聯盟（balance coalition），共同壓制可能威脅美國霸權的中共海軍。

◎21 世紀美國海洋／海軍戰略的議程

海軍落實「戰略再平衡」的進程固然引人注目，然而，更值得關注的是，在亞太美中海權競合的國際政治主軸中，美國海軍本身的海軍戰略，如何鞏固制海權以因應中共的挑戰。

9/11 事件後，美國在掌握大洋（藍水）與近海（綠水）制海權的基礎上，體認到在考量國土防衛的同時，為維護其在全球的商業及國家安全利益之故，必須全面掌控海河環境；國防決策人

---

[23] Dominique Pineiro, "Pacific Fleet Commander Discusses Rebalance, Asia-Pacific Mission at AFCEA West," *Department of the Navy*, 2013, http://www.navy.mil/submit/display.asp?story_id=71774 (accessed August 31, 2013).

士認為「從遠離我們國家的海岸來反制這些（非傳統）威脅，有助於保護美國本土」；[24] 亦即，美國國防決策人士亟思以他國的海岸線（褐水）作為美國本土的第一道防線。[25]

2005 年中，美國海軍軍令部長馬倫（Michael Mullen）上將公開談論對 21 世紀的海權觀，並倡議籌組「千艦海軍」（Thousand-Ship Navy）——由所有愛好自由的國家所組成，以強化海洋安全為共同目標的一支存在艦隊——作為實現新海權觀的工具。[26] 此後，馬倫不斷地重申「千艦海軍」的性質為存在艦隊。[27]

然而，馬倫上將的實際意圖為：將制海權延伸到濱海國的河道、港口、海岸線。[28] 為達此目的，美國海軍於 2006 年初正式

---

[24] Department of the Navy (ed.), *Highlights of the Department of the Navy FY 2012 Budget* (Washington DC: Department of the Navy, 2011), pp. 1-5, 1-6. Ronald O'Rourke, *Navy Irregular Warfare and Counterterrorism Operations: Background and Issues for Congress (December 2011)* (Washington DC: Library of Congress, 2011), p. 12.

[25] 所謂藍水、綠水、褐水，並無明確定義與分界。一般而言，藍水指公海的深水海域；褐水指濱海地區較受限制與較低淺海域、海河口、與河流等水域，參考"British Maritime Doctrine BR1806: Chapter 2-The Maritime Environment and the Nature of Maritime Power," *The Stationery Office*, 2004, http://www.da.mod.uk/colleges/jscsc/courses/RND/bmd （accessed March 2, 2012）. 綠水則指褐水以外、跨越大陸棚、與藍水交界的海域。

[26] Michael G. Mullen, "Remarks as Delivered by Adm. Mike Mullen," *US Navy*, August 31, 2005, http://www.navy.mil/navydata/cno/speeches/mullen050831. txt (accessed 15 October, 2007).

[27] Michael G. Mullen, "Remarks as Delivered for the 17th International Seapower Symposium," *US Navy*, 2005, http://www.navy.mil/navydata/cno/mullen/speeches/ mullen050921.txt (accessed December 5, 2007); Jim Fisher-Thompson (ed.), *21st Century Naval Strategy Based on Global Partnership* (Washington DC: Department of State, 2007).

[28] Wen-lung Laurence Lin, "The U.S. Maritime Strategy in the Asia-Pacific in

成立「海軍遠征戰鬥指揮部」（Navy Expeditionary Combat Command, NECC；此後本書簡稱 NECC），在如何遂行河岸作戰的技術報告中，開宗明義指出該單位旨在將制海權向陸上推進，俾在他國內陸進行作戰行動。[29]

此際，國際社會並不了解美國新近成立的「海軍遠征戰鬥指揮部」及其隱藏議程，惟對於「千艦海軍」一詞有所疑慮。「千艦海軍」詞彙令人聯想到是氣勢凌人的大國海軍，要求小國背書，乃至於前呼後擁、作威作福，因而對於馬倫的倡議興趣缺缺。2007 年中，美國海軍為降低「千艦海軍」令人望文生畏的阻力，乃為「千艦海軍」戴上「全球海上夥伴關係」（Global Maritime Partnerships, GMP）的冠冕，並向國際社會大力行銷。

在馬倫上將監督下，美國海軍於 2007 年 10 月中推出史上第二份海洋戰略——「21 世紀海權的合作策略」（A Cooperative Strategy for 21st Century Seapower），該文件收起「千艦海軍」的所有稜角，從頭到尾強力呼籲國際合作，強調努力推展「全球海上夥伴關係」。此顯示固然「千艦海軍」的名稱迭經更改，但最終被隱藏鑲入美國當前最新的海洋／海軍戰略文件，而「千艦海軍」的制海目標，更成為官方文件中隱而不顯的核心旨趣。易言之，美國最新海洋／海軍戰略固以合作為名，但實際上卻隱藏著要將制海權延伸到濱海國的河道、港口、海岸線之議程，俾利深入他國內陸進行作戰行動。[30]

Response to the Rise of a Seafaring China," *Issues & Studies*, Vol. 48, No. 4 (2012), pp. 183-84.

[29] Michael F. Galli et al., *Riverine Sustainment 2012* (Monterey: Naval Postgraduate School, 2007), pp. xix, 1, 3.

[30] Lin, "The U.S. Maritime Strategy in the Asia-Pacific in Response to the Rise of a Seafaring China," pp. 183-85.

美國 2007 年的海洋／海軍戰略標榜六大核心戰力（core capabilities）──前沿部署、嚇阻、制海、兵力投射、海上安全、與人道救援暨災難救助。[31] 這六個詞彙固然淺顯易懂，但「人道救援暨災難救助」被標榜為六大核心戰力之一，值得稍加說明。為方便計，本書謹將人道救援暨災難救助簡稱為人道救援。

　　根據海權鼻祖馬漢的教導：海軍戰略以建立、維持、擴展海權的基礎為目的；無論在平時或戰時，海軍兵力的使用即為海軍戰略；強調利用各種機會佔據海外優越位置、獲得適當基地、以利制海、以政治力量遂行海外擴張。[32] 因此，海軍即使是進行人道救援任務，也都是在遂行海軍戰略。

　　六大核心戰力中，以人道救援最具聞聲救苦的政治說服力，有助美國海軍改善形象，贏得具重大戰略價值地帶國家之民心。[33] 基於海洋／海軍戰略始終以制海為核心，[34] 可以說人道救援將前沿部署、兵力投射、海上安全、嚇阻等合理化，使美軍得以跨越

---

[31] Office of Commandant of the Marine Corps, Office of Chief of Naval Operations, and Office of Commandant of the Coast Guard (eds.), *A Cooperative Strategy for 21st Century Seapower* (Washington DC: US Navy, US Marine Corps, US Coast Guard, 2007), pp. 12-14.

[32] Alfred T. Mahan, 《海軍戰略論》，楊鎮甲譯（台北：中華民國三軍大學，1989），頁 111-12。

[33] Michael G. Mullen, "What I Believe: Eight Tenets That Guide My Vision for the 21st Century Navy," *Proceedings*, Vol. 132, No. 235 (2006), p. 13. Geoffrey Till, "New Directions in Maritime Strategy? Implications for the US Navy," *Naval War College Review*, Vol. 60, No. 4 (2007), p. 36. Chris Rahman, *The Global Maritime Partnership Initiative Implications for the Royal Australian Navy* (Canberra: Royal Australian Navy, 2008), p. 25. Charles M. Perry et al., *Finding the Right Mix Disaster Diplomacy, National Security, and International Cooperation* (Washington DC: The Institute for Foreign Policy Analysis, 2009), p. 84.

[34] Till, "New Directions in Maritime Strategy?," p. 31.

主權障礙，登臨重大戰略利益或醞釀危機之國家或地區，延伸制海權，達成形塑戰略環境之目的。NECC 與人道救援任務，在非正規作戰（irregular warfare, IW）與非戰爭性軍事行動（military operations other than war, MOOTW）中，具有特殊角色與功能，將於下節探討。

第二節　海軍戰略的化身：海軍外交

◎海軍外交的核心機制：NECC

　　前文提及，權力轉移理論主張：既有霸權倘能堅守在既有體系中的最高領導地位，並使其他眾國各安其位，則和平或能延續。在美中兩國領袖揭示共同追求「新型大國關係」的氛圍中，維繫霸權之所繫的美國海軍，在面對走向海洋的崛起中國時，勢必要在沒有戰爭的承平時期，善加發揮海權的政治與外交功能。亦即，海軍外交（naval diplomacy）已成為國際政治的重要環節。

　　在當今美國海軍掌控大洋及濱海制海權的既有基礎上，要探討美國如何遂行海軍戰略－將制海權延伸到濱海國的河道、港口、海岸線，甚至深入他國內陸進行作戰行動－必須瞭解海軍外交的角色與功能。從另一個角度來說，美國海軍現有的大型艦艇大部份係冷戰時代的產物，是為了與前蘇聯爭奪大洋制海權而設計，以硬實力為重；這些大噸位戰艦固能掌握藍水及綠水的制海權，卻無法在承平時期跨越主權障礙、貫穿褐水，更遑論支持深入他國內陸進行作戰行動。美國海軍要鞏固在他國褐水及內陸的立足點，惟有依賴海軍外交的運作。[35]

　　探討學術文獻顯示，海軍外交概指在未爆發戰爭之前，運用海軍實力達成政府政策目標的作為；海軍外交具有如同光譜般的多重功能，包括－前沿部署、嚇阻、制海、兵力投射、海上安全、與人道救援暨災難救助。[36] 海軍外交的六大主要功能，竟與美國海洋／海軍戰略的六大核心戰力完全一致；此意味美國的海洋／海軍戰略有非常深厚的理論與實證基礎；而且，海軍戰略與海軍外交是一體兩面，海軍外交是海軍戰略的化身。美國 2007 年發佈的第二份正式海洋戰略文件，固然未曾提及「海軍外交」，但明白指出：該戰略乃是要使用海權，以影響在海上及在陸上的軍事行動與活動。[37] 易言之，美國早已將海軍外交的精髓整合到其海洋／海軍戰略之中。要瞭解美國戰略再平衡及海軍戰略在亞太的進程，必須探討美國如何遂行海軍外交。

　　美國海軍於 2006 年初正式成立 NECC，NECC 並非一獨立運作單位，而是藉由整合及輔訓相關單位，支持海軍達成所謂的「非正規作戰」任務。更進一步說，成立 NECC 的主旨，在於統

---

[35] 奈伊博士（Nye, Joseph S.）將軟實力定義成具備吸引力的文化、價值、與政策；且硬實力與軟實力兩者融合成巧實力；見 Joseph S. Nye, "The U.S. Can Reclaim 'Smart Power'," *Los Angeles Times*, 2009, http://www.latimes.com/news/opinion/commentary/la-oe-nye21-2009jan21,0,3381521.story (accessed February 17, 2009).

[36] Wen-lung Laurence Lin, "America's South China Sea Policy, Strategic Rebalancing and Naval Diplomacy," *Issues & Studies*, Vol. 49, No. 4 (2013), pp. 199-202.

[37] Office of Commandant of the Marine Corps, Office of Chief of Naval Operations, and Office of Commandant of the Coast Guard (eds.), *A Cooperative Strategy for 21st Century Seapower*, p. 8.

合可遂行非正規作戰的河岸部隊、全球艦隊基地、及濱海戰鬥艦等特定單位，並使其在全球擴張。[38] 這些作戰單位的全球擴張，將使美國達成武器系統全球化、海上情蒐體系全球化、網路中心作戰系統全球化等隱藏議程。[39]

美國自 2005 年推出「千艦海軍」計畫以來，希望藉由呼籲區域海上安全合作，說服他國接受美國的 NECC 及其所轄之河岸部隊、全球艦隊基地、濱海戰鬥艦，以輪駐（rotational presence）的方式進入他國的河道、港口、海岸線，俾利將制海權延伸至該等地帶，甚至深入他國進行內陸作戰行動。[40] 如前節所述，這正是美國最新海洋／海軍戰略的真正目的。更精確地說，NECC 是美國前沿部署的極致典範，藉由執行非正規作戰，扮演使美國海軍戰力無縫延伸，由藍水經綠水而抵褐水甚至進入內陸，促成制海權從大洋經濱海而貫穿到他國海岸線及內陸的關鍵要角。這意味 NECC 是海軍戰略及海軍外交的核心運作機制。

◎海軍外交的道德高地：IW

後冷戰時代，氣候變遷、環境保護、人道主義救援、反恐作戰、綠色能源、公共衛生、糧食安全等全球化「非傳統安全」議題，逐漸廣泛受到世界各國所正視。美國國防部門把握此趨勢，在其 2006 年《四年期國防總檢討》中指出，在後 9/11 時代，非

---

[38] O'Rourke, *Navy Irregular Warfare and Counterterrorism Operations: Background and Issues for Congress (December 2011)*, p. 10.

[39] 林文隆，〈「千艦海軍」戰略評析〉，《海軍學術雙月刊》，Vol. 42, No. 1（2008），頁 40-41。

[40] Galli et al., *Riverine Sustainment 2012*, pp. xix, 1, 3.

正規威脅已成為美國與其盟邦所共同面臨的主要危脅形式，因此，其政策指導必須考量執行面的廣度、長時持續執行能力，其範疇包括非傳統戰爭、外國內部防禦、反恐、反叛亂（counter insurgency）、穩定和重建工作。[41]

2005 年馬倫上將提倡千艦海軍，隱藏極致延伸制海權的議程；2006 年《四年期國防總檢討》，著眼於在他國國土進行非傳統戰爭、外國內部防禦、反恐、反叛亂、穩定和重建工作；此時，在美國反恐戰爭中較無表現機會的美國海軍，除磨拳擦掌成立 NECC 外，也積極構思使 NECC 能名正言順登上擂台、進行非正規作戰、遂行海軍戰略的論述。

2007 年中，美國海軍開始呼籲他國與美國共同因應非傳統安全威脅／非正規威脅的合作倡議，極力鼓吹以下論述：隨著 1990 年代全球化的蓬勃發展，人類社會以海洋及其上方的天空為途徑，彼此熱絡交流並緊密互賴；根據統計資料，全球商船載運貨品價值占全球出口總值的 90%。[42] 每年約有 1 億零 8 百萬個貨櫃經由海洋運至世界各地。[43] 顯然，海上航行自由攸關全球商務的成長速度，也是任何國家發展經貿的先決條件。然而，區域性的非傳統安全威脅，如恐怖主義、大規模毀滅性武器、海盜、傳染性疾病、自然災害、環境污染、人口販運、與跨國犯罪等，卻每

---

[41] Office of Secretary of Defense, *Quadrennial Defense Review Report 2006*, p. 36.

[42] Office of Chief of Naval Operations, "Global Maritime Partnerships ... Thousand Ship Navy," *US Navy*, 2007, http://www.deftechforum.com//ppt/Cotton.ppt (accessed 14 June 2007). Office of Commandant of the Marine Corps, Office of Chief of Naval Operations, and Office of Commandant of the Coast Guard (eds.), *A Cooperative Strategy for 21st Century Seapower*, p. 4.

[43] *CSI Fact Sheet*, ed. Department of Homeland Security (US Customs and Border Protection, 2007), p. 2.

每利用海洋為途徑而阻斷經貿交流，危害人類社會。[44] 由於非傳統安全威脅的特色為：通常並無明確的威脅來源，而且形蹤飄忽，也未必有具體的攻擊目標。因應以海洋為途徑的非傳統威脅，更必須要區域國家甚或整個國際社會共同努力組成互助網絡，才能有效因應。[45]

以上美國海軍呼籲國際社會共同因應非傳統安全威脅／非正規威脅的合作倡議，無異於為其將「非正規作戰」擴張等同於區域海上安全合作鋪陳脈絡，並藉此為海軍外交贏得道德高地。這符合前述 2006 年《四年期國防總檢討》中，有關「考量執行面的廣度、長時持續執行能力」的政策指導。贏得道德高地後，NECC 之「非正規作戰」真正的重點在於深入內陸進行非傳統戰爭、外國內部防禦、反恐、反叛亂、穩定和重建工作。

自 2007 年起，美國國防部在其政策制訂面逐步加強應對「非正規作戰能力」的發展。美國海軍對「非正規作戰」的定義與概念為：「數個國家及非國家行為者之間，為爭取管理相關族群的正當性與影響力而進行的暴力鬥爭。雖然非正規作戰可能運用全般的軍事及其他能力，但卻偏好藉由間接及非對稱途徑，腐蝕敵手的能力、影響力、及意志」。[46]

---

[44] Office of Chief of Naval Operations, "Global Maritime Partnerships ... Thousand Ship Navy." Office of Commandant of the Marine Corps, Office of Chief of Naval Operations, and Office of Commandant of the Coast Guard (eds.), *A Cooperative Strategy for 21st Century Seapower*, p. 14.

[45] 林文隆，〈浪淘彼岸──從全球海上安全概念之發展看美國海上反恐之實踐〉，《國防雜誌》，Vol. 24, No. 4 (2009)，頁 8。

[46] S. M. Harris, "Confronting Irregular Challenges Brief to Navy League," (Navy Irregular Warfare Office, 2011), p. 21. 原文："a violent struggle among state and non-state actors for legitimacy and influence over the relevant population(s). IW favors indirect and asymmetric approaches, though it may

美國海軍於 2008 年 7 月成立「海軍非正規作戰辦公室」，該辦公室與美國特種作戰指揮部密切合作，並向副軍令部長報告資料、計畫、與戰略。美國軍方為強化號召力，自 2010 年起，將「非正規作戰」改稱「應對非正規挑戰」（Confronting Irregular Challenges, CIC）。舉例來說，2010 年 1 月，美國海軍公佈出版一份《應對非正規挑戰願景聲明》（US Navy Vision for Confronting Irregular Challenges）；強調合作性安全概念，矢言與聯合作戰及國際夥伴合作以強化區域安全穩定，並擊敗非正規勢力。又如，國防部在 2010 年《四年期國防總檢討》中即避免使用該術語，改以「戡亂、安定暨反恐行動」（counterinsurgency, stability, and counterterrorism operations）代替。儘管如此，美國海軍專家 O'Rourke 為方便計仍沿用「非正規作戰」；本書考量新詞彙有本位主義及美化之嫌，為求中立、客觀及精確解析，乃沿用「非正規作戰」一詞。

　　2010 年 12 月，海軍倡議建立一個「利益社群」，以發展並提升與非正規作相關的概念、合作、與建言。[47] 海軍非正規作戰辦公室主任 S. M. Harris 於 2011 年 3 月 9 日在對海軍聯盟（Navy League）的簡報中，斷言非正規作戰所具備作戰能力橫亙全般作戰期程（從第 0 期穩定狀況時因應毒品、走私、販賣人口、犯罪、極端主義、非法移民、海上交通線、海盜、武器擴散、非法捕漁、非法採礦、自然災害，到終戰後的第 5 期），且涵蓋全般軍事作

---

employ the full range of military and other capabilities, in order to erode an adversary's power, influence, and will." 本書作者自行翻譯。

[47] Ronald O'Rourke, *Navy Irregular Warfare and Counterterrorism Operations: Background and Issues for Congress (March 2013)* (Washington DC: Library of Congress, 2013), pp. Summary, 8, 9, 10.

戰光譜。[48] 發展至今，海軍的非正規作戰任務，包括保護海上與岸上反恐部隊、戰區安全合作與交往、人道救援、河岸作戰、醫療及牙齒保健服務、海上民事、遠征訓練、未爆彈處理、遠征情報、海軍土木工程、海上遠征安全、遠征潛水、戰鬥攝影、遠征後勤、營隊守衛、遠征作戰整備等。[49]

　　綜合以上探討，發現美國為其 NECC 量身訂製的「非正規作戰」，本質上與法國薄富爾（Andre Beaufre）將軍在其《戰略緒論》一書中，所介紹軍事戰略典型之一的「蠶食」極為符合；所謂蠶食，意指一系列直接威脅、間接壓迫、與有限度使用武力相配合的連續行動。

　　易言之，美國鼓吹區域海上安全合作，並藉以遂行非正規作戰，實際上懷有占據道德高地、蠶食對手、擴張自我的特殊目的。此意味美國海軍強調以非正規作戰對抗海上非傳統安全威脅議題的正當性與功能性；藉以促使彼此的能力、影響力、及意志，呈現敵消我長的態勢。

　　專責統合並遂行非正規作戰、且作為美國前沿部署極致典範的 NECC，乃晉身擔任美國「存在艦隊」的關鍵要角，被委以重任要吸納濱海國與美國前沿部署合作進行協同作戰，俾利共同對非傳統威脅採取整體的先制預防措施。這類任務，有利美軍進行戰場經營。

　　亞太地區傳統利益矛盾叢生、非傳統災禍頻仍，美國要藉「重返亞洲」、對亞太「戰略再平衡」以因應中共的崛起，除可利用

---

[48] Harris, "Confronting Irregular Challenges　Brief to Navy League," pp. 13, 15, 27.

[49] O'Rourke, *Navy Irregular Warfare and Counterterrorism Operations: Background and Issues for Congress (December 2011)*, pp. 10-11.

亞太國家彼此之間的傳統利益矛盾外，自然也必須借重非傳統安全威脅議題，搶占道德高地，爭取地主國政府及人民支持區域海上安全合作倡議，贊同並接受美國的非正規作戰行動，俾利美國遂行海洋／海軍戰略，達成極致延伸制海權的隱藏議程。特別是亞太海盜猖獗，根據國際海洋局到 2012 年底的統計資料，最近三年來包含南海在內的亞洲海域，每年平均的海盜事件為 109 件，比亞丁灣近三年年平均 34 件還高，與索馬利亞海域年平均 116 件相去不遠。[50] 此外，許多份權威報告指出，亞太是全球最易遭受天災肆虐的地區。[51] 因此，當美軍以聞聲救苦之姿，進行人道救援暨災難救助之類的非正規作戰任務時，美國海軍既是在遂行海軍外交，也是在貫徹海軍戰略。

◎形塑戰略環境的雙軌：MOOTW

　　海軍非正規作戰之內涵，與「非戰爭性軍事行動」（MOOTW）之內涵，非常類似。非戰爭性軍事行動，涵蓋未爆發戰爭情況下

---

[50] "Piracy and Armed Robbery against Ships Annual Report 1 January－31 December 2010," ed. ICC International Maritime Bureau (London: International Maritime Organization, 2010), pp. 5-6..

[51] Sanjaya Bhatia et al., *Protecting Development Gains The Asia Pacific Disaster Report 2010*, ed. Economic and Social Commission for Asia and the Pacific (ESCAP) and International Strategy for Disaster Reduction (ISDR) (Bangkok: United Nations, 2010), pp. 1-3. Maplecroft, "Natural Hazards Risk Atlas 2011 Press Release," *Maplecroft*, 2011, http://maplecroft.com/about/news/natural_hazards_2011.html (accessed 13 August, 2011). Debby Guha-Sapir et al., *Annual Disaster Statistical Review 2011 The Numbers and Trends* (Brussels: Center for Research on the Epidemiology of Disasters (CRED), 2012), p. 1.

之全般軍事作戰能力的使用，幾乎已經變成美國海軍在全球遂行2007年海洋戰略的規範與實務。

非戰爭性軍事行動乍聽下似乎無關戰爭之宏旨，但美軍聯戰準則卻指出，非戰爭性軍事行動與國家安全戰略、國防戰略、軍事戰略有直接關聯；非戰爭性軍事行動支持嚇阻、前沿部署、與危機因應方案；在承平時期，非戰爭性軍事行動有助於嚇阻潛在的侵略者，使其無法藉由使用暴力而達成侵略目的。[52]

與聯合作戰兵力運用相關的聯戰準則載明：當使用軍力無法達成國家目標或獲得所欲之安全利益時，美國可使用非戰爭性軍事行動以跨越戰鬥性軍事行動的缺點，以達成國家安全目標。[53]根據美國海軍準則，「應用海軍在非戰爭性行動方面的專才，實亦即是練習海軍在戰時所需的許多種作戰戰力，以及練習達成海軍保衛國家使命的能力」。[54]戰鬥性與非戰鬥性的非戰爭性軍事行動，雙軌通常是同時並進。[55]也就是說，決策者可靈活利用非戰爭性軍事行動的雙軌，在平時形塑對自身有利的戰略環境。

事實上，國際強權常利用非傳統安全政策或非戰爭性軍事行動，作為其提升實力政治、擴張國際影響力的另類途徑。[56]簡而言之，為因應非傳統安全威脅議題而設計的非傳統安全政策／非

---

[52] Joint Chief of Staff (ed.), *Military Operations Other Than War*, Joint Doctrine Joint Force Employment Briefing Modules (Washington DC: Joint Chief of Staff, 1997), p. 7.

[53] Joint Chief of Staff (ed.), *Military Operations Other Than War*, pp. 7, 9, 27. 另參閱黃秋龍，《非傳統安全論與政策運用》（台北：結構群，2009年），頁 16-17, 18。

[54] *Naval Doctrine Publication 1 — Naval Warfare*, ed. Department of the Navy (Washington DC: Department of the Navy, 1994), p. 22.

[55] Joint Chief of Staff (ed.), *Military Operations Other Than War*, p. 9.

[56] 黃秋龍，《非傳統安全論與政策運用》，頁 29。

正規作戰／非戰爭性軍事行動，固然表面帶有理想主義及自由主義的色彩，但本質上實為強權的戰力倍增器（force multiplier）。這意味非正規作戰任務，尤其是人道救援暨災難救助，為美國海軍極致延伸制海權提供巧門與捷徑。

因此，美國海軍專家明白指出，NECC 對於美軍執行海軍戰略的六大核心戰力而言，不可或缺；是美國海軍整合藍水、綠水、褐水戰力，並對岸上聯合作戰部隊提供直接支援的關鍵。[57] 此再度印證，作為美國前沿部署的極致典範，而且擔負執行非正規作戰關鍵要角的 NECC，是海軍戰略及海軍外交的核心運作機制。

2011 年 11 月 18 日，歐巴馬在東亞高峰會中指該峰會可作為「齊力商討海事安全、禁止核武擴散、救災與人道救援議題」的首要場合，甚至於提議發展「快速災難反應協議」（Rapid Disaster Response Agreement, RDRA）以創造一個合法的程序架構，並呼籲定期舉行救災演習，強化災難應變準備與作業互通性（interoperability）。[58] 此話意味美國將藉非傳統安全政策／非正規作戰／非戰爭性軍事行動，擴大 NECC 在南海的部署與運作，達成藉巧實力強化國際影響力之目的。

---

[57] Department of the Navy (ed.), *Highlights of the Department of the Navy FY 2012 Budget*, pp. 4-15, 4-25. O'Rourke, *Navy Irregular Warfare and Counterterrorism Operations: Background and Issues for Congress (December 2011)*, pp. 10-11.

[58] Office of the Press Secretary White House, "Fact Sheet: East Asia Summit," *White House*, 2011, http://www.whitehouse.gov/the-press-office/2011/11/19/fact-sheet-east-asia-summit (accessed 21 November, 2011).

第三節　海軍軍演：攻勢戰略的存在艦隊

◎霸權運用的存在艦隊

英國海軍戰略學家柯白（Julian S. Corbett, 1854-1922），研究 1690 年時法國入侵英國的海戰史，而提出「存在艦隊」（fleet-in-being）的理論，他主張「存在艦隊」是居於劣勢而採取守勢作戰之艦隊為爭奪控制權而採用的方法之一，並強調防禦要素為充分之機動與反擊精神，使控制權保持在爭奪狀態中。[59]因此之故，一般認為存在艦隊係劣勢海軍所採取的野戰戰略，甚至於是更低階之艦隊對艦隊的戰術作為。

然而，當美國前海軍軍令部長馬倫上將倡議籌組「千艦海軍」時，稱其為存在艦隊；此後，馬倫不斷地重申「千艦海軍」的性質為存在艦隊；[60] 顯見存在艦隊並非馬倫信口而出之誤言。

事實上，柯白認為存在艦隊的價值應予延伸為，針對任何型式的海上攻擊－不論是對領土或對海上交通－所採取的防禦；存在艦隊的完整意義為：對於一個海洋強國而言，海上防禦手段就是保持其艦隊於「存在」狀態之下，不僅存在而且活躍；此乃「大英治世」時期，英國海軍對於存在艦隊所抱持的真正概念。[61]

---

[59] Julian Stafford Corbett, *Principles of Maritime Strategy*, Dover ed. (New York: Dover, 2004), p. 167.

[60] Mullen, "Remarks as Delivered for the 17th International Seapower Symposium."; Fisher-Thompson (ed.), *21st Century Naval Strategy Based on Global Partnership*.

[61] Corbett, *Principles of Maritime Strategy*, pp. 214-15.

亦即，劣勢海軍固然可採用存在艦隊，俾使制海權保持在爭奪狀態中；然而，以海權為基礎的霸權海軍更應採用存在艦隊，俾在海上對敵進行反擊，甚或以之作為從海上完全消滅敵人意圖的攻勢戰略；這才是柯白對於存在艦隊的完整詮釋。由此看來，不只大英治世時期的英國海軍，將海洋視為英國的領土；當今美利堅治世時期的美國海軍，更將海洋視為美國的領土，力求遂行從海上完全消滅敵人意圖的攻勢戰略。

　　因此，霸權所採用的存在艦隊，或可定義如后：「在掌握制海權的基礎上，就近存在於某區域，以遂行情資分享與源頭威懾打擊為要務，而能於平時採取預防性外交與軍事戰略，戰時則進行積極攻勢作戰，以達成形塑安全環境為目的的強勢海軍（或聯盟海軍）之前沿部署艦隊」。[62]

　　據此，在他國海域主導雙邊／多邊軍演的美國海軍及其前沿部署，就是依國家意志形塑安全環境、遂行積極攻勢戰略的存在艦隊。如此看來，作為海軍戰略與海軍外交核心運作機制的NECC，可視為形塑安全環境、遂行攻勢戰略之存在艦隊的終極前端元素。

　　至於如何形塑安全環境、遂行攻勢戰略，則有賴適切地設定演習目的與安排演習類型。

---

[62] 林文隆，〈舊瓶新烈酒：「存在艦隊」——古典戰略的顛覆與創新〉，《國防雜誌》，Vol. 23, No. 3 (2008)，頁 41。

◎美軍軍演的目的與類型

在和平時期的國際政治舞台，國與國間關係的維繫與交往，透過下列幾種形式形成共識。在政治層面上，透過政治協議簽訂、高層互訪等形式，展現政治實體間對彼此的信賴；在經濟層面上，以簽訂經濟貿易互惠協議、減免關稅等方式，建立經濟互利關係；在外交層面上，透過社會、文化乃至於學術交流，拓展雙邊官方與民間互動關係；在軍事層面上，則透過軍事外交與軍事演習，顯現兩國間在政治層面上的互信友好。因此，軍事是政治的延伸，政治是經濟的基礎，經濟是外交與安全的支柱，軍事是解決政治問題的終極手段。

奉行馬漢主義的美國海軍，在維繫美國的獨霸地位與國家利益的前提下，於世界各地以聯盟軍演方式，憑藉其海軍特性與軍力優勢，廣結善緣，協同練兵，藉以增加他國對美國軍事力量的依賴性，塑造其全球獨霸地位。是故，實施軍事演習的目的，依戰略、戰術與戰技層次的不同，從強化軍事同盟到提升個人戰術戰技等，概述如下：

一、釋出政治信號：除藉由外交手段，公開宣揚國與國間的政治信任立場，通常藉由軍事演習，達成傳遞政治信號之目的。

二、預防性外交：以軍事演習實施軍力展示（潛藏軍售議題）、達成軍事嚇阻目的，例如 1996 年台海飛彈危機，中共以軍事演習為手段，欲達軍事恫嚇效果。

三、強化軍事交流：發揮軍事外交功能、提升作業互通性、軍事同盟關係深化，共同因應傳統與非傳統安全威脅。

四、提升部隊戰力：部隊在近似實戰的情境下演練，提升軍種或
　　聯合作戰效益、增加近似實戰經驗與部隊反應能力、驗證新
　　式軍武戰術戰法，獲取部隊編制或武器參數，作為改進憑藉。

美國海軍每年參與的軍事演習約 175 個，近九成軍演屬跨國
性質的聯盟軍事演習，藉由軍演提升美國海軍執行前沿部署及聯
合作戰（joint operations）或聯盟作戰（combined operations）能
力。[63] 美軍軍事演習最終目的，仍在於依國家意志形塑安全環
境、遂行積極攻勢戰略。

演習類型與形式，依演習目的、對象、規模與性質，區分為
指揮所演習（Command Post Exercises，CPX）等 10 種類型（詳
見下表）。後續章節所探討的每一個別軍演，因為可能有眾多國
家參演、劃分不同階段、演練不同科目之故，往往由多於一種型
式以上的演習所組成。

表一　美軍演習類型及定義

項次	類型	內容
一	指揮所演習 （Command Post Exercises，CPX）	參演之指揮官與參謀共同於指揮所內，以兵棋推演方式模擬實施通信指管之演練。
二	聯盟訓練演習 （Combined Training Exercises，CTX）	由超過一個國家的軍隊共同進行訓練之演習。
三	聯合武器實彈射擊演習 （Combined Arms Live Fire Exercises，CALFEX）	由陸軍／海軍陸戰隊聯合兵種編隊，共同執行突擊、拿捕與共同防護目標之協同作戰實彈射擊和機動演練，亦包含戰術空中支援（Tactical Air Support）

[63] "United States Military Exercises," *Federation of American Scientists*, 2013,
http://www.fas.org/index.html (accessed November 21, 2013).

四	野戰訓練演習 （Field Training Exercises， FTX）	為一高成本、高花費，結合模擬實戰條件 之演訓場地，受訓單位演練指管能力，與 實際或模擬的敵對兵力進行對抗，攻或守 的其中一方在野戰場模擬作戰條件下實際 操作武器，而另一方為虛構或角色模擬。
五	火力協調演習 （Fire Coordination Exercises，FCX）	為一排、連級／小組或營級／特遣隊演練 層級，中等花費、規模縮減之演習，透過 整合各武器系統、間接支援火力，演練指 揮與管制技能，武器的使用依參訓單位的 參演規模而異。
六	後勤演習 （Logistics Exercises， LOGEX）	戰鬥勤務與後勤支援戰鬥部隊之後勤演練。
七	沙盤推演 （Map Exercises，MAPEX）	為一低成本、低花費之演訓模式，藉由地 圖的交疊，輔以地形模型和沙盤方式進行 推演，使指揮官訓練其參謀在模擬作戰狀 況下，展現整合與管制能力。
八	情境訓練演習 （Situational Training Exercises，STX）	該演習以訓練為目的，以訓練參演單位共 同執行任務為目標，或共同執行一項操演。
九	參謀演習 （Staff Exercises，STAFFEX）	以訓練一般參謀與特業參謀共同發展作戰 計畫之演習。
十	戰術行動中心演習 （Tactical Operations Center Exercises，TOCEX）	由指揮群與參謀群共同建立指揮所之演習。

資料來源：Federation of American Scientists[64]

　　本書並不以全面羅列介紹美軍在亞太多達百次的演習為目
的；本書第四、五、六章，將探討其中較具規模與代表性的 21
個軍演。

　　本書探討美國主導的亞太軍演，除介紹多少參演國、兵力、
軍備武器之外，尋求以隱而不顯的戰略思維體系──國家利益的

---

[64] "United States Military Exercises." 作者自行翻譯。

高度、區域安全的廣度、歷史脈絡的深度——呈現軍演與再平衡戰略的關聯性；置重點於剖析軍演內涵，突顯美國海軍前沿部署——尤其是作為美軍前沿部署極致典範、存在艦隊終極前端元素的 NECC——如何藉由軍演，在平時遂行預防性外交與軍事戰略，為戰時進行積極攻勢作戰蓄積能量，貫徹美國海軍高層的核心指導，達成依國家意志形塑安全環境的目的，支持戰略再平衡。

小結

　　就霸權的創建與維繫而言，美國海軍扮演特殊角色。美國向來運用其強大海權，形塑有利自身的戰略環境；美國海軍及其前沿部署，是落實再平衡的主要工具，更在軍演中扮演關鍵角色。美國海軍正不遺餘力地實踐戰略再平衡的核心內涵－創新的進入協議、大舉擴增軍演、增加輪駐部隊、及有效的兵力態勢倡議－確保美國在西太平洋得以領導盟國合組平衡聯盟，共同壓制可能威脅美國霸權的中共海軍。

　　9/11 事件前，美國已掌握大洋（藍水）與近海（綠水）的制海權；9/11 後，美國海洋／海軍戰略轉為尋求掌握他國之河道、港口、海岸線（褐水）的制海權，俾利深入他國內陸進行作戰行動。美國海軍戰略六大核心戰力之一的人道救援暨災難救助，使美軍得以跨越主權障礙，延伸制海權，達成形塑戰略環境之目的。面對中共積極發展遠洋海軍的挑戰，美國海軍尋求以掌握他國褐水的制海權及鞏固在他國內陸的立足點，作為因應；亦即，美國海軍在中國大陸周邊進行戰場經營，力求平時掌握關鍵海域的水文情資，俾利戰時得以對中共遂行源頭威懾打擊。事實上，這也是美國發展所謂「空海整體戰」的真義。

NECC 是美國海軍前沿部署的極致典範，也是其海軍戰略及海軍外交的核心運作機制。美國特別為 NECC 量身訂製「非正規作戰」，並在國際上鼓吹區域海上安全合作；美國海軍藉此強調以非正規作戰對抗海上非傳統安全威脅的正當性與功能性，達成占據道德高地、蠶食對手、擴張自我的隱藏議程；使美國海軍得以整合藍水、綠水、褐水戰力，並對岸上聯合作戰部隊提供直接支援。亦即，NECC 藉由遂行「非正規作戰」，使海軍戰力得以無縫延伸，促成制海權得以從大洋經濱海而貫穿到他國海岸線及內陸。由此看來，非傳統安全政策／非正規作戰／非戰爭性軍事行動，實為強權的戰力倍增器；尤其，「人道救援暨災難救助」為美國海軍極致延伸制海權提供巧門與捷徑。

在當今美利堅治世時期，美國海軍將海洋視為其領土，扮演積極遂行攻勢戰略的存在艦隊，力求從海上完全消滅敵人的挑戰意圖。美國海軍屬行「戰略再平衡」，要將 60% 的艦艇部署於太平洋；這些主導軍演的美國海軍及其前沿部署，存在於他國的河道、港口、海岸線，是如假包換的存在艦隊。作為美國海軍戰略與海軍外交核心運作機制的 NECC，可視為存在艦隊的終極前端元素。本書的特色之一，乃突顯美國海軍前沿部署——尤其是NECC——如何藉由軍演，在平時遂行預防性外交與軍事戰略，為戰時進行積極攻勢作戰蓄積能量，支持戰略再平衡。

CHAPTER

海軍遠征戰鬥指揮部

"The Naval Service confronts irregular challenges at sea and in the littorals ……. The Navy's Expeditionary Combat Command（NECC）, for example, is particularly well suited to conduct riverine operations, construction, maritime security training and civil affairs tasks."

US Navy, *Naval Operations Concept, 2010*

美國歷經兩次波灣戰爭、科索沃戰爭、及阿富汗反恐戰爭，從中體認到單靠軍事手段無法完全解決問題；承平時期，更應對駐在國善加經營，尤其應致力於提供民眾協助、瞭解當地文化、與贏得民心支持；如此軟硬兩手兼施，才能在戰爭中獲致真正而持久的勝利。

　　擅於行銷包裝的美國海軍，利用海軍外交在世界各地鋪陳干預行動的脈絡，其操作細膩度超乎一般想像。最具體的例證，即是由美國海軍主導的軍事演習。一般報章媒體報導美軍軍演，往往僅關注有多少參演國，是否有新式武器參演，參演部隊規模有多龐大，軍威有多壯盛，甚或臆測其政治目的與隱藏意涵；然而，鮮少有人關注「海軍遠征戰鬥指揮部」（Navy Expeditionary Combat Command, NECC）（以下簡稱 NECC），低調地在全世界各戰略要域，深入核心地帶，遂行海軍外交，扮演實踐美國海洋／海軍戰略的前端指爪神經。本章將從美國海軍的海洋／海軍戰略思維轉變、內外在環境威脅，探究 NECC 發展進程，並更進一步介紹 NECC 的組織架構、運作概念、與功能職掌，揭開這支使美國海權延伸至他國褐水地帶、甚至進入其內陸之拳頭部隊的神祕面紗。

第一節　褐水戰力的孕育

◎海軍戰略思維的轉變

美國海軍在冷戰後期的海軍戰略文件，從 1970 年代的《60計畫》（Project SIXTY, 1970）、《美國海軍任務》（Missions of the U.S. Navy, 1974）、《美國海軍戰略概念》（Strategic Concepts of the U.S. Navy, 1975）、《海洋計畫 2000》（Sea Plan 2000, 1978）、《海軍軍令部長戰略概念及美國海權的未來》（CNO Strategic Concepts & Future of U.S. Sea Power, 1979），一直到 1980 年代的《海洋戰略》（The Maritime Strategy, 1982）等戰略文件的演變脈絡，顯示美國海軍藉由擬定明確的海軍戰略抗衡蘇聯海軍。1989年 12 月初的馬爾他高峰會（Malta Summit），標誌著美蘇兩國冷戰對立的終止，亦宣告兩國海軍在太平洋與大西洋的捉對廝殺終告落幕。然而，在後冷戰時期，奉「馬漢主義」為圭臬的美國海軍，欲挾海上霸權之勢，續馳騁於世界各大洋，應對新型態威脅、嶄新的海洋戰略概念由焉而生。

美蘇冷戰結束後，國際局勢由兩極軍事對抗，轉變為以經貿競爭與能源爭奪為主。1991 年的第一次波斯灣戰爭，間接促使美國海軍戰略，因威脅與環境不同，由藍水經綠水朝褐水發展。1992年的《從海上出發》（...From the Sea），美國海軍認為未來的海軍關鍵作戰區域，將發生在「濱海水域」（littoral water），[1] 期藉

---

[1] 「濱海水域」定義：區分為兩部份，一、陸地部份，係指自海岸向陸地，能夠直接從海上進行支援與防禦的區域；二、向海部份，指自開闊海洋向海岸間，能夠支援岸上作戰的區域；參閱 Department of Defense (ed.), *Joint Publication 1-02: Dictionary of Military and Associated Terms (As*

自由運用海洋，由海向陸遂行兵力投射，進而影響陸上事務。1994年則推出《前進……從海上出發》（Forward…From The Sea），結合美國海軍陸戰隊的「海上作戰機動」（Operational maneuver from the sea, OMFTS）與「艦船至目標的機動」（ship to objective maneuver, STOM），強調美國海軍支援陸上作戰的聯戰契合。[2]

因此，時空環境的變化，促成美國海軍戰略思維的轉變，最關鍵的制海權，已由海洋控制轉變成兵力投射，填補海洋與陸地間褐水地帶空隙；亦即，制海權「向陸」（landward）發展的概念乍現。

◎NECC 催生劑——非正規與不對稱的全球恐怖攻擊

1950 年代晚期與 1960 年代初期，美國遭受一連串的攻擊，不過當時尚未有人以「恐怖活動」一詞來描述此種暴力行為。[3] 到了 1983-98 年間，美國在海外的使館、軍事基地頻遭恐怖炸彈攻擊，死傷慘重；2000 年 1 月，蓋達組織（Al Qaeda）企圖炸毀停泊於葉門亞丁港的美國海軍神盾驅逐艦蘇利文號（USS Sullivans, DDG-68），結果以失敗收場；然而，蓋達組織在同年 10 月 12 日，以自殺炸彈小艇攻擊停泊於葉門亞丁港的另一艘神盾驅逐艦柯爾號（USS Cole, DDG-67），使其遭受到重創；2001 年 9 月 11 日，發生舉世震驚的 9/11 恐怖攻擊事件。這一連串的恐怖攻擊，

Amended through 16 July 2013) (Washington DC: DoD, 2010), p. 168.

[2] Norman Friedman，翟文中譯，《海權與戰略》（Seapower as Strategy）（台北：國防大學，2012），頁 333。

[3] Dennis Piszkiewicz，方淑惠譯，《恐怖主義與美國的角力》（Terrorism's War with America A History）（台北：國防部譯印軍官團叢書，2007），頁 23。

使美國上下傾力強化國土安全；美國國防部高層認為，面對非正規與不對稱的全球恐怖攻擊網絡，必須挹注更多資源來維護美國國土安全及國家利益。前文提及，9/11 事件後，美國為反制非傳統威脅，在考量國土防衛的同時，認為必須全面掌控海河環境，亟思以他國的海岸線（褐水）作為美國本土的第一道防線（見第二章第一節）。孕育褐水戰力的概念，在幾份美國官方文件中漸次成形。

2004 年 12 月美國小布希總統發布題為「海上安全政策」的國家安全總統訓令－41／國土安全總統訓令－13（National Security Presidential Directive NSPD-41/Homeland Security Presidential Directive HSPD-13）文件。[4] 該文件指出要藉由保護美國海上利益以加強國家安全。

小布希特別責成國防部長與國土安全部長領導聯邦部會，於 2004 年底、2005 年初，研訂一份詳盡的《追求海上安全的國家戰略》（The National Strategy for Maritime Security），該文件指出：「海洋領域的安全，美國需要與各相關國家廣泛與緊密合作，基於維護全球海上安全的共同利益……部隊需經過培訓、裝備，並準備進行偵查、威懾、阻絕、並擊敗海洋領域的恐怖分子」。[5]

---

[4] White House (ed.), *National Security Presidential Directive NSPD-41/Homeland Security Presidential Directive HSPD-13* (Washington DC: White House, 2004), p. 1.

[5] Office of Secretary of Defense and Office of Secretary of Homeland Security (eds.), *The National Strategy for Maritime Security* (Washington DC: Department of Defense, Department of Homeland Security, 2005), pp. 7-12. 原文由本書作者自行翻譯。

在 2006 年美國《四年期國防總檢討》（2006 QDR）中提及，「為肆應新型態的非正規戰爭，以聯合兵力的轉型性變革，實屬必要。從仰賴龐大海外長期駐軍，轉變成能在海外簡易基地遂行遠征作戰之兵力；從主要聚焦於傳統作戰行動，轉變成一支更能反制不對稱挑戰（asymmetric challenges）之兵力；從消除相互衝突，轉變為整合、甚或相互依存的聯合作戰型態」。[6] 更具體指出：「聯合海上部隊……將以網絡化艦隊執行高度分散作戰，更具備在褐水及綠水沿岸區域投射兵力的能力……將具備更大的河岸作戰與其他非正規作戰能量」。[7]

2006 年 4 月，《2006 海軍戰略計畫》（2006 Navy Strategic Plan）指出：「海軍必須藉由……海上阻絕行動（MIO）、查訪／登臨／搜查／扣押（Visit, Board, Search and Seizure, VBSS）第三層級、河岸、遠征維安部隊、NECC、和戰鬥技能整備中心，領導海上部分的全球反恐戰爭」。[8] 2006 年 9 月，《海軍作戰概念》（Naval Operations Concept）更具體要求：「提升我們執行非傳統任務的能力，俾利確保在必要時，我們海軍的軍力及影響力可以從海上、跨越濱海、運用到岸上」。[9]

以上幾份美國官方文件的重點指導，清楚顯示從國家層級的海洋戰略到軍種層級的運作戰略，為維繫美利堅治世的格局，極

---

[6] Office of Secretary of Defense, *Quadrennial Defense Review Report 2006*, pp. 41-51. 原文由本書作者自行翻譯。

[7] Office of Secretary of Defense, *Quadrennial Defense Review Report 2006*, p. 47. 原文由本書作者自行翻譯。

[8] *2006 Navy Strategic Plan*, ed. United States Navy (Washington DC: Chief of Naval Operations, 2006), pp. 14-22. 原文由本書作者自行翻譯。

[9] Office of Chief of Naval Operations, *Naval Operations Concept 2006*, ed. Department of the Navy (Washington DC: US Navy, 2006). 原文由本書作者自行翻譯。

其重視發展褐水戰力；決策者更運用體制性的推進力，由上而下、一條鞭式地指導要求具體落實發展褐水戰力的概念。

因此，美國海軍遵循國家安全與國防戰略指導，銳意改革其前沿部署；為發揮先期發現、先期預防的防範功效，亟需建構一支肩負國土防衛最前線、肆應不對稱威脅，能夠敏捷快速部署、自持力強、足以擔負各項任務需求的複合式部隊。從現行單位進行整合、併編、與組織改造，NECC 乃應運而生。

第二節　組織架構、兵力規模、與運作概念

◎美國海軍指揮架構體系中的 NECC

NECC 在美國海軍的指揮架構體系內，隸屬於海軍艦隊司令部（U.S. Fleet Forces Command），如下圖所示。

美國海軍指揮架構體系圖，顯示 NECC 與太平洋艦隊／大西洋艦隊下屬之海航／潛艦／水面艦等指揮單位之位階相同。後冷戰時代，美國的遠征打擊部隊（expeditionary strike force, ESF），乃由航母打擊群與（carrier strike group, CSG）與遠征打擊群（expeditionary strike group, ESG）組成，兩打擊群包含各式海航機、水面艦、及潛艦等戰鬥單位。對於美國海軍執行的任務而言，如果掌握對大洋的制海權、追求決定性海戰的勝利是在光譜的一端，則掌握對海岸、河道、港口的控制權、對抗非傳統威脅，位於任務光譜的另一端。前者以部署於世界各地的航母打擊群（遠

征打擊群）為臂膀，後者則以海軍遠征戰鬥指揮部為指爪神經；任務光譜兩端的交融，達成藍水、綠水、及褐水戰力的整合。美國海軍指揮架構體系圖，透露 NECC 的重要性。

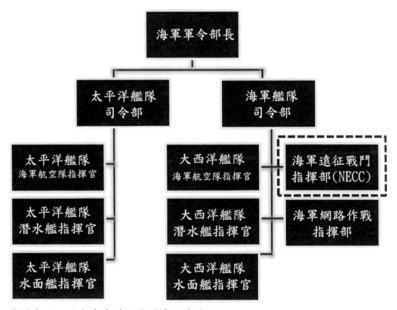

資料來源：作者參考美國海軍官網自繪

圖 2　NECC 在美國海軍指揮架構體系的定位

◎NECC 內部組織架構與兵力規模

NECC 的指揮部位於維吉尼亞州小溪海軍兩棲基地（NAB Little Creek, Virginia, U.S.）。NECC 下轄八個單位，組織架構如下圖所示：[10]

---

[10] NECC, "Science & Technology Strategic Plan December 2009," (Little Creek:

1. 海軍建築工程部隊（海蜂）（Naval Construction, Seabees）
2. 爆破物處理（Explosive Ordnance Disposal, EOD）
3. 河岸部隊（Coastal Riverine Force, CRF）
4. 海軍遠征情報指揮部（Navy Expeditionary Intelligence Command, NEIC）
5. 海軍遠征後勤支援大隊（Navy Expeditionary Logistics Support Group, NAVELSG）
6. 海上民事與維安訓練指揮部（Maritime Civil Affairs and Security Training Command, MCASTC）
7. 戰鬥攝影（Combat Camera, COMCAM）
8. 遠征作戰整備中心（Expeditionary Combat Readiness Center, ECRC）

資料來源：作者自行繪製

圖 3　海軍遠征戰鬥指揮部組織架構圖

Navy Expeditionary Combat Command, 2009), pp. B-1.

海軍遠征戰鬥指揮部部隊編制約 40,000 人，現有人數 26,624
人，其中 54%屬備役部隊。指揮官編階二星少將（Rear Admiral
（Upper Half））；為順應組織變革與預算緊縮影響，預計 2017 年
前，NECC 指揮官編階將調整為一星少將（Rear Admiral（Lower
Half））。[11]

表二 「海軍遠征戰鬥指揮部」組織架構

項次	單位名稱	現役部隊 （Active）	備役部隊 （Reserve）	單位人數 比例	指揮官 編階
	NECC 指揮部	377 （100%）	0 （0%）	377 （1.42%）	二星 少將
1	海軍建築工程部隊 （Seabees）	7,035 （46%）	8,112 （54%）	15,147 （56.89%）	一星 少將
2	爆破物處理（EOD）	2,190 （88%）	293 （12%）	2,483 （9.33%）	上校
3	河岸部隊（CRF）	2,511 （57%）	1,896 （43%）	4,407 （16.55%）	上校
4	海軍遠征情報指揮部 （NEIC）	215 （78%）	61 （22%）	276 （1.04%）	上校
5	海軍遠征後勤支援大隊 （NAVELSG）	377 （11%）	2,924 （89%）	3,301 （12.56%）	一星 少將
6	海上民事與維安訓練 指揮部（MCASTC）	254 （60%）	172 （40%）	426 （1.60%）	上校
7	遠征作戰整備中心 （ECRC）	68 （42%）	93 （58%）	161 （0.60%）	上校
8	戰鬥攝影（COMCAM）	48 （60%）	32 （40%）	80 （0.30%）	少校
	總計	12,698（48%）	13,583（52%）	26,281	

[11] "Navy Announces Plan to Reduce Flag Officer Structure," *Department of the
Navy*, 2013, http://www.navy.mil/submit/display.asp?story_id=76067
(accessed August 31, 2013).

單位比例分布	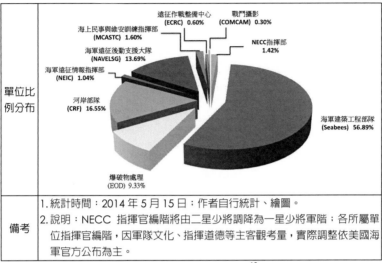
備考	1. 統計時間：2014 年 5 月 15 日；作者自行統計、繪圖。 2. 說明：NECC 指揮官編階將由二星少將調降為一星少將軍階；各所屬單位指揮官編階，因軍隊文化、指揮道德等主客觀考量，實際調整依美國海軍官方公布為主。

資料來源：美國軍隊通訊暨電子協會（AFCEA）[12]

◎NECC 運作概念

美國海軍決策領導階層確立以他國海岸線作為美國本土的第一道防線、發展褐水戰力等概念後，隨即於 2006 年 1 月 13 日成立「海軍遠征戰鬥指揮部」。NECC 藉由其所屬單位分工合作，在他國的沿岸、陸地上蓄積褐水戰力；NECC 的運作概念，如下圖所示。

[12] CAPT Steve Hamer, "AFCEA/U.S. Naval Institute East: Joint Warfighting 2013," (Little Creek: Navy Expeditionary Combat Command, 2013), pp. 3-9.

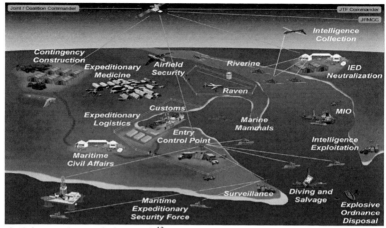

資料來源：美國民事事務協會[13]

圖 4　NECC 運作概念示意圖

　　其運作概念要點，略以：爆裂物處理小組（EOD）以無人系統（unmanned system）於近岸、港口與航道實施未爆彈（unexploded explosive ordnance, UXO）及水雷反制偵測、定位與處理；海上遠征維安部隊（MESF）於岸上巡邏，提供遠征部隊安全保障；[14] 遠征建築工程部隊（NCF）建設岸上工事，包含機場跑道、港口基礎設施、遠征醫療、指管與通信中心等遠征後勤建設，為遠征及後勤部隊建設戰力基石；遠征後勤支援大隊（NAVELSG）執行貨物倉儲及物流管理、空運及船運物資裝卸作業、海關貨物檢查、物資處理與運輸；河岸部隊（CRF）於近

[13]　CAPT David Balk, "NECC 57th Annual Conference of the Civil Affairs Association," (Little Creek: Navy Expeditionary Combat Command, 2008), p. 3.

[14]　海軍河川部隊（Navy Riverine Force, NRF）與「海上遠征維安部隊」（Maritime Expeditionary Security Force, MESF)於 2012 年 6 月 1 日併編，改名為「河岸作戰部隊」（Coastal Riverine Force, CRF）。

海、港口與航道，執行海上維安行動（MSO）、海上攔檢行動
（MIO）；海上民事部隊（MCA）從事民事工作與協助，瞭解當地
文化，贏取當地民心；遠征訓練指揮部（ETC）協助訓練盟邦安
全部隊建立。[15] 指管與通信中心藉由無人偵察機（UAV）與河岸
部隊建構戰場圖像（COP）全景，以價廉效高的微波通信（WiMAX）
技術提供單位間的通信聯絡，以衛星通信建立全面性的遠距離指
揮與管制，而儀台無人化將是未來通信科技的發展趨勢。[16]

「海軍遠征戰鬥指揮部」在他國近海與岸上，運用巧實力建
立軍事與民事全面性的影響力，為遠征作戰部隊提供無後顧之憂
的安全保障，誠然是使制海權從綠水跨越主權障礙、貫穿褐水的
核心機制。

第三節　NECC 各單位功能職掌

一、海軍建築工程部隊（海蜂）
（Naval Construction Force, Seabees）

"The Navy Seabees are playing a critical role in the world today in both
military and humanitarian missions. Whether building facilities for our troops in

---

[15] Galli et al., *Riverine Sustainment 2012*, pp. 156-57. 海上民事事務團（Maritime
　Civil Affairs Group），與遠征訓練指揮部（Expeditionary Training Command）於
　2009 年 10 月 1 日合併，成為「海上民事與維安訓練指揮部」(MCASTC)。
[16] CDR Jim Turner, "National Defense Industrial Association Joint Missions
　Conference, 31 August 2011," (Little Creek: Navy Expeditionary Combat
　Command, 2011), pp. 12-15.

Afghanistan, helping residents recover from natural disasters, or building clinics and schools in underdeveloped areas, Seabees with their 'Can Do' work ethic are key players in the Navy's Global Force For Good."

Rear Admiral Mark A. Handley,
Active Component Deputy Commander, NECC

（一）歷史沿革

翻開戰史，水手於岸上建立岸基設施並非創新概念；早在西元前 3100 年的古埃及人，及後來的腓尼基人、希臘人和羅馬人，由於航運發展衍生的利益衝突，攻守雙方「在岸上建築工事」已成實務。早期的美國海軍水手，徒手使用工具於岸上基地建構基礎工事。1813 年 10 月，英、美兩國海軍在兩大洋上競逐；美國海軍上校波特（David Porter）率領的艾塞克斯號（USS ESSEX, 1799-1814），在南太平洋努庫希瓦島（Nukuhiva Island，今法屬玻里尼西亞馬克薩斯群島西北部的一座火山島），建立美國海軍史上的第一個前進基地（advanced base）。[17]

1917 年 4 月一戰期間，美國海軍在大湖地區（Great Lakes）建立水兵訓練基地，並在 12 月 30 日於保羅瓊斯堡（Camp Paul Jones）編成規模 1500 人的 3 個工兵營；隨戰事擴大，1814 年 4 月擴編成 2400 人的 5 個工兵營，為海蜂的雛型。1941 年夏，美國在關島、中途島、威克島、珍珠港、冰島、紐芬蘭島、百慕達、千里達及其他地方建立大型海軍基地，由軍官負責監造、民間承

---

[17] "Seebee History: Introduction," *Naval History & Heritage Command*, http://www. history.navy.mil/faqs/faq67-2.htm (accessed March 9, 2014). Egon Hatfield, "War of 1812 Bicentennial: Cruise of the USS Essex," *US Army*, 2013, http://www. army.mil/article/98107/ (accessed March 1, 2014).

包商負責建造。1941 年 12 月 7 日，日本偷襲珍珠港，港口基地受損嚴重，以民間人士建築軍事工事的作法並不符國際法規範，[18] 直接催生海軍戰鬥工兵的建立。1942 年 1 月 5 日，美國海軍少將莫瑞爾（Ben Moreell）正式創立「建築營」（construction battalion），縮寫"CB"發音類似"Sea Bee"，而戰鬥工兵的工作特性如同蜜蜂般分工合作，"Sea Bee"（海蜂）遂成為該單位的代名詞；莫瑞爾親自授予座右銘：Construimus, Batuimus（拉丁文）－"We Build, We Fight."（我們構工，我們戰鬥）。二戰結束後，海蜂部隊的組織架構有 151 個正規建築營（regular construction battalions），39 個特種建築營（special construction battalions），164 個特遣建築營（construction battalion detachments），136 個設備建築維修單位（construction battalion maintenance units），5 個浮橋建構特遣隊（pontoon assembly detachments），54 個團（regiments），12 個旅（brigades），及其它附屬支援單位，兵力規模一度達 32 萬 5 千人。[19]

　　歷經二戰、韓戰、與越戰，海蜂部隊的貢獻使其奠定無可取代的地位；冷戰結束後，隨著工業化與新科技的日新月異，美軍因應戰爭型態的改變而進行「軍事事務革命」，幾經組織擴編及裁併，使海蜂部隊逐漸演變為今日的規模。

---

[18] 指的是國際人道法《日內瓦（四）公約》，包括 1949 年 8 月 12 日在日內瓦重新締結的四部基本的國際人道法，為國際法中的人道主義定下了標準。它們主要有關戰爭受難者、戰俘和戰時平民的待遇；《日內瓦第四公約》旨在保護平民。

[19] "Seebee History: Formation of the Seebees and World War II," *Naval History & Heritage Command*, http://www.history.navy.mil/faqs/faq67-3.htm (accessed March 9, 2014).

（二）主要任務

海軍建築工程部隊主要任務，不分平時或戰時，為作戰部隊提供建築工事及人道救援，包含橋樑道路建設、掩蔽壕溝、機場跑道及停機坪、儲彈設施、大型堡壘基地、碼頭修繕、邊境哨所、遠征營地以及學校、醫療診所及市政設施修築等建築工程，協助災害的快速復原工程，執行增進友邦關係的民事工程，以及提供反恐部隊、人員有關的防禦建築工事。[20] 該部隊為 NECC 所屬編制最大的單位，對於適應各種任務要求具備延展性與靈活性。

冷戰結束後，美國躍升全球霸權地位；當前美國的全球商業利益與海上優勢，賦予其實踐全球「美利堅治世」的動機與能力。美國海軍因應非傳統安全威脅的擴張，必須將其控制觸角伸及全世界各角落，以確保美國本土安全、國際和平、與經濟繁榮。前文提及，NECC 作為海軍戰略與海軍外交的核心運作機制，是形塑安全環境之存在艦隊的終極前端元素；當美軍以聞聲救苦之姿，進行人道救援之類的非正規作戰任務之時，最具聞聲救苦的政治說服力，有助美國海軍改善形象，贏得具重大戰略價值地帶國家之民心。

身為 NECC 轄下的中堅單位，海蜂部隊自然扮演執行非正規作戰任務的中流砥柱。例如在伊拉克以及阿富汗的軍事行動，或是在東南亞反恐行動中，海軍工兵部隊配合陸戰隊、空軍特戰隊、以及陸軍執行非正規作戰任務，均扮演關鍵角色。最近幾年，

---

[20] NECC Public Affairs Office, "NECC Fact Sheets: Naval Construction Force (Seebees)," *NECC*, http://www.public.navy.mil/necc/hq/PublishingImages/NECC%20fact%20sheets/NECC_SEABEES2_FactSheet2012.pdf (accessed March 9, 2014).

世界各地人為天然災禍頻繁，甚或美國本土亦有重大損失；人道救援行動中，處處可見海軍建築工程部隊的身影。而對這些災民而言，除了食物飲水、居所、交通等民生問題，海軍建築工程部隊均能發揮所長，扮演聞聲救苦的關鍵要角。因此之故，美國海軍特別指出，海軍建築工程部隊支持美國海洋戰略的六項核心戰力，如下圖所示。

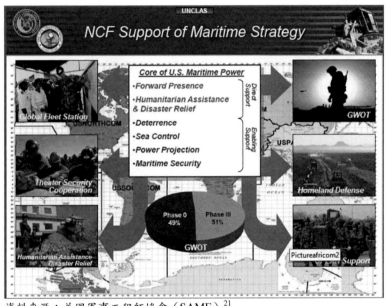

資料來源：美國軍事工程師協會（SAME）[21]

圖 5　海軍建築工程部隊實踐海洋戰略六項核心戰力

---

[21]　CAPT Grant Morris, "Naval Construction Force Overview SAME Mid Atlantic Region Conference November 2 2011," (Little Creek: Navy Expeditionary Combat Command, 2011), p. 14.

（三）組織編裝與部隊現況

海軍建築工程大隊（NCG）下轄 5 個單位：

1. 海軍建築工程大隊（Naval Construction Groups, NCG）
2. 海軍建築工程團（Naval Construction Regiment, NCR）
3. 海軍機動建築營（Naval Mobile Construction Battalion, NMCB）
4. 建築營保修小隊（Construction Battalion Maintenance Units, CBMU）
5. 水下建築工程小組（Underwater Construction Teams, UCT）

經過數十年在全世界各地，默默貢獻的海軍第一工兵師（1st Naval Construction Division, 1 NCD），於 2013 年 5 月 31 日組織轉型，重新編配成為 NECC 下轄的海軍建築工程大隊（Naval Construction Groups, NCGs），繼續發揮建築工程長才，執行美國海軍戰略目標。[22] 下轄各級單位現況如下表。

海軍建築工程大隊現有 6888 名現役與 6927 名後備役海軍官兵，區分第 1 建築工程大隊（NCG 1，駐地：加州聖地牙哥科羅拉多兩棲基地）與第 2 建築工程大隊（NCG 2，駐地：維州小溪－史特瑞堡聯合遠征基地）。

---

[22] Daryl C. Smith, "First Naval Construction Division Decommissioned," *Department of the Navy*, 2013, http://www.navy.mil/submit/display.asp?story_id=74594 (accessed March 1, 2014).

表三　美國海軍建築工程部隊現況一覽表

海軍第一工兵師 （1st Naval Construction Division/ Naval Construction Force Command Atlantic） （駐地：維吉尼亞灘，維州）				
海軍第一工兵師 前進部署 （1st NCD Forward）	海軍建築工程團 NCR 海蜂整備大隊 （Seabee Readiness Group）	海軍機動建 築營 NMCB	建築營保修 小組 CBMU	水下建築 工程小組 UCT
海軍太平洋建築 工程指揮部 （Naval Construction Force Command Pacific, Pearl Harbor, Hawaii）	1st NCR （Port Hueneme, CA.）	NMCB-17 NMCB-18 NMCB-22		
	3rd NCR （Marietta, GA.）	NMCB-14 NMCB-23 NMCB-24		
	7th NCR （Newport, R.I.）	NMCB-21 NMCB-26 NMCB-27		
	9th NCR （Fort Worth, TX）	NMCB-15 NMCB-25 NMCB-28		
	22nd/25th NCR （Gulfport, Miss.）		CBMU-202	UCT-1
	30th NCR （Port Hueneme, CA.）		CBMU-303	UCT-2
	20th SRG, （Gulfport, Miss.）	NMCB-1 NMCB-11 NMCB-74 NMCB-133		
	31st SRG, （Port Hueneme, CA1.）	NMCB-3 NMCB-4 NMCB-5		

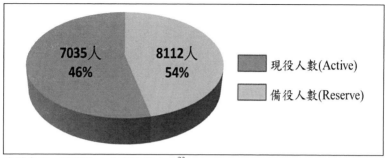

現役人數(Active)

備役人數(Reserve)

7035人 46%

8112人 54%

資料來源：NECC 公共事務辦公室[23]

二、爆破物處理
（Explosive Ordnance Disposal, EOD）

"We are an elite cadre of Sailors that deploy, operate around the globe, build partnerships and help to increase partner navies' capacity and capability to promote peace and prevent war."

Capt. Edward Edison, Commander, Explosive Ordnance Disposal Group 1

（一）歷史沿革

美國海軍爆破物處理部隊（Explosive Ordnance Disposal, EOD）的歷史可追朔至 1940 年，當時一批美國志願軍跟隨英國未爆彈處理小組，在歐陸戰場執行任務；這些人於 1941 年回到美國後退伍，並成立了水雷清除學校（Mine Recovery School），

---

[23] "First Naval Construction Division," *U.S. Naval Construction Force*, http://www.public.navy.mil/necc/1ncd/Pages/default.aspx (accessed March 9, 2014). 另見 NECC Public Affairs Office, "NECC Fact Sheets: Naval Construction Force (Seebees)."

規劃於 11 週的訓期中，將學員訓練為合格的掃雷及潛水人員；自 1941 年 6 月至 1945 年 10 月，共有 19 期學員畢業；畢業後的學員，派遣至太平洋及地中海戰區貢獻所學，使美國海軍遭受的水雷、地雷威脅降至最低。

在韓戰期間，海軍爆破物處理小組開始參與內陸戰場情報蒐集以及部分聯軍的作戰任務；越戰期間，派駐於夏威夷珍珠港的海軍爆破物處理團（EODGRU）也派出其下屬單位全面投入越戰，當時除了在艦艇上派駐爆破物處理小組外，另外還在湄公河（Mekong Delta）到峴港（DaNang）沿岸派遣數個小組兵力，確保美軍船艦在河岸以及近海地區免受水雷威脅。[24]

在越戰結束後，海軍爆破物處理部隊在戰時發揮的功效令人無法忽視，其規模及兵力也隨之擴增，參與軍事行動的次數也逐年增加；在第一次波灣戰爭中，最受人注目的事蹟就是清除了超過 500 枚水雷，以及史塔克號（USS Stark, FFG-31）遭伊拉克戰機發射兩枚飛魚（Exocet）反艦飛彈擊中後，由爆破物處理小組完成該艦未爆彈的清除，避免未爆彈藥引爆，防止災損擴大。在隨後的索馬利亞、海地、波士尼亞、科索沃、阿富汗及伊拉克軍事任務中，海軍爆破物處理部隊專司陷阱、爆裂物及水雷、地雷清除，確保部隊安全並使任務能持續執行。[25]

---

[24] "Navy Explosive Ordnance Disposal Program," *United States Navy*, http://www.public.navy.mil/bupers-npc/enlisted/detailing/seal/Documents/EODWARNINGORDE.doc (accessed March 12, 2014). "United States Navy EOD," *Wikipedia*, http://en.wikipedia.org/wiki/United_States_Navy_EOD (accessed March 7, 2014).

[25] "Navy Explosive Ordnance Disposal Program." "United States Navy EOD."

（二）主要任務

海軍爆破物處理部隊，是美國國防部唯一具備海上遠征爆破物處理和機動潛水與救援能力（mobile diving and salvage）的專業部隊，從傳統到複合式、核生化未爆彈處理，具備跳傘、直升機垂降（fast-rope）、特種巡邏投入與撤出（special patrol insertion/extraction, SPIE）、[26] 潛水等能力，在世界各種嚴峻的環境與氣候下，配合特戰部隊（Special Operations Forces, SOF）、及陸、海、空軍、陸戰隊共同執行任務，亦支援聯邦執法局（federal law enforcement agency）協處各種爆裂裝置。[27] 近年執行的重大任務有：「伊拉克自由行動」（Operations Iraqi Freedom, OIF）、持久自由行動（Operations Enduring Freedom），該部隊亦參與人道救援任務，諸如：2007 年 8 月 1 日美國密西西比河大橋崩塌（Minneapolis Minnesota Bridge Collapse）、[28] 卡崔娜颶風（Hurricane Katrina）、[29] 及 2010 年海地震災（Haiti Earthquake）等救援行動。[30]

---

[26] 翻譯參考《國軍簡明美華軍語辭典》（2003 年版）。

[27] NECC Public Affairs Office, "NECC Fact Sheets: Explosive Ordnance Disposal," *NECC*, http://www.public.navy.mil/necc/hq/PublishingImages/NECC%20fact%20sheets/00064_NECC_SubCom_EOD_FactSheet_3.pdf (accessed March 9, 2014).

[28] American Forces Press Service, "Navy to Help Recovery Effort in Minnesota Bridge Collapse," *Department of the Navy*, 2007, http://www.navy.mil/submit/display.asp?story_id=31025 (accessed March 1, 2014).

[29] Lynn Iron, "MDSU 2 Assists Hurricane Katrina Victims," *Department of the Navy*, 2005, http://www.navy.mil/submit/display.asp?story_id=20835 (accessed March 1, 2014).

[30] Robert Stirrup, "MDSU-1 Sailors Reflect on Humanitarian Mission in Haiti," *Department of the Navy*, 2010, http://www.navy.mil/submit/display.asp?story_

（三）組織編裝與部隊現況

美國海軍爆破物處理部隊指揮官編階為海軍上校，現有 2290 名現役與 143 名後備役海軍官兵，下轄第 1 爆破物處理大隊（EODGRU 1）與第 2 爆破物處理大隊（EODGRU 2），下轄各級單位現況如下表。

表四　海軍爆破物處理部隊現況一覽表

第 1 爆破物處理大隊 EOD Group 1 （駐地：加州聖地牙哥）		第 2 爆破物處理大隊 EOD Group 2 （駐地：維州小溪基地）	
部隊番號	駐地	部隊番號	駐地
第 1 爆破物處理區隊 EODMU 1	加州聖地牙哥 San Diego, CA.	第 2 爆破物處理區隊 EODMU 2	維州小溪基地 JEBLC-FS, VA
第 3 爆破物處理區隊 EODMU 3	加州聖地牙哥 San Diego, CA.	第 6 爆破物處理區隊 EODMU 6	維州小溪基地 JEBLC-FS, VA
第 5 爆破物處理區隊 EODMU 5	關島 Guam	第 8 爆破物處理區隊 EODMU 8	西班牙 羅塔海軍基地 Naval Station Rota ,Spain
第 11 爆破物處理區隊 EODMU 11	加州皇家海灘 Imperial Beach, CA.	第 12 爆破物處理區隊 EODMU 12	維州小溪基地 JEBLC-FS, VA
第 1 機動潛水救援區隊 MDSU 1	夏威夷珍珠港 Joint Base Pearl Harbor-Hickam	第 2 機動潛水救援區隊 MDSU 2	維州小溪基地 JEBLC-FS, VA
第 1 爆破物處理訓練與評估區隊 EODTEU 1	加州聖地牙哥 San Diego, CA.	第 2 爆破物處理訓練與評估區隊 EODTEU 2	維州小溪基地 JEBLC-FS, VA

id=52580 (accessed March 1, 2014).

第1爆破物處理 遠征支援區隊 EODESU 1	加州聖地牙哥 San Diego, CA.	第2爆破物處理 遠征支援區隊 EODESU 2	維州小溪基地 JEBLC-FS, VA
第7爆破物處理 作戰支援區隊 EODOSU 7	加州聖地牙哥 San Diego, CA.	第10爆破物處理 作戰支援區隊 EODOSU 10	維州小溪基地 JEBLC-FS, VA

293人 12%

2190人 88%

現役人數(Active)

備役人數(Reserve)

資料來源：美國海軍官方網站[31]

三、海岸河川部隊（Coastal Riverine Force）
（以下簡稱河岸部隊）：

"Coastal Riverine is a force that is able to defend a high value asset against a determined enemy and, when ordered, conduct offensive combat operations."

Rear Admiral Michael P. Tillotson, Commander, NECC

---

[31] NECC Public Affairs Office, "NECC Fact Sheets: Explosive Ordnance Disposal." 另參見 Office of the Chief of Naval Operations, "OPNAV INSTRUCTION 8027.6F," (Washington DC: Department of the Navy, 2012), pp. Enclosure (4) 3, Enclosure (5) 2.

（一）歷史沿革

內河戰鬥自 1775 年美國獨立建國以來，即伴隨其歷史發展；歷經數度對抗英國皇家海軍的內河戰鬥、美國南北戰爭、1899～1902 年的菲律賓暴亂、中國長江護航（商船）行動、到穿越萊茵河行動等，這股「褐水的力量」往往在行動結束後，就立即解散或分配至其他部隊。

1960 年代，美國出兵越南，作戰區域河網密布複雜、氣候溫熱的地域環境，內陸河流、水道、運河不若海洋般廣闊，有其獨特的作戰特點，對美軍執行滲透作戰影響甚鉅，因此必須建立一支在這種環境中，能擔負運輸、火力掩護與支援、快速滲透與撤離等一系列任務的機動部隊。此種新型作戰概念的問世，於 1966 年 3 月份，由陸軍和海軍聯合委員會，著手制訂「湄公河三角洲機動水上部隊（Mekong Delta Mobile Afloat Force, MDMAF）」初步的實驗計劃。1966 年 9 月 1 日，該計畫生效並在加州的科羅納多（Coronado, California）成軍，部隊番號為第 117 特遣部隊（Task Force 117,TF-117），命名為「機動河川部隊（mobile riverine force, MRF）」。[32]

越戰結束後，美國海軍仍致力發展藍水海軍，直至冷戰結束為止，內河流域作戰並非海軍主流思想，因此削減了有關內河流域作戰的研究預算和相關發展工作，僅在海軍特種部隊中保有一定數量的特種舟艇支援部隊。

---

[32] Robert H. Stoner, "The Brown Water Navy in Vietnam," *Warboats of America*, http://www.warboats.org/stonerbwn/the%20brown%20water%20navy%20in%20vietnam_part%203.htm (accessed March 1, 2014). 翻譯參考《國軍簡明美華軍語辭典》（2003 年版）。

2006 年 5 月「海軍戰略計畫──計畫目標備忘錄-08（Navy Strategic Plan ISO POM 08）」公布，河岸部隊藉由 NECC 成立進行整合。[33] 美軍自兩次波斯灣戰爭及 2001 年阿富汗戰爭中發現，建立一支可以隨時調用的內河流域部隊十分重要；另一方面，美國海軍從戰略角度重新審視內河流域作戰的重要性，認為內河流域恐因為防禦部隊作戰能力不足，同時內河流域極易成為恐怖滲透的途徑，為恐怖行動提供隱密和便利輸具道路。

美國海軍於 2006 年 5 月重建其河川部隊，於維吉尼亞州小溪海軍兩棲基地成立「第一河川作戰大隊」（現稱「小溪－史特瑞堡聯合遠征基地」）（Joint Expeditionary Base Little Creek-Fort Story, or JEBLC-FS）；該大隊下轄三個分別成立於 2006-2007 年間的現役（active-duty）內河中隊。[34] 2006 年至 2011 年間，上述各中隊多次赴伊拉克執行作戰部署任務，是自越戰結束後 34 年以來，首次執行作戰任務；[35] 擔負多種類型的任務，包括人道救援與災難救助、重要港口與設施安全保護、攔截、培訓盟國員警與盟國軍隊進行航線巡邏；自 2003 年以來，由美國海軍陸戰隊兼任執行伊拉克港口與航道水上安全任務，至此改由專責部隊擔負。[36]

---

[33] Peter M. Swartz and Karin Duggan (eds.), *U.S. Navy Capstone Strategies and Concepts (2001-2010): Strategy, Policy, Concept, and Vision Documents* (Alexandria: Center for Naval Analysis, 2011), p. 85.

[34] 2006 年 5 月 6 日，第一河岸作戰大隊及其第一河岸作戰中隊正式編成；2007 年 2 月 7 日，第二河岸作戰中隊編立；同年 8 月 7 日，第三河岸作戰中隊編立。

[35] Swartz and Duggan (eds.), *U.S. Navy Capstone Strategies and Concepts (2001-2010): Strategy, Policy, Concept, and Vision Documents*, p. 132.

[36] Ronald O'Rourke, *Navy Irregular Warfare and Counterterrorism Operations: Background and Issues for Congress (August 2013)* (Washington DC: Library

2012 年 6 月 1 日，美國海軍為應對 21 世紀的國防戰略，面對新型態任務類型與特性，在美軍部隊規模逐步裁減整併的政策下，海軍河川部隊（Navy Riverine Force, NRF）與「海上遠征維安部隊」（Maritime Expeditionary Security Force, MESF）併編，改名為「河岸部隊」（Coastal Riverine Force, CORIVFOR），此組織變革保有最佳效能和最彈性靈活的作戰能力。[37] 雖然地面部隊裁減，但是河岸部隊規模反有擴大的現象，其任務運用亦更加彈性與強化。

美國海軍表示，該支部隊「在綠水與褐水執行核心的海上遠征安全任務，使傳統遠洋海軍和陸上部隊的戰力相互連結，確保港口與碼頭間重要航道的安全，並防護高價值資產和海上基礎設施」。[38] 河岸作戰部隊在 2012 年 10 月達成「初始作戰能力」（initial operating capability, IOC），並預計於 2014 年 10 月達成「完全作戰能力」（full operational capability, FOC）。[39] 電影「海豹神兵：英勇行動（Act of Valor）」中，營救遭綁的中情局特務，經

of Congress, 2013), p. 12.

[37] Shannon M. Smith, "RIVRON 3 Disestablishes at Naval Weapon Station Yorktown," *Department of the Navy*, 2013, http://www.navy.mil/submit/display.asp?story_id=71538 (accessed March 1, 2014).

[38] O'Rourke, *Navy Irregular Warfare and Counterterrorism Operations: Background and Issues for Congress (August 2013)*, p. 12. See also Kay Savarese, "NECC Establishes Coastal Riverine Force," *Department of the Navy*, 2012, http://www.navy.mil/submit/display.asp?story_id=67545 (accessed March 1, 2014). Corinne Reilly, "New Navy Command to Incorporate Riverines," *PilotOnline*, 2012, http://hamptonroads.com/2012/05/new-navy-command-incorporate-riverines (accessed March 1, 2014).

[39] O'Rourke, *Navy Irregular Warfare and Counterterrorism Operations: Background and Issues for Congress (August 2013)*, pp. 12-13. See also Savarese, "NECC Establishes Coastal Riverine Force."

由兩艘武裝砲艇火力支援的片段，即是河岸部隊執行任務的最佳詮釋。

（二）主要任務

河岸部隊是 NECC 轄下僅次於海蜂部隊的中堅核心單位，直屬 NECC 指揮管制；其主要任務為「在河岸地區或近海海域執行以軍事與民事為目的之任務類型，拒敵使用並依命令擊滅敵近岸水上部隊，包含反恐及其它非法活動，諸如：大規模毀滅性武器（WMD）輸送、劫持、海盜及人口販賣等」。河岸部隊具備持續部署能力，支援非正規作戰（IW）行動，亦藉由聯合軍演或多邊演習、人員交換觀摩、人道救援計畫等作為，支援海上安全作戰及戰區安全合作（Maritime Security Operations and Theater Security Cooperation），亦能夠提供直接或間接火力支援、地面部隊投入／撤出任務」。[40] 顯見該部隊具備跨越傳統與非傳統安全威脅任務領域，提供前線指揮官執行任務的彈性運用，扮演使制海權極致前推－自藍水銜接綠水與褐水－的核心運作機制之中堅核心元素。

（三）組織編裝與部隊現況

河岸作戰部隊現有 2510 名現役與 1896 名後備役海軍官兵，下轄第 1 與第 2 河岸大隊（Coastal Riverine Group）。第 1 大隊駐地位於加州皇家海灘（Imperial Beach, CA），第 2 大隊駐地位於小溪－史特瑞堡聯合遠征基地（JEBLC-FS, VA），指揮官編階為海軍上校，下轄各中隊現況如下表。2012 年 8 月 1 日，海軍宣布

---

[40] NECC, "Science & Technology Strategic Plan December 2009," pp. B6-7.

「合併第 1 內河中隊（Riverine Squadron, RIVRON-1）與第 4 海上遠征維安中隊（Maritime Expeditionary Security Squadron, MESRON-4），成立第 4 河岸作戰中隊（Coastal Riverine Squadron 4, CORIVRON-4）」。[41]

表五　美國海軍海岸河川部隊現況一覽表

第 1 河岸作戰大隊 （Coastal Riverine Group 1）			第 2 河岸作戰大隊 （Coastal Riverine Group 2）		
部隊番號	駐地	動員狀態	部隊番號	駐地	動員狀態
第 3 河岸作戰中隊 CRS 3	加州聖地牙哥 San Diego, CA.	現役（前進部署關島）	第 2 河岸作戰中隊 CRS 2	維州小溪基地 Little Creek, VA.	現役（前進部署巴林）
第 1 河岸作戰中隊 CRS 1		備役	第 4 河岸作戰中隊 CRS 4		現役
第 11 河岸作戰中隊 CRS 11	加州海豹灘 Seal Beach, CA.	備役	第 8 河岸作戰中隊 CRS 8	羅德島新港 Newport, R.I.	備役
			第 10 河岸作戰中隊 CRS 10	佛州傑克遜維爾 Jacksonville, FL	備役

現役人數(Active)　1896人　43%
備役人數(Reserve)　2511人　57%

資料來源：美國海軍官方網站[42]

---

[41] Steven C. Hoskins, "Coastal Riverine Force Establishes Squadron," *Department of the Navy*, 2012, http://www.navy.mil/submit/display.asp?story_id=68790 (accessed March 1, 2014).
[42] NECC Public Affairs Office, "NECC Fact Sheets: Coastal Riverine Force," *NECC*, http://www.public.navy.mil/necc/hq/PublishingImages/NECC%20fact

四、海軍遠征情報指揮部（Navy Expeditionary Intelligence Command, NEIC）

"Transforming information into a weapon requires deep penetration, awareness and understanding of the operating environment, of military, commercial, and social networks, of the mind of competitors and adversaries and of the 'customer' - a commander decision maker, operator, analyst, or even a weapon."

The U.S. Navy's Vision for Information Dominance, May 2010

（一）歷史沿革

海軍遠征情報指揮部（NEIC）成立於 2007 年 7 月 4 日，為海軍支援全球反恐戰爭所建立的第一個情報社群。自成立迄今，海軍遠征情報指揮部訓練反恐情報專業人員，協助任務指揮官對於作戰領域獲得更深入瞭解，並透過與盟國建立合作夥伴關係，提高情報能力，強化海上安全和反恐行動的情監偵作業。[43] 專責戰術層級情監偵情報收集，對於任務環境的深層認知、軍事、商業、社會網絡、潛在威脅等資訊，將情報訊息轉化為武器，供任務指揮官、操作者、分析人員、甚至武器等參考運用；任務範圍從藍水經綠水、濱海沿岸至內陸，超越傳統情監偵設施的情蒐限制。[44]

%20sheets/NECC_CRF_FactSheet2012.pdf (accessed March 9, 2014).

[43] Marissa Kaylor, "NECC Establishes Navy Expeditionary Intelligence Command," *Department of the Navy*, 2007, http://www.navy.mil/submit/display.asp?story_id= 32405 (accessed March 1, 2014).

[44] NECC Public Affairs Office, "NECC Fact Sheets: Navy Expeditionary Intelligence Command," *NECC*, http://www.public.navy.mil/necc/hq/Publishing

（二）主要任務

海軍遠征情報指揮部之主要任務為派遣機動、適任、與備便的遠征情報部隊，提供遠征部隊即時應對情資，迅速滿足非正規作戰領域的情報需求。[45] 所屬人員具備下列職能：[46]

1. 戰術性地面人工情報（Tactical Ground Human Intelligence, HUMINT）：[47] 透過戰術質問、訊問、晤談、文件及資訊媒體、現地勘查、公開資訊等進行情蒐。

2. 戰術性海上人工情報與情報發展（Tactical Maritime HUMINT and Intelligence Exploitation）：支援查訪、登臨、搜查、扣押（VBSS）任務，於海上執行戰術性質問、訊問、文件及資訊媒體、海上現場勘查等情蒐任務。

3. 遠征情報分析（Expeditionary Intelligence Analysis）：提供任務環境的戰場情報整備、情報處理（計畫、指導、研判、處理）、戰場熟悉及文化警覺。

4. 戰術電子戰／資訊戰（Tactical Electronic Warfare/Information Operations）：即時戰術部隊防護、網路作戰支援。

Images/NECC%20fact%20sheets/NECC_NEIC_FactSheet2012.pdf （accessed March 9, 2014).

[45] NECC Public Affairs Office, "NECC Fact Sheets: Navy Expeditionary Intelligence Command."

[46] NECC Public Affairs Office, "NECC Fact Sheets: Navy Expeditionary Intelligence Command."

[47] 翻譯參考《國軍簡明美華軍語辭典》（2003 年版）。

（三）組織編裝與部隊現況

　　海軍遠征情報指揮部（NEIC）現有 215 名現役與 61 名後備役海軍官兵，駐地：維州諾福克海軍基地，指揮官編階為海軍上校。

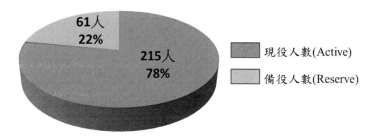

資料來源：NECC 公共事務辦公室[48]

圖6　海軍遠征情報指揮部（NEIC）役別比

五、海軍遠征後勤支援大隊（Navy Expeditionary Logistics Support Group, NAVELSG）

　　"Our Navy cargo handlers are trained and ready to support the joint warfighter in any contingency environment on short notice. The terrific performance of these Sailors, from both the active and reserve components, is a testament to the high quality of our Total Force. They step up to the plate when their country calls upon them to go into harm's way, providing vital combat support services; and they do so with honor and distinction. We continue to deploy globally, responding

---

[48] NECC Public Affairs Office, "NECC Fact Sheets: Navy Expeditionary Intelligence Command."

to the demand signal of Combatant Commanders across the full spectrum of warfare."

Rear Admiral Mark J. Belton, Commander,
Navy Expeditionary Logistics Support Group

（一）歷史沿革

後勤部隊的成立源起於 1970 年代，美國海軍編制 6 個海軍貨品處理部隊（Navy Cargo Handling Force, NCHF），負責支援陸戰隊海上預置部隊（Maritime Prepositioning Force）物資處理，到了 1980 年代擴編成 12 個營；波灣戰爭（Operations Desert Storm）期間，美國海軍體認到，要支援美國海軍在世界各地的軍事行動，必須成立一個獨立的後勤部隊，故而在 1993 年，依照支援陸戰隊前沿部署的海軍貨品運輸大隊模式及規模，成立了海軍遠征軍後勤支援團，以提供部署於全球執行任務的遠征軍部隊專業的後勤服務。[49]

（二）主要任務

海軍遠征後勤支援大隊（NAVELSG）的座右銘是「任何時間、任何地點（Anytime, Anywhere）」，負責提供全球遠征軍所需之後勤補給，包含：倉儲管理、貨運物資空運及船運作業、海關貨物檢查、臨時契約簽訂、油料分配、帳篷營地、貨物倉儲及物

---

[49] NECC Public Affairs Office, "Navy Expeditionary Logistics Support Group," *NECC*, http://www.public.navy.mil/necc/hq/PublishingImages/NECC%20fact%20sheets/NECC_NAVELSG_FactSheet2012.pdf (accessed March 9, 2014).

流作業、武器彈藥報告／處理與運輸、郵務、理髮服務、洗衣和艦上福利品等。[50]

　　對海軍遠征部隊而言，這是影響整個任務成敗的部隊，掌管前沿部署所有後勤補給支援；海軍遠征軍後勤支援團直屬海軍遠征軍戰鬥指揮部管轄，主要是對遠征軍所屬之水面、空中及灘岸作戰所有單位所需物資實施運送支援作業；另外也對全球各地配合實施聯合作戰之海軍、聯軍、辦事處、及相關組織實施補給作業。同時針對地區內臨時危機處理、維和任務、戰場支援及人道救援等任務實施補給作業。[51]

（三）組織編裝與部隊現況

　　海軍遠征後勤支援大隊（NAVELSG）指揮官編階為海軍一星少將（Rear Admiral（Lower Half）），駐地：維州威廉斯堡（Williamsburg, Va），現有 377 名現役與 2924 名後備役海軍官兵。[52] 海軍遠征軍後勤支援大隊下轄 5 個海軍遠征軍後勤團（Navy Expeditionary Logistics Regiments, NELR），10 個海軍貨品運輸營（Navy Cargo Handling Battalions , NCHB），[53] 每營下

---

[50] NECC Public Affairs Office, "Navy Expeditionary Logistics Support Group."
[51] NECC Public Affairs Office, "Navy Expeditionary Logistics Support Group."
[52] NECC Public Affairs Office, "Navy Expeditionary Logistics Support Group."
[53] 第 9 海軍貨品運輸營（NCHB 9）及第 3 海軍貨品運輸營（NCHB 3），分別於 2009 年 6 月 7 日及 2013 年 8 月 24 日，因海軍組織整併與任務考量除役。詳見 Brian J. Hoyt, "Reserve Cargo Handling Battalion Lowers Battle Flag for Last Time," *Department of the Navy*, 2009, http://www.navy.mil/submit/display.asp?story_id=46749 (accessed March 1, 2014). Edward Kessler, "NCHB 3 Decommissioning After 42 Years of Service," *Department of the Navy*, 2013, http://www.navy.mil/submit/display.asp?story_id=76166 (accessed March 1, 2014).

轄 1 個營部連（指揮連）、4 個船運連、1 個空運連、1 個貨物轉運連、1 個油料連及 1 個遠征軍支援連；另外，每個後勤團還配有一個「遠征軍通訊分遣隊（Expeditionary Communication Detachment, ECD」及直屬於大隊部的「訓練評估區隊（Training and Evaluation Unit, TEU）」；除海軍遠征軍後勤第 1 團為現役部隊外，其餘 4 個團為備役部隊。下轄各級單位現況如下表：

表六　美國海軍遠征後勤支援大隊現況一覽表

海軍遠征後勤支援大隊（NAVELSG）駐地：維州威廉斯堡（Williamsburg, VA）					
海軍遠征軍後勤第 1 團 1ST NELR（NWS Yorktown, VA）	海軍遠征軍後勤第 2 團 2ND NELR（NWS Yorktown, VA.）	海軍遠征軍後勤第 3 團 3RD NELR（Fort Dix, NJ）	海軍遠征軍後勤第 4 團 4TH NELR（Jacksonville, FL）	海軍遠征軍後勤第 5 團 5TH NELR（Point Mugu, CA）	訓練評估區隊 TEU（Williamsburg, VA.）
NCHB 1（Williamsburg, VA.）	NCHB 4（Charleston, SC）NCHB 10（NWS Yorktown, VA.）ECD 2（Williamsburg, VA.）	NCHB 7（Great Lakes, IL）NCHB 8（Fort Dix, NJ）ECD 3（NAF Washington DC）	NCHB 11（Jacksonville, FL）NCHB 12（Bessemer, AL）NCHB 13（Gulfport, MS）ECD 4（Charleston, SC）	NCHB 3（Alameda, CA.）NCHB 5（Joint Base Lewis McChord, WA.）NCHB 14（Port Hueneme, CA）ECD 5（North Is. NAS, Coronado, CA）	

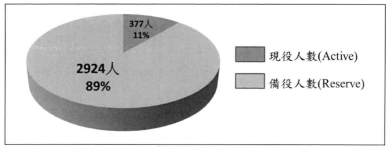

377人
11%

2924人
89%

現役人數(Active)

備役人數(Reserve)

資料來源：美國海軍官方網站[54]

六、海上民事與維安訓練指揮部（Maritime Civil Affairs and Security Training Command, MCASTC）

"No other command '...provides a flexible, low cost, small footprint-approach to achieve security objectives...,' specifically tailored to provided a wide-array of maritime stability and partnership building in the global environment."

Sustaining U.S. Global Leadership: Priorities for 21st Century Defense

（一）歷史沿革

民事事務在美軍正式名稱稱為「軍民行動」（civil-military operations, CMO），其定義為「以軍事力量自敵方（或第三勢力）奪取所望區域，將干擾軍事行動的叛亂或民事干擾最小化，並將民事支援軍事行動最大化」；在戰時，軍民行動結合戰鬥行動，成為在「反叛亂」軍事行動的核心部分。自 1775 年以來，軍民行動的概念廣泛地在陸軍運用，最近海軍和海軍陸戰隊亦運用頻繁。

---

[54] NECC Public Affairs Office, "Navy Expeditionary Logistics Support Group.".

繼 2001 年 9/11 恐怖襲擊事件後，超過 1500 名民事兵（Civil Affairs Soldiers）與心戰兵每年於世界各地 20 餘國實施部署，藉以促進和平、反恐、及實施人道救援行動協助。從美國國內的卡崔娜風災，到海外的科索沃、中南美洲、遠東地區、執行「伊拉克自由行動」、及「持久自由行動」，軍民行動繼續在全球和平與區域穩定扮演重要角色。

如同該單位的中心信念——「人民是我們的平台」（"People are our platform"），海上民事與維安訓練指揮部的職責，在於建立與強化軍方、政府、非政府組織、及人民等四邊的關係，其前身為海上民事事務團（Maritime Civil Affairs Group，成立於 2007 年 3 月 30 日），於 2009 年 10 月 1 日與遠征訓練指揮部（Expeditionary Training Command）合併，成為現在的「海上民事與維安訓練指揮部（MCASTC）」。[55]

（二）主要任務

主要任務為兩大核心：海上民事（Maritime Civil Affairs, MCA）及維安部隊協助（Security Force Assistance, SFA），聚焦在與盟國建立防衛、外交與雙邊關係發展。

統管海上民事處理、評估、計畫、與協調民事及軍事行動，並負責主要的民間／軍事教育訓練；當盟國有急難時，則由該單位執行人道救援／災難救助的規劃，整合地區內包含美國和盟國民間力量與軍事資源，持衡維持集體關係，達到區域穩定、

---

[55] NECC Public Affairs Office, "Maritime Civil Affairs and Security Training Command," *NECC*, http://www.public.navy.mil/necc/hq/PublishingImages/NECC%20fact%20sheets/_NECC_MCAST_FactSheet2012.pdf (accessed March 9, 2014).

預防衝突、並保護美國國家利益。[56] 該單位的職能領域敘述如下：[57]

1. 維安部隊協助訓練小組（Security Force Assistance Mobile Training Teams）：
   (1) 小艇作戰（Small Boat Operations）
   (2) 海上戰鬥行動（Maritime Combat Operations）
   (3) 輕武器操作（Weapons Handling）
   (4) 海用引擎保修（Marine Engine Maintenance）
   (5) 反恐／部隊防護（Anti-Terrorism/Force Protection）
   (6) 遠征維安（Expeditionary Security）
   (7) 專業技能發展（Professional Development）

2. 海上民事職能（Maritime Civil Affairs Capabilities）
   (1) 海上民事小組（Maritime Civil Affairs Teams）
   (2) 海上民事計畫員（Maritime Civil Affairs Planners）
   (3) 功能性專家（Functional Specialists）
   (4) 軍民行動中心（Civil Military Operations Center）
   (5) 民事資訊處理（Civil Information Management）

3. 海上民事功能性專長（Maritime Civil Affairs Functional Specialties）
   (1) 港口作業（Port Operations）
   (2) 港埠及航道維保／建設（Harbor & Channel Maintenance/ Construction）

---

[56] NECC Public Affairs Office, "MCAST," *NECC*, http://www.public.navy.mil/necc/mcast/Pages/MCAST%20at%20a%20Glance.aspx (accessed March 9, 2014).

[57] NECC Public Affairs Office, "Maritime Civil Affairs and Security Training Command."

(3) 海洋與漁業資源管理（Marine & Fisheries Resources and Management）

(4) 國際法及海洋法（International Law/Law of the Sea）

(5) 公眾醫療服務（Public Health）

（三）組織編裝與部隊現況

　　海上民事與維安訓練指揮部（MCASTC）現有 210 名現役與 132 名後備役海軍官兵，駐地：維州小溪－史特瑞堡聯合遠征基地，指揮官編階為海軍上校。另現行派駐分遣隊於加州聖地牙哥（San Diego, CA）、華盛頓州路易斯堡（Fort Lewis, WA）、威斯康辛州密爾瓦基（Milwaukee, WI）、維州諾福克（Norfolk, VA）、紐澤西州迪克斯堡（Fort Dix, NJ）、紐約州長島（Long Island, NY）等六處。

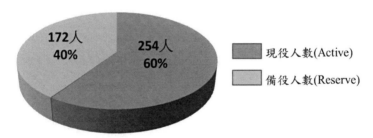

資料來源：NECC 公共事務辦公室[58]

圖 7　海上民事與維安訓練指揮部（MCASTC）役別比

[58]　NECC Public Affairs Office, "Maritime Civil Affairs and Security Training Command."

七、戰鬥攝影（Combat Camera, COMCAM）

"If your pictures aren't good enough, you're not close enough."

Robert Capa, Famous War Correspondent in the 20th Century

（一）歷史沿革

戰地記者（war correspondents）最早出現在歐洲西方國家，19 世紀初，英國《泰晤士報》著名記者威廉・拉塞爾爵士（Sir William Howard Russell），開啟了職業戰地記者的神聖史頁。隨著近代新聞自由與軍事發展的演進，民眾對於「知」的權利也伴隨著民主潮流而更加求知若渴。美國歷經 1970 年代「五角大廈文件案」、「水門案」的洗禮，在新聞自由與國家機密間的拉鋸戰，使得美軍在看待新聞自由獲得相對的經驗教訓。

美軍於世界各地執行任務，一支伴隨部隊行動，負責攝影和照片紀實的個人或小組，被稱作「戰鬥攝影」（Combat Camera）小組；相較於戰地記者而言，這群「戰鬥攝影」小組成員，不分男女都經過軍事化戰鬥訓練，必要時可以與特種部隊一起行動。在 2002 年以前，攝影師僅以聘雇方式隨美軍部隊行動，主要任務是報導新聞與記錄所在部隊的所有活動；隨著阿富汗和伊拉克戰事爆發，美軍重視第一時間資料獲取與部隊活動紀錄，時值數位相機的發展進入多能時代，新型態的情報獲取方式萌生，這群以相機為武器的軍人，活躍於美軍各個部隊之中。NECC 執行任務遍布全球，戰地攝影小組記錄著任務執行點滴，除一般攝影外，水下攝影小隊（Underwater Photo Team, UPT）為全美軍水下攝影的專業部隊。[59]

（二）主要任務

主要任務為支援軍事訓練、演習、作戰前之組織、訓練與裝備整備；支援期間，專責圖片影像採集，並完成後製作業，以文字、聲音或圖像記錄軍事活動。該部隊人員具備下列職能：[60]

1. 反恐（Counterterrorism）
2. 心理戰（Psychological operations）
3. 資訊戰（Information operations）
4. 戰損評估（Battle damage assessment）
5. 部隊防護（Force protection）
6. 公眾事務（支援）（Public affairs）（Support）

（三）組織編裝與部隊現況

戰地攝影（COMCAM）小組現有 48 名現役與 32 名後備役海軍官兵，駐地：維州諾福克海軍基地，指揮官編階為海軍少校。

---

[59] Justin Ailes, "Expeditionary Combat Camera Underwater Photo Team Visits GTMO," *Department of the Navy*, 2012, http://www.navy.mil/submit/display.asp?story_id=65373 (accessed March 1, 2014).

[60] CAPT Steve Hamer, "AFCEA/U.S. Naval Institute East: Joint Warfighting 2013," p. 9.

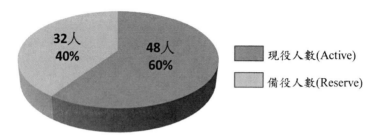

現役人數(Active)

備役人數(Reserve)

資料來源：美國軍隊通訊暨電子協會（AFCEA）[61]

圖 8　戰地攝影（COMCAM）小組役別比

八、遠征作戰整備中心（Expeditionary Combat Readiness Center, ECRC）

"ECRC exists to support the Sailor! Individual Augmentees of all types （OSAs, GSAs, RC MOBs and IAMMs） plus their families should contact us 24/7 if they've got a question or problem."

Capt. Eric Jabs, CO., ECRC

（一）歷史沿革

美國面對全球反恐作戰議程，應對各種任務型態，必須透過整合方式，取代以個體單打獨鬥來自我適應的窠臼，使執行部隊具備靈活、效率、與彈性等特性，迎接新型態任務挑戰。因此，必須成立跨軍種協調整備機構，協助人員適應與瞭解未來任務型態，並接受相對應的訓練，提升任務成功率。[62] 遠征作戰整備中

---

[61] CAPT Steve Hamer, "AFCEA/U.S. Naval Institute East: Joint Warfighting 2013," p. 9..

[62] NECC, "NECC Frequently Asked Questions," *Navy Expeditionary Combat*

心成立於 2006 年 10 月；某單位指揮官 Jeffery L. McKenzie 上校指出，「他們（指該中心人員）幫助我們融入在阿富汗或伊拉克的美國陸軍或聯合部隊。『臨時重建小組（provisional reconstruction teams, PRT）』由陸軍及海軍人員組成，共同協助阿富汗政府建設基礎設施，使其國家能順利運作」。[63]

（二）主要任務

主要職責為協助海軍人員，因任務以編配或配屬形式，派赴國防部各項行動的個別海軍官兵，成為特殊擴編（Individual Augmentee）；[64] 於部署前，提供制服與裝備整備、特定任務培訓、部署諮詢、與部署後返家等銜接服務，任務訓練包含單兵作戰技能指導和特定任務環境介紹，使人員能在安全無虞的狀態下前往執行任務。該中心主要職能如下：[65]

1. 指派行動軍官（Action Officers）監督任務準備、訓練狀況與排程，並提供訓員個別協助與諮詢服務。
2. 提供海軍聯絡官（Navy Liaison Officer）至陸軍訓練場，負責協調訓練事宜，協助訓員解決有關住宿、交通運輸、薪資給付及所有整備事宜。

Command, 2006, http://www.navy.mil/navco/speakers/currents/NECC_FAQs. doc (accessed September 17, 2013).

[63] Jennifer Smith, "Navy Expeditionary Combat Command Executing the Navy's Maritime Strategy in an Expand Battlespace," *Naval Reserve Association News*, Vol. 55, No. 4 (2008), p. 21.

[64] 翻譯參考《國軍簡明美華軍語辭典》（2003 年版）；意指跨軍種現役或非現役人員，以編配或配屬方式組成，共同執行特定任務。。

[65] NECC Public Affairs Office, "Expeditionary Combat Readiness Center," *NECC*, http://www.public.navy.mil/necc/hq/PublishingImages/NECC%20fact%20she ets/00063_NECC_SubCom_ECRC_FactSheet.pdf (accessed March 9, 2014).

3. 擔任訓員與任務執行單位指揮官間之介面，提供所有必要之協助。
4. 配合美國中央司令部執行「戰士過渡計劃（Warrior Transition Program）」，提供後勤、行政和醫療支援。

（三）組織編裝與部隊現況

遠征作戰整備中心（ECRC）現有 68 名現役與 93 名後備役海軍官兵，駐地：維州小溪－史特瑞堡聯合遠征基地，指揮官編階為海軍上校。

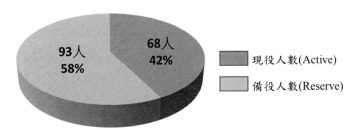

93人
58%

68人
42%

現役人數(Active)

備役人數(Reserve)

資料來源：資料來源：NECC 公共事務辦公室[66]

圖 9　遠征作戰整備中心（ECRC）役別比

以上對於 NECC 轄下單位的探討，顯示其能滿足彈性、靈活、多功、迅捷等部署要求，具備因應非傳統安全的多樣化戰力，能有效支持 NECC 扮演海軍戰略／海軍外交的核心運作機制角色。因此，自成立以來，深深涉入美國海軍在全球各地的戰略部署及參與軍演，如下圖所示：其所負責的責任區域（area of responsibility, AOR）屬全球性，範圍遠遠超美國各個艦隊。

---

[66] NECC Public Affairs Office, "Expeditionary Combat Readiness Center."

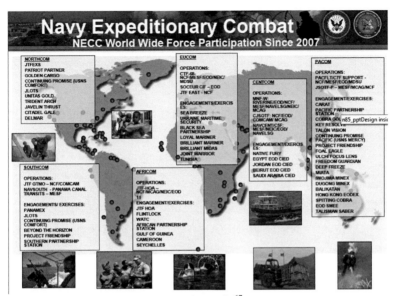

資料來源：美國國防科技資訊中心（DTIC）[67]

圖 10　NECC 參與 2011 年全球軍演示意圖

小結

　　美國海軍於 2006 年成立 NECC（「海軍遠征戰鬥指揮部」），以統合河岸部隊、全球艦隊基地、及濱海戰鬥艦，並使其在全球擴張；NECC 藉遂行「非正規作戰」之名，扮演美國海軍遍

---

[67]　CDR Jim Turner, "National Defense Industrial Association Joint Missions Conference, 31 August 2011," p. 9.

佈全球之攻勢存在艦隊的前端指爪神經。探討 NECC 的組織架構、兵力規模、運作概念、與轄下所屬各單位功能職掌，更清楚瞭解 NECC 是如何遂行「非正規作戰」，支持海軍戰略／海軍外交的六大核心戰力，扮演海軍戰略／海軍外交的核心運作機制，使美國海軍戰力無縫延伸，制海權得以貫穿他國的海岸線及內陸。

太平洋艦隊司令部因應行政管理需求，於 2012 年 10 月 1 日成立「太平洋 NECC（NECC PAC）」，專責對派遣到太平洋戰區的海軍遠征部隊實施行政管理，為美國太平洋艦隊與 NECC 間之鏈結單位，[68] 此舉印證 NECC 在美國「戰略再平衡」中，扮演重要的角色。

將本書第一、二、三章的概念論述作一綜整，可得出「再平衡棋盤與美國海軍」上下相互指導與支持的層級示意圖，如下圖所示。

其間，上層對下層的指導，及下層對上層的支持關係；簡述如後：頂層：美國決策階層以維繫亞太霸權、防止權力轉移為志業。「戰略再平衡」之原始初衷乃是以軍事因應中共在亞太的挑戰為重心，確保美國的軍事實力明顯強過中共，使其斷卻挑戰之念頭；「戰略再平衡」是美國維繫霸權、防止權力向中共轉移的亞太戰略。

第二層：美國海軍及其前沿部署，是落實再平衡的主要工具，更在軍演中扮演關鍵角色。美國海軍決策領導高層，如海軍軍令部長與太平洋司令部，對於如何貫徹「戰略再平衡」給予核

---

[68] NECC Public Affairs, "#Warfighting: Navy Expeditionary Combat Command Pacific Established," *Department of the Navy*, 2012, http://www.navy.mil/submit/display.asp?story_id=69947 (accessed March 1, 2014).

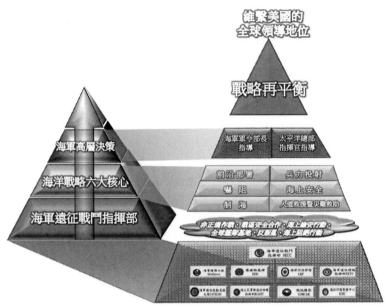

資料來源：作者自行繪製

圖 11　再平衡棋盤與美國海軍關聯分析示意圖

心指導，確保美國得以領導盟國合組平衡聯盟，共同壓制可能威脅美國霸權的中共海軍。

　　第三層：海軍戰略與海軍外交是一體兩面，海軍外交是海軍戰略的化身；海軍戰略的六大核心能力亦即是海軍外交的六大主要功能。美國海軍藉由積極遂行海軍戰略／海軍外交，達成海軍決策領導高層的相關核心指導，支持「戰略再平衡」。

　　第四層： NECC 扮演海軍戰略／海軍外交的核心運作機制角色，其轄下單位具備因應非傳統安全的多樣化戰力，能滿足彈性、靈活、多功、迅捷等部署要求。NECC 自成立以來，深深涉入美國海軍在全球各地的戰略部署及參與軍演。

鑒於美中海權競合已成 21 世紀的國際政治主軸，且自西太平洋延伸至印度洋的海域，儼然已成國際政治的中心舞台；美國海軍在「戰略再平衡」的棋盤中，是否能在亞太軍演中善用 NECC，遂行海軍戰略／海軍外交，乃成為美國是否能有效貫徹再平衡的關鍵。

CHAPTER 4

美國主導的東北亞軍演

> "Obviously Japan and the Republic of Korea are two of our closest allies in the world and our two most significant and powerful allies in the Asia Pacific region. … Our alliances with South Korea and Japan uphold regional peace and security. So our meeting today is a reflection of the United States' critical role in the Asia Pacific region, but that role depends on the strength of our alliances."
>
> Remarks by President Obama at U.S. Ambassador's Residence,
> The Hague, The Netherlands, March 25, 2014

美國在歷年重要安全文件中，[1] 在東北亞地區所確認的主要安全威脅來源主要包括：中共、北韓、與俄羅斯的重新崛起。本地區重大傳統安全威脅議題包含：朝鮮核武威脅；中共軍力擴張；日俄北方四島、日韓獨島（竹島）爭議、及中日東海油氣田與釣魚台列嶼爭議等。另外，非傳統安全威脅議題則包括：地震、海嘯、核災變、風災、水災、疾病傳染及跨國犯罪等。美國國防部每年向國會提出的《中共軍力報告》及《中國軍事與安全發展》系列安全文件，尤其關注中共與日本間的領土爭端。

　　美國在東北亞地區最重要的兩個夥伴國家為日本與韓國；美國與日本及韓國分別簽訂有《美日安保條約》（Treaty of Mutual Cooperation and Security between the United States and Japan）及《美韓協防條約》（Mutual Defense Treaty between the United States and the Republic of Korea）。美軍依該等條約及協定，續於亞太區域常駐應變軍力，每年循例舉行多次聯合軍演，以驗證美日、美韓聯合防衛作戰能力及彰顯確保區域穩定決心，維持美國在東北亞地區的政軍影響力。

---

[1]　包括本書第一、二章中所提及的 2006、2010《國家安全戰略》（National Security Strategy）；1997、2001、2006、2010《四年期國防總檢討》（Quadrennial Defense Review Report）；1995、2011、《國家軍事戰略》（National Military Strategy）；2010、2011、2012、2013《中國軍事與安全發展》（Military and Security Developments Involving the People's Republic of China）等。

第一節　再平衡的地緣戰略動能與樞紐

◎朝鮮半島局勢動盪

　　南、北韓軍事對立自 1950 年代迄今已逾半世紀，即使 1953 年簽訂「兩韓停戰協定」（Korean Armistice Agreement），[2] 由於美國以軍事力量隔絕北緯 38 度線，乃使南韓在美國的政治、經濟、軍事、外交、文化力量影響下，走上一條與北韓完全不同的文明發展途徑；兩韓間壁壘分明與意識型態鴻溝益趨擴大，兩造間的民族主義乃由同源走向異化的進程。北韓長期經濟凋敝，糧食短缺嚴重，北韓領導人金日成、金正日父子，為確保政權穩固及對外爭取談判利益，數十年來持續操弄邊緣政治（brinksmanship），藉由軍事恫嚇與外交冒進，創造談判籌碼，伺機謀取利益。雖然南韓自金大中主政時期推展「陽光政策」以來，希能帶來和解為統一創造基礎，但北韓操弄邊緣政治傷害南韓感情，兩韓數十年來的歧異益發尖銳，統一遠景更加渺茫。南韓老一輩人或仍冀望統一，但年輕一輩對於虛無縹渺的統一，越來越無感。簡言之，兩韓間民族主義的異化與對立，回過頭來促使美韓協防條約永久化。

　　北韓核武與彈道飛彈技術等發展，為影響東北亞穩定之最大變數，向為美、日、南韓等亞太國家所關注。自 2009 年，北韓分別於 4 月、5 月進行「大浦洞二號」飛彈試射與第二次地下核

---

[2]　《兩韓停戰協定》，全名為《朝鮮人民軍最高司令官及中國人民志願軍司令員一方與聯合國軍總司令另一方關於朝鮮軍事停戰的協定》，是 1953 年 7 月 27 日，朝鮮人民軍、中國人民志願軍和聯合國軍在朝鮮半島的板門店簽定的關於韓戰的停戰協定。

子試爆，刺激美韓強化軍演以為因應。前文提及，2010 年 3 月
26 日，美韓軍演期間，爆發南韓「天安艦」（Cheonan）沉沒事件；
在各說各話、調查結論莫衷一是的情況下，美韓又計畫在黃海擴
大軍演，間接將中共扯入天安艦事件的後續風波。2010 年 7 月當
美韓軍演在即，媒體報導中共界定其所謂的「核心利益」地區，
除臺灣、新疆與西藏之外，另外還包括黃海與南海。[3] 2010 年 7
月 25 日美韓軍演首日，解放軍更以射程達 150 公里的 PHL03 式
遠程火箭砲砲轟黃海，等同向美國宣示「航母編隊最好不要進入
第一島鏈」。[4] 隔日，中共三大艦隊部分主力艦艇復於南海舉行
大規模聯合實彈演習，顯然是針對美國近來插手南海事務的反
擊。[5] 雖然後來美國主導的美韓黃海軍演有所節制，避免在黃海
更進一步刺激中共，但軍演已經進一步離間中韓友誼。

　　2010 年 11 月起，北韓又多次砲擊「延坪島」（Yeonpyeong
Island），使朝鮮半島兩韓間的民族主義激盪越演越烈。美國多年
來一直企盼韓國能忘卻日本殖民統治的殘暴與傷痛，共同打造美
日韓同盟，三方攜手因應中、俄、及北韓的挑戰。2010 年初的天
安艦事件，及 2010 年末起多次的延坪島事件，除促成日本首次
派遣觀察員參加美韓演習外，美、日、南韓海軍決定自 2011 年

---

[3]　2010 年 7 月上旬的媒體報導，中共高層官員於 2010 年 3 月私下會見來
　　訪的美國副國務卿 James Steinberg 及美國國安會亞洲事務資深主任
　　Jeffrey Bader 時，透露中共當局現在將南海視為攸關主權的核心利益，參
　　考 Lee Jeong-hoon, "Living Target." 然而，後來美國學者 Michael Swaine 查
　　證，中共高層官員並未如此表述，因此媒體傳聞並不確實；參見 Swaine,
　　"China's Assertive Behavior Part One: On "Core Interests","" pp. 8-9.
[4]　亓樂義，〈美韓軍演首日　解放軍砲轟黃海〉，《中國時報》，2010 年 7 月
　　28 日，頁 A13。
[5]　亓樂義，〈3 大艦隊南海實彈演習　向美舞劍〉，《中國時報》，2010 年 7 月
　　30 日，頁 A17。

起強化情報交換機制及召開協商會議，顯示其已採取「協同強化安全合作措施」，以應對區域共同威脅。

　　北韓前領導人金正日的猝然驟逝，使金正恩提早接任北韓最高領導人。金正恩為鞏固領導地位，於 2013 年初掀起核戰危機，片面宣布自 3 月 11 日廢除「兩韓停戰協定」，以強硬回應聯合國對北韓制裁及美韓聯合軍演，使朝鮮半島緊張情勢再度升高。金正恩想藉恫嚇核戰危機議題，在國內豎立威信，在國際上建立新強人形象；相對的，南韓總統朴槿惠甫於 2012 年後半就任，同樣有鞏固威信的壓力，因此，以擴大並強化美韓軍演強力回應金正恩的挑釁。

　　簡言之，朝鮮半島局勢動盪，使得美國得以藉由擴增軍演，離間中韓友誼、鞏固美韓協防、催化日韓合作，打造美日韓同盟，可謂一石多鳥。

◎中日釣魚台列嶼與相關防空識別區爭議

　　《開羅宣言》與《波茨坦公告》原將日本領土侷限於本州、四國、九州、及北海道，而放棄所有日本帝國主義侵略所得的領土。美國為了換取在琉球各軍事基地的使用權之私利，違背《開羅宣言》與《波茨坦公告》，於 1971 年與日簽訂《琉球返還協議》，將釣魚台列嶼（以下簡稱釣魚台）的行政管轄權，連同由其片面占領的琉球主權移交給日本。[6] 自此之後，釣魚台的主權歸屬爭議，一直是中日臺三方懸而未決的政治難題。日本欲藉實際佔有、美日安保的加持、鞏固國際習慣法之「時效原則」，獲得釣

---

[6]　顧尚智，《由美國西太平洋軍事戰略利益檢視釣魚台問題》（政治大學碩士論文，2013），頁 167。

魚台主權；而中共則藉歷史「先占原則」、大陸礁層自然延伸之法理、與不時的外交聲明和抗議，打斷日本依時效原則取得釣魚台主權的企圖。[7]

近年來從小布希政府起至當前的歐巴馬政府，美國屢次明確表示，依據美日安保條約第五條，凡日本行政管轄權所及之範圍，皆適用美日安保；釣魚台的行政管轄權於 1972 年移交日本，自然屬美日安保的保障範圍。[8] 2012 年 4 月，日本右翼人士東京都知事石原慎太郎稱東京都政府將購買釣魚台列島，並已基本達成協議。此舉刺激中共，促使日本野田政府於 2012 年 9 月表示欲將釣魚台國有化，結果使釣魚台爭議迅速增溫。中日台三方於當年 9 月底，在釣魚台附近海域對峙；隨後中日間對峙更形惡化。2013 年 2 月上旬，日本指控中共軍方使用射控雷達鎖定日本軍艦和武裝直升機；中旬，媒體報導中日軍機僅距 5 米，險些發生撞擊事件。

2013 年 11 月 23 日，中共以維權為由，公開劃設東海防空識別區（air defense identification zone, ADIZ），涵蓋釣魚台並與日本原劃設的防空識別區部分重疊，如下圖所示。

---

[7] 張文韜，〈從「戰略三角理論」分析日本收購釣魚台列嶼後我國所應扮演之角色〉，第五屆「海洋與國防」學術研討會（桃園八德：國防大學，2013年 10 月 22 日），頁 29。

[8] USDOS, "Daily Press Briefing, Philip J. Crowley, Assistant Secretary, Washington DC, August 16, 2010," 2010, http://www.state.gov/r/pa/prs/dpb/2010/08/146001. htm (accessed Aug 18, 2010).

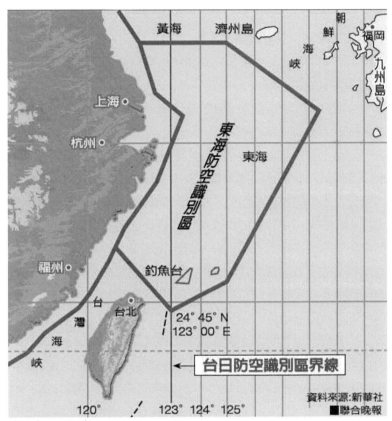

資料來源：新華社

圖 12　中共東海防空識別區示意圖

　　美國國防部長黑格爾（Chuck Hagel）隨即回應稱，此宣佈代
表一個改變現狀破壞安定的企圖（destabilizing attempt to alter the
status quo），並重申美日安保涵蓋釣魚台。[9] 時代雜誌有文章認

9　Chuck Hagel, "Statement by Secretary of Defense Chuck Hagel on the East
　　China Sea Air Defense Identification Zone," *US Department of Defense,*

為黑格爾此言已明白表示，美國將會與日本共同為這幾個小島而與中共開戰。[10] 白宮副發言人厄尼思特（Josh Earnest）25 日在「空軍一號」上批評中國大陸劃設東海防空識別區之舉是「煽風點火，殊無必要」（unnecessarily inflammatory）。[11] 美軍更在未知會中方情況下，派遣兩架 B-52 轟炸機飛越中共設定的防空識別區，挑戰中共的意圖明顯。

然而，另一方面，美國政府卻建議美籍航空公司向中方呈報飛行計畫。12 月初，美國副總統拜登（Joe Biden）訪日，儘管日本安倍首相提議美日共同要求中共撤除防空識別區，但未獲拜登支持。緊接著，12 月 4 日拜登單獨拜會中共國家主席習近平時，並未要求中共撤除防空識別區，而僅表達關切，並希望中共參照國際有關防空識別區的管理通則來處理相關事務。此顯示美國政府態度由強硬反彈轉為節制容忍，似乎尋求扮演更高階之仲裁者與平衡者的戰略地位。

中共劃定東海防空識別區議題，也強化了美韓同盟的動能。2013 年 12 月 8 日，南韓亦宣布擴大該國防空識別區（KADIZ），延伸範圍涵蓋離於島（Leodo；中共稱蘇岩礁）；離於島本係公海上的礁岩，原本即被中韓納入各自的專屬經濟海域，兩造雖自

2013, http://www.defense.gov/releases/release.aspx?releaseid=16392 (accessed November 27, 2013).

[10] Mark Thompson, "China's Restriction on Airspace over Disputed Islets Could Lead to War," *Time*, 2013, http://swampland.time.com/2013/11/25/meanwhile-3500-miles-from-iran/ (accessed November 27, 2013).

[11] Office of the Press Secretary White House, "Press Gaggle by Principal Deputy Press Secretary Josh Earnest Aboard Air Force One en route San Francisco, California," *White House*, 2013, http://www.whitehouse.gov/the-press-office/2013/11/25/press-gaggle-principal-deputy-press-secretary-josh-earnest-aboard-air-fo (accessed November 27, 2013).

1996 至 2008 年舉行過 14 次會議，始終未能解決歧見。此際南韓
擴大防空識別區，使得該島因此同時被中日韓三方納入防空識別
區，如下圖所示。

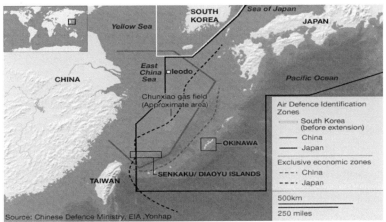

來源：BBC[12]

圖 13　中日韓三方防空識別區重疊示意圖

　　儘管美國政府對於東海防空識別區態度出現緩和，但 2014 年
1 月 31 日，日本「朝日新聞」（The Asahi Shimbun）披露中共考
慮劃定南海防空識別區，立即促使美國決策高層恢復強硬立場。
儘管中共外交部駁斥有關南海防空識別區傳言乃日本右翼勢力的
炒作，但 2 月 5 日，美國主管東亞與太平洋事務助理國務卿 Daniel
Russel 在對國會眾議院外交事務委員會的證辭中，聲明在南海與
東海的航行及飛航自由（freedom of navigation and overflight）事

關美國國家利益；除對於中共海警船在釣魚台周邊反覆入侵日方宣稱的領海一事，強烈要求中共自制，並指責中共在東海劃設包含釣魚台的防空識別區是「挑釁的行動，美國無法認同」；更警告中共勿企圖在東海落實防空識別區，或另在亞太其他海域採取類似行動。[13] 太平洋總部指揮官洛克利爾上將也在 2 月 5 日與亞洲地區記者的電話連線記者會中，重申美國並不承認中共在東海設立的防空識別區，且不接受任何改變東海或南海現狀的行為。[14]

前文提及，美國 1997 年《四年期國防總檢討》所列舉的極端重要利益，其中包括確保海洋、國際海上交通線、空中航線、與太空的自由；[15] 1995 及 1998 年的《國家安全戰略》，更矢言要片面並斷然採取軍事武力捍衛極端重要的國家利益。[16] 此等文武高官有關防空識別區的嚴肅立場，形同隱然警告中共：美國將在南海與東海，為捍衛航行自由與飛航自由，不惜與中共開戰。

簡言之，中共劃設東海防空識別區，反映出北京益發強勢的立場，更促使中共與美日陣營的對立大幅升高、軍事衝突動能明顯增加。雖然，美國與日本對於中共劃設東海防空識別區的反應

---

[13] Russel, "Maritime Disputes in East Asia."

[14] 林思慧，〈東海、南海　美不接受改變現狀〉，《中國時報》，2014 年 2 月 6 日，頁 A11。

[15] Office of Secretary of Defense, *Quadrennial Defense Review Report 1997*, p. 26. 2014 年 2 月 5 日，美國主管東亞與太平洋事務助理國務卿 Daniel Russel 在對國會眾議院外交事務委員會的證辭中，聲明在東海與南海的航行及飛航自由（freedom of navigation and overflight）事關美國國家利益；此話形同將飛航自由加入極端重要的國家利益。

[16] President of the United States (ed.), *A National Security Strategy of Engagement and Enlargement* (Washington DC: White House, 1995), p. 12. President of the United States (ed.), *A National Security Strategy for A New Century*, p. 5.

並不完全一致，但這不但提升美國扮演仲裁者、平衡者的地位，更提升美國戰略再平衡的動能，也強化美日安保的密合度。

◎中俄發展準軍事結盟

前蘇聯解體後的後冷戰初期，美國柯林頓政府把握沒有對手的局勢，自 1995 年起「將向海外傳播民主」、「確保國家安全」及「促進經濟繁榮」等，並列為國家的三大目標。[17] 在美國擴張民主的脈絡下，歐盟與北約逐漸東擴，擴大美國的地緣戰略利益，國際政治單極化的走向益趨明顯。9/11 恐怖攻擊事件之後，華府以伍佛維茨（Paul Wolfowitz）為首的新保守派勢力高漲，開始對外發動新一波強力促使非民主國度政權變更的政經和軍事行動。美國對其軍力充分掌握的地區，以反恐為名發起戰爭，繼 2002 年發動阿富汗戰爭、推翻塔里班政權，復於 2003 年初發動第二次波斯灣戰爭，推翻海珊政權，並在兩國扶持具民主表相的親美政權。美國對其軍力未逮的前蘇聯勢力地區，則以歐盟及北約東擴的脈絡包覆之。

自 2003 年末以來，部份獨立國協加盟國紛紛掀起所謂「顏色革命」，包括 2003 年末喬治亞共和國的「玫瑰革命」、2004 年末烏克蘭共和國的「橙色革命」、2005 年初吉爾吉斯共和國的「鬱金香革命」、2005 年 7 月烏茲別克共和國的「綠色革命」。這幾次革命的共同表相是：嚮往民主、親西方、主張趕搭歐盟東擴便車的反對份子領袖，領導龐大的和平示威群眾，迫使貪污、作票、

---

[17] President of the United States (ed.), A National Security Strategy for A New Century, pp. 5-6.

親莫斯科的獨裁政府下台。然而對莫斯科而言，每一場顏色革命的幕後都有美國的策動與支持。

在美國駐軍中亞、歐盟及北約東擴、及一連串「顏色革命」的催化下，俄羅斯民族主義急遽升溫。俄羅斯總統普亭（Vladimir Putin, 2000-2008；2012 年 5 月起迄今）本人懷抱強烈的民族主義，為圖迅速重新崛起、恢復俄羅斯往日雄風，不但中斷民主政治改革、重建威權體制，也擘劃能源戰略，以累積攫取歐洲地緣戰略利益的動能。而中共為了美國暗地支持台獨、疆獨、藏獨、美日同盟圍堵中共等問題，同樣有民族主義瀰漫，以及與美國進行軍備競賽等特質。由於中俄同屬於威權體制、同樣遭受美國的戰略圍堵，尤其，俄國擁有豐富的天然油氣、產製先進的軍事裝備，而中共對於能源及軍備現代化有強烈需求；這些因素，促成中俄間強烈互補的戰略夥伴關係。2003 年 5 月與 2006 年 3 月，中共國家主席胡錦濤與俄羅斯總統普亭分別在莫斯科及北京，簽署「中俄聯合聲明」，強調雙方相互堅定支持對方維護國家主權、統一和領土完整採取的政策和行動。

就地緣戰略的實務而言，由於中日間有東海油氣田與釣魚台爭議，日俄間則有北方四島爭議，中俄之間有充分理由在東北亞聯手對日施壓，間接牽制美國。中俄 2005 年的「和平使命－2005」軍演，是數十年來首次雙邊聯合軍演，引起世人矚目。隨後，「和平使命」系列軍演進入上海合作組織（簡稱上合組織）框架內，發展成為多邊聯合反恐軍事演習機制。中共於其 2013 年國防白皮書中宣稱，與上合組織成員國已共同舉行 9 次雙邊／多邊聯合軍演，包括「和平使命－2005」中俄聯合軍事演習、「和平使命－2007」上合組織武裝力量聯合反恐軍事演習、「和平使命－2009」中俄聯合反恐軍事演習、「和平使命－2010」上合組織武裝力量聯合反恐軍事演習、「和平使命－2012」上合組織武裝力量聯合反恐軍事演習；並宣稱「演習震懾和打擊了恐怖主義、分裂主義和極端主義勢力，提高了上合組織成員國共同應對新挑戰、新威脅的能力」。[18] 此外，中俄海軍以海上聯合保交作戰為課題，在中國黃海海域舉行「海上聯合－2012」軍事演習。[19] 由於上合組織對外奉行「不結盟、不針對第三方、對外開放」等宗旨，且中共一向聲稱堅持不結盟的原則，自然不會承認「和平使命」系列軍演或中俄雙邊「海上聯合」系列軍事演習，屬於軍事結盟關係。然而，由於結盟係指非正式但持續性的合作，[20] 中俄進行這些軍演，最起碼可稱為發展準軍事結盟關係。

在中日釣魚台爭議及日俄北方四島爭議增溫之際，繼美日於 2013 年 6 月在美國加州進行代號為「黎明閃擊」（Dawn Blitz）的離島規復作戰演習之後，中俄緊接著於 7 月進行「海上聯合－2013」演習，針對美日同盟的較勁意味濃厚，稱中俄當前發展準軍事結盟關係實不為過。

表七　中俄近年發展準軍事結盟演習

軍演名稱	時間	軍演主軸
和平使命－2005	2005 年 8 月 18-25 日（8 天）	中俄聯合軍事演習
和平使命－2007	2007 年 8 月 9-17 日（9 天）	上合組織武裝力量聯合反恐軍事演習
和平使命－2009	2009 年 7 月 22-26 日（5 天）	中俄聯合反恐軍事演習
和平使命－2010	2010 年 9 月 9-25 日（17 天）	上合組織武裝力量聯合反恐軍事演習

---

[18] 中華人民共和國國務院新聞辦公室，「中國武裝力量的多樣化運用」。
[19] 中華人民共和國國務院新聞辦公室，「中國武裝力量的多樣化運用」。
[20] Joshua S Goldstein and Jon C. Pevehouse，歐信宏及胡祖慶譯，《國際關係》（International Relations 7E ed.），（台北：雙葉，2007），頁 88。

海上聯合－2012	2012 年 4 月 22-27 日（6 天）	海上聯合防禦和保交作戰
和平使命－2012	2012 年 6 月 8-14 日（7 天）	上合組織武裝力量 聯合反恐軍事演習
和平使命－2013	2013 年 7 月 27 日 至 8 月 15 日（20 天）	上合組織武裝力量 聯合反恐軍事演習

來源：作者自行綜整

2013 年 12 月 10 日，中共新華社發布新聞，聲稱中共與烏克蘭簽訂《友好合作條約》，並向其供「核保護傘」；次日，俄羅斯也突然宣布「俄羅斯不論受到何種武器的攻擊，均可能還以核打擊」；學者俞力工認為中、俄兩個核子大國一搭一唱，「目的無非是向國際社會宣告「韜光養晦期」的結束，且刻意展露出武裝到牙齒（armed to the teeth）的核子力量」，形同採取結盟方式對抗西方集團的擴張與壓力。[21] 2014 年初，烏克蘭在爆發「橙色革命」的十年後，因國內債務問題亟需獲得外部經援，迫使基輔必須在親近歐盟或莫斯科之間作一抉擇；烏國總統亞努科維奇（Victor Yanukovychy）決定放棄與歐盟簽協議、轉而爭取獲得俄羅斯的金援，以維護國內政治勢力基本盤。此舉使得原意在誘使基輔加入歐盟、促使歐盟東擴的歐美西方陣營非常不滿，而烏國境內更爆發朝野政爭，儼然上演「橙色革命」的續集。2 月下旬，涉嫌貪污的亞努科維奇出逃至莫斯科，隨後俄羅斯總統普亭以保護俄國人及俄語族裔的名目出兵克里米亞（Crimea）半島，使美俄為克里米亞議題針鋒相對；2014 年 3 月上旬，美國海軍以日常演習之名派遣一艘驅逐艦前往黑海，似乎意在挑戰駐紮克里米亞已達 230 年的俄羅斯黑海艦隊。3 月 16 日克里米亞舉行公投，贊

---

[21] 俞力工，〈西方主流媒體鴕鳥化〉，《中國時報》，2013 年 12 月 19 日，頁 A16。

成「脫離烏克蘭、重新加入俄羅斯」的票數占 96.77%，克里米亞併入俄羅斯幾成定局，以美國為首的西方陣營則宣稱公投無效。烏克蘭隨後宣稱將與英美等國舉行聯合軍演，並退出獨立國協；克里米亞議題儼然已經將美俄推入新冷戰的賽局。使美俄針鋒相對的克里米亞議題雖遠在黑海，且中共抱持「不支持獨立運動、不干預內政」的原則、僅低調主張和平，[22] 但美俄陷入新冷戰卻相當程度強化了中俄兩國聯手對抗美國的態勢。

總而言之，東北亞地區的傳統安全議題──包括朝鮮半島南北韓的對峙、中日關係的緊繃、及中俄發展準結盟關係聯手抗美──在在對於美國的霸權穩定論帶來重大挑戰，推升美國落實戰略再平衡的動能。

◎東北亞再平衡樞紐：從美日安保到美日韓同盟

美國在亞太最重要的安全協定，首推美日安保。美日安保從一開始就是一個雙邊基於安全的共同利益下所締結的同盟關係；安全合作範圍從 1951 年起的「維護遠東安全」，到現在為「建立國際安全與和平的環境」，其廣度已從遠東延展至南亞及中東地區。9/11 事件發生後，日本藉由反恐實現自衛隊國際化，日本對美國的外交政策主要考量，在於藉機使自衛隊走向海外，突破美日安保合作範圍；而美國強化美日軍事合作，也使日自衛隊國際化進一步發展；美國相信「日美同盟是地區穩定的基石」，「為維持日本安全及亞太地區的和平穩定發揮不可或缺的作用」；當今的美日安保，不僅發展成全球美日聯合前沿部

---

22 俞力工，〈克里米亞獨立難題〉，《中國時報》，2014 年 3 月 19 日，頁 A19。

署，更被美日用以聯合亞洲其它國家抵消中國日益增長的影響力。[23]

　　就美日安保的強化而言，最關鍵的部分莫過於雙方對於行使集體自衛權（right of collective self-defense）的立場與態度。安倍晉三（Shinzo Abe）首任（2006 年 9 月－2007 年 9 月）執政時期，表達想修憲讓日本成為正常軍事國家；根據日本共同社報導，當時擔任美國國防部長的蓋茲於 2007 年 4 月在華府美日防衛部長會談中，當面要求日本同意行使目前憲法解釋上禁止的集體自衛權；蓋茲認為日本作為飛彈防禦系統的重要夥伴，應改變其對集體自衛權的立場，以便代為攔截射向美國的彈道飛彈，俾鞏固兩國的軍事同盟，制衡軍力不斷上升的中共；此顯示美國對於安倍晉三的期待。[24] 所謂的集體自衛權，意指在日本領海 12 浬以外，與盟國聯手反制威脅。該議題隨後因安倍晉三辭職下台而暫趨沉寂。

　　2009 年 9 月日本政黨輪替民主黨鳩山由紀夫執政後，一度改變駐日美軍基地移置之政策，因雙方認知落差而衝擊美日同盟關係。嗣後，鳩山由紀夫下台，日本政府改變立場，重申強化美日同盟基調，以修補雙邊關係。美國亦宣示保衛日本決心，美日關係逐步回溫。俄羅斯總統與國防部長，分別於 2010 年 11 月與 2011 年 2 月登上南千島群島宣示主權，日俄關係隨即緊繃；約莫同時，中日釣魚台爭議、日韓獨島爭議也開始增溫。日本於 2011 年 3 月 11 日遭逢強烈地震引發海嘯，毀損核電廠導致輻射外洩的「複

---

[23] 林文隆，江柏君，〈從日美安全保障條約的演變看日本海上自衛隊的戰略擴張〉，《海軍學術雙月刊》，Vol. 47, No. 3 (2013)。

[24] 陳世昌，〈美籲日協防　行使集體自衛權〉，《聯合報》，2007 年 5 月 17 日，頁 A16。

合式災害」，造成嚴重之人命與財產損失。美國隨即派遣航母打擊群等相關兵力協助救援與後續重建等作為，展現對日本安全承諾，對美日整體關係之提升具正面助益。美國歐巴馬政府 2012 年 1 月 5 日宣佈「戰略再平衡」，意味經濟國力消退，需要盟邦共同分擔防務重任。

2012 年 4 月 26 日的美日「2＋2」會議中，兩國部長重申將在亞太地區強化美日同盟的嚇阻能力；為此，日本將發展「動態防衛力」（dynamic defense force），並提升西南島嶼（實即指釣魚台）區域的防衛態勢，包括美日雙方的動態防衛合作（防衛訓練、聯合監偵、以及聯合分享使用設施）。

安倍晉三於 2012 年 12 月復出第二任執政起，強化美日同盟增添新動力。2013 年 1 月 25 日，日本政府召開內閣會議，修改現行「防衛計畫大綱」（Defense Plan Outline）和「中程防衛力量整備計畫」（Mid-term Defense Program），期能更有效因應中共軍力快速擴張、釣島爭議、及北韓核武發展等威脅；為肆應區域突發情勢，日本規劃提升潛艦、彈道飛彈防禦、情監偵蒐、與遠程武力投射等能力，並漸次強化其西南離島之防衛戰力，相關之組織調整與軍備籌建等作為。美日基於強化軍事同盟的共同意願，乃著手重新定義美日防衛合作指針；美國行政部門及國會更明確表態支持美日安保條約適用釣魚台。除日本自衛隊人員在 2013 年度前後常駐美國國防部外，日本防衛省統合幕僚監部（相當於參謀總部）於 2013 年 4 月 23 日宣佈，派遣近千名海陸空自衛隊員參加同年 6 月在美國加州進行的美軍離島規復作戰演習，演習代號「黎明閃擊」（Dawn Blitz）。在美日眾多雙邊及多邊演習中，這是日本海陸空自衛隊首次同時在美國本土參加的大型聯合軍演，極為特殊，更具體細節請見下章（環太軍演）。

安倍復出後，集體自衛權行使再度浮上檯面。美國前副國務卿阿米塔吉（Richard Armitage）於 2013 年 6 月下旬宣稱，日本憲法第九條對於集體自衛的禁止，實為妨害美日強化合作的障礙。[25] 10 月 3 日，「美日安保磋商委員會」（2＋2）共同宣言指出，將再次修改《日美防衛合作指針》（Guidelines for U.S.-Japan Defense Cooperation）；同時，日本將設立「國家安全會議」（National Security Council）並發佈國家安全戰略（National Security Strategy）、檢視行使集體自衛權的法律基礎、檢討國防計畫指針（National Defense Program Guidelines）；而美國歡迎這些努力並重申將與日本密切合作。[26] 雙方另就有關在日本及本土以外的雙／多邊聯合軍演，達成多項強化共識。

　　2013 年末，在朝鮮半島局勢增溫、東海防空識別區議題延燒、及中俄準軍事結盟強化之際，日本於 12 月 17 日公佈《國家安全戰略》（National Security Strategy）、《防衛大綱》（National Defense Program Guidelines）、及《中期防衛力整備計畫》（mid-term defense buildup plan）。《國家安全戰略》開宗明義談論國家安全保障基本理念，反覆強調強化美日安保；[27] 文中並斷言美日安保

25　Kyodo, "Armitage says Japan's ban on collective self-defense "impediment"," *GlobalPost*, 2013, http://www.globalpost.com/dispatch/news/kyodo-news-international/130624/armitage-says-japans-ban-collective-self-defense-imped (accessed November 18, 2013).

26　Office of the Spokesperson, "Joint Statement of the Security Consultative Committee: Toward a More Robust Alliance and Greater Shared Responsibilities," *US Department of State*, 2013, http://www.state.gov/r/pa/prs/ps/2013/10/215070.htm (accessed November 16, 2013).

27　*National Security Strategy*, ed. National Security Council (Tokyo: Government of Japan, 2013), pp. 3, 5.

是日本安全的基石。[28]《防衛大綱》則指出，其基本防衛政策首重強化美日安保。[29] 此等論述，顯示日本的《國家安全戰略》、《防衛大綱》，實乃依附於美日安保。《國家安全戰略》與《防衛大綱》內容要點，另包括重申以美日同盟為基礎，捍衛海域主權與資源、保障海上交通線、及確保西南海域的主權。《防衛大綱》中，揭示發展「動態聯合防衛能力」（Dynamic Joint Defense Force）的概念；[30] 具體提及為因應偏遠島嶼可能遭受入侵，將發展全般兩棲作戰能力（full amphibious capability）。[31] 針對可能遭受來自於北韓（及中共）的彈道飛彈攻擊，為強化美日安保的嚇阻能力，《防衛大綱》指出日本將考慮發展對敵彈道飛彈發射方式與相關設施進行攻擊的能力。[32] 這段話其實是非常隱晦地透露：日本將尋求融入美國的空海整體戰，開始思考針對中共的反介入／區域拒止作戰，發展對其彈道飛彈發射基地與相關設施的攻擊能力。

《防衛大綱》並透露打造美日韓、美日澳同盟的期望，[33] 企圖集同盟力量確保對中、俄、北韓的嚇阻能力。《（2014 至 2018 年度）中期防衛力整備計畫》中載明，為加強離島的防衛戰力，陸上自衛隊將創設負責奪島作戰的「水陸機動團」，引進 17 架魚鷹（MV-22）傾轉式旋翼機，部署 52 輛的水陸兩用車、99 輛可空運的輕型機動戰車。海上自衛隊將新購護衛艦 5 艘（其中含 2 艘神盾艦）、潛艦 5 艘、P-1 哨戒機 23 架（取代現行 P-3 反潛哨戒

---

[28] *National Security Strategy*, p. 20.

[29] *National Defense Program Guidelines for FY 2014 and Beyond (Summary)*, ed. National Security Council (Tokyo: Government of Japan, 2013), p. 2.

[30] *National Defense Program Guidelines for FY 2014 and Beyond (Summary)*, p. 3.

[31] *National Defense Program Guidelines for FY 2014 and Beyond (Summary)*, p. 8.

[32] *National Defense Program Guidelines for FY 2014 and Beyond (Summary)*, p. 8.

[33] *National Defense Program Guidelines for FY 2014 and Beyond (Summary)*, p. 5.

機)。航空自衛隊將採購 F-35A 戰鬥機 28 架、F-15 戰鬥機現代化 26 架、早期預警管制機 4 架、空中加油運輸機共 3 架、C-2 運輸機 10 架。另外，日本也規劃修訂《日美共同防衛指針》，並引入「全球之鷹」（Global hawk RQ-4）無人偵察機 3 架。[34] 這些軍備要項，絕大部分來自美軍。以上日本重要國防文件與軍備建設內容顯示，美日同盟的聯盟作戰整合度與最關鍵的操作互通性，迭創歷史新高。

　　2014 年 1 月下旬，安倍在對國會的施政演說中，提及中共劃設東海防空識別區議題，並首度提及檢視憲法解釋以行使集體自衛權的企圖。[35] 安倍這次對國會的施政演說，意味日本政府意圖藉由順勢操作東海防空識別區議題，強化其主張並行使集體自衛權的正當性。由於安倍政府的順勢操作符合美國的戰略期望；因此，可以預判東海防空識別區與集體自衛權的連動性，將益發明顯。2 月 5 日，安倍在國會答辯時，主張以釋憲而未必需要修憲方式來實現行使集體自衛權。[36] 在美國的催促要求、日本鷹派政客的順勢操作等共進作用下，藉修憲或釋憲以行使集體自衛權，儼然已成美日安保的共同中程目標；加上中共外來的強勢刺激，其達成恐怕也只是時間早晚的問題。一旦集體自衛權獲得突破，美日將得以不受束縛地以合體之姿，以確保航行自由與飛航自由

---

[34] 日本防衛省，《中期防衛力整備計畫（2014 至 2018 年度）》，日本防衛省編，（東京：日本防衛省，2013）。

[35] "Japan's Abe Shows More Conservative Side in Policy Speech to Diet " *Nikkei Asian Review*, 2014, http://asia.nikkei.com/Politics-Economy/Policy-Politics/ Japan-s-Abe-shows-more-conservative-side-in-policy-speech-to-Diet (accessed February 6, 2014).

[36] 黃菁菁，〈安倍晉三提釋憲 行使集體自衛權〉，《中國時報》，2014 年 2 月 6 日，頁 A12。

之共同國家利益為名，更廣泛地涉入亞太區域安全事務，並藉此鼓舞、聯合亞太地區的諸多中等強權，共同介入中國大陸周邊海域主權紛爭，尋求中共周邊海域的全面軍事管控權。

此外，在南北韓兩造相互激盪下，美軍得以堂而皇之打造美日韓同盟。如在 2013 年 3、4 月間的美韓軍演中，美軍投入各式新型精銳武器，除了神盾級飛彈驅逐艦、核攻擊潛艦、核動力航空母艦外，美軍還出動 B-52 轟炸機、B-2 隱形轟炸機、F-22 隱形戰鬥機，可以在平壤發起攻擊前，對北韓予以致命打擊。此外，美國還首次派出有「海上巨眼」之稱的 SBX-1（Sea-Based X-Band Radar-1）波段雷達，對北韓的一舉一動進行嚴密偵測，並在關島部署「戰區高空飛彈防禦」系統，可對北韓的飛彈進行攔截。2014 年 2 月 24 日到 3 月 6 日，美韓舉行「關鍵決斷」聯合軍演，緊接著又舉行「鷂鷹」聯合軍演，計畫一直持續到 4 月 18 日結束。兩項聯合軍演展開前至結束期間，北韓多次發射新型火箭、短程彈道飛彈，進行示威及抗議。3 月 26 日，美國總統歐巴馬力促南韓總統朴槿惠、日本首相安倍晉三，在荷蘭海牙進行首度會晤；北韓除在美日韓峰會當天發射 2 枚疑似蘆洞彈道飛彈，落在日本防空識別區以示抗議之外，金正恩甚至放話，要北韓人民為 2015 年可能爆發的朝鮮半島戰爭預作準備。日韓兩國近年來因為慰安婦、獨島爭議僵持不下之際，北韓的魯莽行為，成了協助美國打造美日韓同盟的最佳催化劑。

第二節　各項軍演的發展脈絡與實務

　　東北亞地區年度重大聯合軍演包含：「乙支自由衛士」（Ulchi-Freedom Guardian）、「利劍」（Keen Sword）／「利刃」（Keen Edge）、「關鍵決斷」（Key Resolve）、「鷂鷹」（Foal Eagle）、「對抗北」（Cope North）、「山櫻」（Yama Sakura）及「鐵拳」（Iron Fist）等系列演習（軍演分布圖如下圖）。美韓、美日軍事同盟於每年藉軍事演習，強化雙邊軍事合作，以應對東北亞區域之傳統與非傳統安全威脅，具有穩定區域安全的重要作用。主要軍演之歷史脈絡與目的分述如後：

來源：作者自行繪製

圖 14　東北亞地區軍演分布圖

一、美、韓「乙支自由衛士」（Ulchi-Freedom Guardian） 聯合軍事演習（年度）

（一）緣起

「乙支自由衛士」（Ulchi-Freedom Guardian）軍演，起源於 1968 年美軍在南韓哈東縣（Hadong county）遭北韓特種部隊伏 擊事件，此事件發生後隨即由美軍主導，舉行名為 Taeguk Yeonseup 軍演，後又更名為 Ulchi Yeonseup 軍演，1976 年更名為 乙支焦點透鏡（Ulchi-Focus Lens）軍演，2008 年起使用現行軍 演代號乙支自由衛士（Ulchi-Freedom Guardian）；「乙支」是紀念 「高句麗」將領「乙支文德」（Ulchi Mindeok），於西元七世紀領 軍擊退中國隋朝軍事入侵，[37] 政治意涵不言而喻。

（二）目的

此軍演通常於每年 8 月至 9 月期間舉行，為韓、美兩國年度 重要聯合軍事演習。此演習是世界上最大的電腦兵棋指揮所演習 （CPX），目的為提升韓美聯合司令部指揮官決策能力，與聯參 階層之聯合協調、程序、計劃和應變行動，提高兩軍應戰能力， 模擬如何應對和預防朝鮮半島及其周邊國家出現的危機情況，側

---

[37] "Ulchi-Freedom Guardian," *Wikipedia*, http://en.wikipedia.org/wiki/Ulchi-Freedom_Guardian (accessed March 13, 2013). 另參見"US and South Korean militaries start exercise Ulchi Freedom Guardian 20," *Army Technology*, 2013, http://www.army-technology.com/news/newsus-south-korean-militaries-exercise (accessed August 30, 2013).

重於「對現有和未來威脅的準備及防範能力」，特別是針對朝鮮的「全面戰爭演習」和「核戰爭演習」。[38]

（三）近年發展趨勢

2012 年 8 月 21 日至 30 日，舉行為期 10 天的乙支自由衛士聯合軍演，以電腦兵棋進行雙邊聯盟協調、參謀計畫、行動評估、指揮官層級決策、指揮與管制等應急作戰行動推演。[39] 迄今為止該聯合軍事演習向來由駐韓美軍主導，這是因為美軍擁有在作戰時期下的對韓軍事「作戰指揮權」。[40] 但由於南韓主權與國內政治意識抬頭，美韓兩國已達成協議，原計畫於 2012 年起將戰時「軍事作戰指揮權」移交回南韓，因此自 2008 年開始，該聯合軍事演習也改為由南韓軍方主導；原名「乙支焦點透鏡」聯合軍

---

[38] 7 AF Public Affairs, "Ulchi Freedom-Guardian '12 Exercise Wraps Up in South Korea," *US Pacfic Command*, 2012, http://www.pacom.mil/media/news/2012/08/30-ufg12-exercise-wraps-up-in-skorea.shtml (accessed March 24, 2014).

[39] 7 AF Public Affairs, "UFG '12 Exercise Wraps Up in South Korea," *US Pacific Command*, 2012, http://www.7af.pacaf.af.mil/news/story.asp?id=123316121 (accessed September 23, 2013).

[40] 朝鮮戰爭期間，李承晚政府自願將韓軍交給由美軍主導的「聯合國軍」指揮，韓國軍隊的指揮權從此被駐韓美軍掌握。1978 年 11 月，韓美聯合司令部成立，指揮權轉移到由駐韓美軍司令擔任的韓美聯合部隊司令手中。1987 年，時任韓國總統的盧泰愚首次提出收回指揮權問題。1994 年，駐韓美軍向韓方交還了和平時期的指揮權，但戰時作戰指揮權仍在美軍手中。2005 年 9 月，韓國政府正式向美國提出收回戰時作戰指揮權。根據雙方達成的協議，美方將於 2012 年 4 月 17 日將戰時作戰指揮權移交給韓方。朝鮮於 2009 年進行核試驗並發射導彈、2010 年發生天安艦爆炸沉沒事件，導致時任韓國總統李明博與美國總統歐巴馬於 2012 年 6 月 26 日舉行會晤時，決定將移交時間推遲至 2015 年 12 月。鄭鏞洙，〈金成：如韓國尚未準備好，將不會移交作戰指揮權〉，《韓國中央日報新聞中心》，2013，http://chinese.joins.com/big5/article.do?method=detail&art_id=100120&category=002002 (accessed September 30, 2013).

事演習，也因而更名為「乙支自由衛士」(Ulchi-Freedom Guardian, UFG)。

二、美、韓「關鍵決斷」(Exercise Key Resolve)聯合 軍演(年度)

(一)緣起

本項軍演於 1999 年以前命名為「團隊精神」(Team Spirit) 軍演，後又更名為「反應、階段、前進與整合聯合軍演」(Exercise Reception, Staging, Onward Movement, Integration, RSOI) (2000 年至 2007 年使用名稱)，2008 年起改名為「關鍵決斷」(Exercise Key Resolve)。[41]

(二)目的

由韓美聯軍共同舉行的關鍵決斷軍演的目的，在於強化駐韓 美軍與南韓軍隊應對北韓情勢，提升韓美聯軍的作戰協調與執行 能力。[42]

---

[41] "Key Resolve," *GlobalSecurity*, http://www.globalsecurity.org/military/ops/rsoi. htm (accessed October 8, 2013).

[42] UNC/CFC/USFK Public Affairs Office, "Exercise Key Resolve to Start Feb. 27," *US Forces Korea*, 2012, http://www.usfk.mil/usfk/(S(2s4sgc455swf5qq 4suym4055)A(Lq4qUp0vzAEkAAAAOTEzNjcyYWEtOWNkNi00NjUxLTl jODktMTg3N2Q2MWQyMDI2j3x1t_hxicnM0W1cppanJEmz1Ys1))/press-r elease.exercise.key.resolve.to.start.feb.27.944?AspxAutoDetectCookieSupport =1 (accessed March 24, 2014).

（三）近年發展趨勢

2013年「關鍵決斷」聯合軍演於2013年3月11日至21日之間舉行，時值北韓第三次核試驗後舉行，實際參演人員包含1萬多名南韓軍人和3500多名美軍參加，屬於以指揮所演習（CPX）為主之軍演。[43] 本次演習相較於以往不同之處，由「韓國聯合參謀本部」主導，美軍負責提供支援，取代過往由「韓美聯合司令部」主導演習，旨在為2015年12月將「戰時作戰指揮權」轉還給韓國做準備。北韓當局以韓美舉行2013關鍵決斷聯合軍演，使北韓備受威脅為由，對國際宣布自2013年3月11日零時起廢除「兩韓停戰協定」，切斷軍事熱線，隨後宣布將進行核武攻擊威脅，宣布廢除互不侵犯協定和中斷板門店活動等，宣稱3月11日為「挑釁開始日」，使朝鮮半島緊張情勢驟然升高。

三、美、韓「鷂鷹」（Foal Eagle）聯合軍演（年度）

（一）緣起

「鷂鷹」聯合軍演始於1997年，屬韓美聯盟部隊指揮部（Republic of Korea - United States Combined Force Command, CFC）的聯合野戰訓練演習（FTX）。[44]

---

[43] "Navy Reserve Sailors Participate in Exercise Key Resolve 2013," *US Navy*, 2013, www.msc.navy.mil/publications/pressrel/press13/press04.htm (accessed April 17, 2013). "Key Resolve/Foal Eagle 2013," *GlobalSecurity*, http://www.globalsecurity.org/military/ops/key-resolve-foal-eagle-2013.htm (accessed October 8, 2013).

[44] GlobalSecurity, "Foal Eagle," *GlobalSecurity*, http://www.globalsecurity.org/

（二）目的

「鷂鷹」演習於每年上半年舉行，通常為期兩個月，目的為展現駐韓美軍與南韓軍隊共同防範朝鮮半島爆發戰事、強化雙邊同盟與聯合（Joint）作戰能力。屬「純防禦性軍演」；以訓練戰術單位及戰術功能為主。軍演項目包含特種作戰、地面運動、兩棲作戰、空中作戰、海上行動支隊作戰（Maritime Action Group Operations）及反特種作戰（Counter Special Operations Forces Exercises, CSOFEX）等。[45]

（三）近年發展趨勢

「2013 鷂鷹聯合軍演」，自 2013 年 3 月 1 日開始至 4 月 30 日止，有超過 20 萬名南韓三軍和 1 萬餘名美軍參演。2013 年的作戰想定之設計目的，包括防衛朝鮮半島、協調並執行美軍增援部隊的部署、及保持南韓的軍事作戰能力；演習科目包括登陸作戰、地面機動、空中和海上及特種作戰為主的實際機動聯合演習。[46] 2013 年並首次由南韓的聯參本部指揮，以助提昇其作戰指揮能力，建立戰時作戰管制權轉移的基礎。[47] 美國因應北韓核

---

military/ops/foal-eagle.htm (accessed March 4, 2014).

[45] Wikipedia, "Foal Eagle," *Wikipedia*, http://en.wikipedia.org/wiki/Foal_Eagle (accessed March 4, 2014). 但 GlobalSecurity 指出，該演習係多面向聯合暨聯盟演習，訓練美韓聯盟部隊的全方位任務：後方防衛、「反應、階段、前進與整合」、特種作戰、及傳統多軍種部隊對抗；參見 GlobalSecurity, "Foal Eagle."

[46] "Key Resolve/Foal Eagle 2013." "Exercise Foal Eagle 2013 Concludes," *United States Forces Korea*, 2013, http://www.usfk.mil/usfk/Article.aspx?ID=1050&Aspx AutoDetectCookieSupport=1 (accessed July 17, 2013).

[47] "Key Resolve/Foal Eagle 2013."

武威脅，首次高調破例派出兩架 B-2 隱形轟炸機參加此次軍演，作為對北韓於 3 月 26 日聲稱將攻擊美國本土和夏威夷、關島等美國軍事目標的一種「武力示威」回應。

四、美、日、澳「對抗北」（Cope North）聯合軍演（年度）

（一）緣起

「對抗北」聯合軍演，原指美日聯合對抗蘇聯之意。1978 年，該演習首次於日本三澤空軍基地（Misawa AFB）舉行，屬聯合野戰訓練演習（FTX）層級，是美國在太平洋戰區歷史最長的空戰訓練演習之一。前蘇聯解體後，對抗北演習開始南移，1999 年移師到關島舉行。

（二）目的

「對抗北」聯合軍演為美日澳年度重要軍事演習，該演習旨在提高美日兩國聯合防禦日本的空戰能力，進而增進美日空軍的瞭解和協同作戰能力，提高美、日空軍共同默契與作業互通性。[48]

（三）近年發展趨勢

澳大利亞皇家空軍於 2012 年首次加入此軍演，致使此軍演朝向多邊化發展。[49] 近年來演習的科目越來越高級，模擬的戰況

---

[48] "Exercise Cope North," *Department of Defence (Australia)*, 2012, http://www.defence.gov.au/opex/exercises/copenorth/index.htm (accessed March 24, 2014).

[49] "Exercise Cope North," *Department of Defence (Australia)*, 2012, http://www.defence.gov.au/opex/exercises/copenorth/index.htm (accessed May 25, 2013).

越來越逼真，目前已發展到雙方指揮官指揮對方的戰機，由此可見美日空軍聯合作戰達到較高的水準。

美日澳「2013對抗北聯合軍演」為期兩週，於2013年2月4日至13日，在美國關島安德森空軍基地（Andersen AFB, Guam）舉行，美日澳三國共850人參與，日本空自（JASDF）派出駐紮在那霸和青森三澤機場的E-2C鷹眼預警機、F-2與F-15J戰機參與演練，美國艾爾森空軍基地的第18侵略者中隊F-16C戰機，扮演假想敵（中共和俄羅斯空軍），另出動KC-135加油機、E-3哨兵預警機，澳大利亞皇家空軍派出F/A-18戰機及E-7A空中預警機參演；韓國今年更以特別觀察員的身分參與演習。軍演項目除傳統的空中戰術外，不同機種對抗空戰訓練（Dissimilar Air Combat Training, DACT）、人道救援暨災難救助亦是此次軍演項目之一。[50]

五、美、日「利劍」（Keen Sword）（奇數年）與「利刃」（Keen Edge）（偶數年）聯合軍演（2年1次）

（一）緣起

「利」字號聯合軍演始於1986年，軍演代號為「利刃／利劍」；「利刃」演習屬指揮所演習（CPX），在偶數年舉行；「利劍」演習為聯合野戰訓練演習（FTX），在奇數年舉行。

---

[50] "Airpower on display at Cope North 13," *US Pacific Air Force*, 2013, http://www.pacaf.af.mil/news/story.asp?id=123336666 (accessed March 1, 2014).

（二）目的

旨在美日雙方基於「美日安保條約」共同架構下，防禦日本抵抗外來勢力入侵，強化雙邊在共同指揮與管制（C2）下的作業互通性。演習課目包括空中和飛彈統合防禦、兩棲登陸、基地安全、空中支援、跳傘訓練、實彈射擊、海上防禦及海上搜救（SAR）等。[51]

（三）近年發展趨勢

「2012 利刃聯合軍演」，於 2012 年 1 月 22 日至 27 日舉行，演習內容以指揮所演習（CPX）為主；為期兩週的「2013 利劍聯合軍演」自 2012 年 11 月 5 日至 16 日舉行，約 47000 名駐日美軍陸、海、空軍、陸戰隊及日本自衛隊參與演習，目的為使美日雙方強化協調程序與協同作戰能力，以有效防禦日本國土及因應亞太區域危機。[52] 該演習範圍甚廣，包含九州東南和西南海域，以及沖繩東方海域，日本本土四大島、沖繩和日本周圍的所有自衛隊基地都參加。

---

[51] "Keen Sword," *GlobalSecurity*, http://www.globalsecurity.org/military/ops/keen-sword.htm (accessed March 1, 2014).

[52] Ricardo Guzman, "Exercise Keen Sword 2013 Kicks Off With JSDF Embark Aboard The George Washington," *US Pacific Command*, 2013, http://www.pacom.mil/media/news/2012/11/14-Exercise-keen-sword-kicksoff-jsdf-embark-abordGW.shtml (accessed March 1, 2014).

六、美、日「山櫻」（Yama Sakura）聯合軍演（年度）

（一）緣起

「山櫻」聯合軍演始於 1982 年，一年舉行一次，屬指揮所演習（CPX）。

（二）目的

美日雙方基於「美日安保條約」架構下的年度系列軍演之一，由美、日參謀長聯席會議共同主持，駐日美陸軍司令部和日陸軍參謀部負責執行；旨在強化日本陸上自衛隊（JGSDF）與駐日美國陸軍（USARJ）共同防衛日本的能力，藉此軍演相互熟悉及了解，增進聯盟作戰戰術能力，提升美國和日本的戰鬥整備（combat readiness）和作業互通性，同時加強雙邊關係，共同支持在該地區盟國的區域安全利益。[53]

（三）近年發展趨勢

「山櫻 63 聯合軍演」為該系列第 31 次演習，於 2012 年 12 月 1 日至 13 日在日本陸上自衛隊仙台基地（仙台駐屯地）舉行。參演兵力部分，日本陸上自衛隊東北方面隊派遣約 4500 人、美軍太平洋陸軍司令部及駐日美陸軍約 1500 人共同參演，包含甫自 2011 年 12 月派駐琉球的美國海軍陸戰隊第三遠征旅（3rd MEB）首度參與。[54] 本次軍演依計畫想定執行，在以電腦模擬

---

[53] "YAMA Sakura 61," *US Army Pacific*, 2012, http://www.usarpac.army.mil/ys61/ (accessed March 1, 2014).

[54] 日本防衛省，《平成 25 年日本の防衛白書》，日本防衛省編（東京：日本防衛省，2013)，頁 336。

狀況，磨練美日雙方指揮層級決策程序、參謀計畫協調，並注入網路作戰（cyber warfare）元素，演練網路攻防，強化參演人員重視資訊保密與網路資訊安全。[55]

七、美、日「鐵拳」（Iron Fist）聯合軍演（年度）

（一）緣起

「鐵拳」聯合軍演始於 2006 年，一年舉行一次，屬聯合野戰訓練演習（FTX）。

（二）目的

美日雙方基於「美日安保條約」架構下的年度系列軍演之一；旨在強化日本陸上自衛隊與美國海軍陸戰隊（USMC）聯合作戰能力，藉此軍演提升雙方共同執行兩棲作戰技能。美國海軍陸戰隊第一遠征軍公共事務官 K.D. Robbins 上校表示，由於日本並無適合執行兩棲作戰演練的場地，移師美國加州與美國陸戰隊共同實施訓練，將增進雙方對於兩棲作戰的了解。[56] 軍演演練科目包含兩棲作戰計畫制訂、兩棲裝載、兩棲登陸操演、海上艦砲支援等。[57]

---

[55] Jess Williams, "Cyber Defense Take Center Stage at Yama Sakura," *US Army*, 2012, http://www.army.mil/article/92647/Cyber_defense_take_center_stage_at_Yama_Sakura/ (accessed March 6, 2013).

[56] Erich Ryland, "Japanese Army Trains with U.S. Marines," *Department of the Navy*, 2006, http://www.navy.mil/submit/display.asp?story_id=22000 (accessed March 1, 2014).

[57] Timothy Childers, "ercise Iron Fist Brings Two Nations Together," *US Marine Corps*, 2012, http://www.15thmeu.marines.mil/News/NewsArticleDisplay/

（三）近年發展趨勢

「2013 鐵拳聯合軍演」為該系列第 8 次演習，於 2013 年 1 月 15 日至 2 月 22 日在美國南加州彭德爾頓基地（Camp Pendleton）、聖克利門蒂島（San Clemente Island）及南加州近海海空域舉行。參演兵力部分，日本陸上自衛隊西部方面軍普通科連隊派遣約 280 人、美軍海軍陸戰隊第一遠征軍約 500 人共同參演及美國海軍拳師號（USS Boxer，LHD-4）及珍珠港號 （USS Pearl Harbor，LSD-52）共同參演。[58] 軍演期間美國陸戰隊出動最新式的「魚鷹」運輸機（MV-22），運送日自衛隊員和戰車登陸，並由日本自衛隊擔任主要的奪島武力；美軍持續幫助日本訓練一支適合執行奪島作戰的「準海軍陸戰隊」，培養日本自衛隊的進攻、奪島作戰及海外部署能力，亦協助日本運用其定位模糊的大隅級兩棲運輸艦（Osumi Class, LST-4001 class），形塑兩棲兵力投送能力，此舉象徵美日雙方戰略夥伴的堅實程度。

第三節　東北亞戰略態勢的形塑與意涵

　　美軍聯合日本及韓國，在東北亞所進行的九項主要軍演（詳如下表），明確呼應華府歷年重要安全文件所確認的主要傳統安

---

tabid/8671/Article/82567/exercise-iron-fist-brings-two-nations-together.aspx (accessed March 14, 2013).
[58] 日本防衛省，《平成 25 年日本の防衛白書》，頁 336。

全威脅－中共軍事現代化、北韓發展核武與大量傳統軍力、與俄羅斯的重新崛起。

表八　東北亞軍演統計表（2012-2013 年）

項次	演習名稱	參與國家	傳統安全	非傳統安全
1	乙支自由衛士 Ulchi-Freedom Guardian 12	美韓	電腦兵棋指揮所演練（全面戰爭與核攻擊下的指揮與綜合訓練）	無
2	關鍵決斷 Key Resolve 13	美韓	指揮所演練（因應朝鮮核武威脅）	無
3	鵰鷹 Foal Eagle 13	美韓	特種作戰、地面運動、兩棲作戰、空中作戰、海上行動支隊作戰、及反特種作戰（CSOFEX）	無
4	對抗北 Cope North 13	美日澳	傳統空中戰術、不同機種對抗空戰訓練（DACT）	人道救援暨災難救助災害防救
5	利刃 Keen Edge （偶數年）	美日	指揮所演習（CPX）	無
6	利劍 Keen Sword （奇數年）	美日	空中和飛彈統合防禦、基地安全、空中支援、實彈射擊、海上防禦、海上搜救、島嶼防衛、兩棲登陸作戰	無
7	勇敢引導 Courageous Channel	美韓	無	撤僑演習
8	山櫻 Yama Sakura 63	美日	指揮所演習（CPX）	無
9	鐵拳 Iron Fist 13	美日	兩棲作戰計畫制訂、兩棲裝載、兩棲登陸操演、海上艦砲支援等	無

來源：作者自行綜整

美軍在東北地區的雙邊／多邊軍演，就演習規模與陣容而言，迭有增加；其中原本僅涉美日的「對抗北」雙邊演習，轉型為美日澳多邊演習，甚至於韓國已成為觀察員，未來可能加入。此意味美國藉由一連串的軍事演習，將亞太所有與其有正式盟約的中等強權——日、澳、韓等國，逐步整合在東北亞地區的戰略佈局，落實戰略再平衡。

　　就該等軍演內容而言，因應中、俄、北韓等所具備的傳統武力及核武威脅，是演習的主要設計考量。事實上，美軍在東北亞的軍演，幾乎完全是為了因應傳統安全威脅而設計，其原因不外乎為：日、韓均為已發展國家，對於應處非傳統安全威脅具備相當水準與能力，美國拉攏日、韓成為其左右手，共築防線對抗逐步成形的中俄朝（鮮）反美勢力；非傳統安全議題，僅出現在美日澳「對抗北」的傳統空中戰術演習之中，且僅以「人道救援／災難救助」聊備一格。易言之，在傳統安全威脅為主要考量的東北亞戰略環境中，非傳統安全議題較少有發揮空間。然而，美國海軍軍令部長葛林奈特於 2013 年 5 月中在新加坡海事防衛展中透露，未來希望在 2022 年之前要將 7 艘濱海戰鬥艦進駐日本佐世保（Sasebo）海軍基地，汰換原有掃雷艦。[59] 此計畫將使美國得以藉非傳統安全議題為軍演注入更多元的動能，有助於促進打造美日韓同盟的良性循環。此外，值得注意的是，儘管韓國老一輩仍然對日本殖民統治懷抱仇恨，且獨島（竹島）爭議使日韓關係緊繃，致使美國汲汲營營亟欲打造的美日韓同盟進程受阻；但

---

[59]　Zachary Keck, "U.S. Chief of Naval Operations: 11 Littoral Combat Ships to Asia by 2022," *The Diplomat*, 2013, http://thediplomat.com/flashpoints-blog/2013/05/17/u-s-chief-of-naval-operations-11-littoral-combat-ships-to-asia-by-2022/ (accessed November 18, 2013).

歷史實證經驗顯示，美國主導的軍演，有利於激化兩韓對立、離間中韓關係、促進日韓合作、催化美日韓及美日澳同盟、並鞏固美國的亞太盟主地位，這對美國而言可謂一石多鳥、一舉多得。

綜而言之，在東北亞，朝鮮半島局勢動盪、中共劃設東海防空識別區、及中俄發展準軍事結盟關係，整體上呈現出中、俄、北韓等傳統的陸上威權集團，挑戰美、日、南韓等海上民主同盟的戰略態勢。在此狀況下，美國更有必要藉由增加軍演使美日安保與美韓協防共進，打造美日韓、美日澳同盟，襄助戰略再平衡。

小結

就東北亞地區而言，美國在歷年重要安全文件中，所確認的安全威脅來源，主要包括：中共、北韓、與俄羅斯的重新崛起。就此地區的地緣戰略而言，朝鮮半島局勢動盪、中日釣魚台列嶼及相關防空識別區爭議、與中俄發展準軍事結盟，促使美國必須貫徹戰略再平衡。

美日安保無疑是美國在東北亞貫徹戰略再平衡的樞紐。美國以美日安保為脊樑，在此區域擴增軍演，可達成離間中韓友誼、鞏固美韓協防、催化日韓合作、打造美日韓及美日澳同盟等戰略議程，可謂一石多鳥。

就美日安保的強化而言，日本於 2013 年底公佈《國家安全戰略》、《防衛大綱》、及《中期防衛力整備計畫》等重要文件，顯示：日本的國家安全戰略與國防戰略，依附於美日安保；日本尋求融入美國的空海整體戰，在爆發軍事衝突時，將協同美國對中國境內的彈道飛彈發射基地及相關設施進行攻擊；日本未來的軍備建設，將致力於提升美日同盟的聯戰作業互通性。美日安保的強化，最關鍵的部分在於行使集體自衛權；藉修憲或釋憲以行使集體自衛權，儼然已成美日安保的共同中程目標。一旦獲得突破，美日將以確保航行自由與飛航自由為名，更廣泛地涉入亞太區域安全事務，並藉此鼓舞、聯合亞太地區的諸多中等強權，共同介入中國大陸周邊海域主權紛爭，尋求全面的軍事管控權。

　　研究美國在東北亞地區所主導之各項軍演的發展脈絡與實務，發現美軍聯合日本及韓國，在東北亞所進行的軍演，明確地尋求因應中共軍事現代化、北韓發展核武與大量傳統軍力、與俄羅斯的重新崛起。美國藉由一連串的軍演，將亞太所有與其有正式盟約的日、澳、韓等中等強權，逐步整合在東北亞地區的戰略佈局，落實戰略再平衡，鞏固美國的亞太盟主地位。

CHAPTER

美國主導的東南亞軍演

"The increased U.S. focus on ASEAN in recent years mirrors our enhanced engagement with Southeast Asia as a whole, representing a 'rebalance within the rebalance.'"

Daniel Russel, Assistant Secretary-Designate,
Bureau of East Asian and Pacific Affairs,
Before the Senate Foreign Relations Committee

美國在歷年重要安全文件中，[1] 對於東南亞的情勢主要聚焦於使區域提升經貿自由、促進政治改革，及關注中共所謂堅持和平發展卻又進行意圖不明的軍力擴張。[2] 與中共相關的具體安全議題包括：臺灣海峽；軍事現代化與擴張；在太空、網路、黃海、東海、南海立場益發強勢。[3] 以上文件，顯示美國對東南亞安全的關切始終以中共為焦點，尤其是台海與南海議題。臺灣在2008年馬英九政府執政後致力改善兩岸關係，台海局勢顯著緩和。[4] 美國國防部的《中國軍事與安全發展》系列安全文件，乃極其關注中共與周邊鄰國的領土爭議，尤其是東南亞地區的南海爭議。[5] 在南海議題增溫之際，美國首次於 2010 年安全文件中宣

---

[1]　包括本書第一、二章中所提及的 2006、2010《國家安全戰略》（National Security Strategy）；1997、2001、2006、2010《四年期國防總檢討》（Quadrennial Defense Review Report）；1995、2011、《國家軍事戰略》（National Military Strategy）；2010、2011、2012、2013《中國軍事與安全發展》（Military and Security Developments Involving the People's Republic of China）等。

[2]　President of the United States (ed.), *The National Security Strategy of the United States of America 2006*, pp. 40-42.

[3]　Joint Chiefs of Staff (ed.), *The National Military Strategy of the United States of America*, p. 14.

[4]　自馬英九於 2008 年勝選領導國民黨重新執政起，兩岸白手套海協會（海峽兩岸關係協會）與海基會（海峽交流基金會）恢復協商；至 2014 年 2 月止，共舉行 9 次會談並簽署包括「海峽兩岸經濟合作架構協議」（Economic Cooperation Framework Agreement, ECFA）在內的 19 項協議，兩岸交流熱絡。2014 年 2 月 11 日，兩岸官方機構領導人－中國大陸國台辦主任張志軍與臺灣陸委會主委王郁琦更在南京完成首次會面，並同意建置「聯繫溝通機制」，等同確立兩岸官方對等談判基礎，兩岸協商自此進入新階段。

[5]　Office of the Secretary of Defense, *Military and Security Developments Involving the People's Republic of China 2010*, pp. 16-17; Office of the Secretary of Defense, *Military and Security Developments Involving the People's Republic of China 2011*, pp. 1, 15-16, 39, 60; Office of the Secretary of Defense, *Military and*

稱提升與泰國、菲律賓的同盟，深化與新加坡夥伴關係，並與印尼、馬來西亞、越南等國發展新夥伴關係，以因應反恐、反毒、與支持人道救援行動等非傳統安全議題。[6] 值得注意的是，其中的菲、印、馬、越等國涉及南海爭議。該等諸國被美國提上安全議程，顯與南海議題增溫有關。

美國在東南亞地區簽有許多安全協定，包括：美汶《防禦合作諒解備忘錄》（Memorandum of Understanding on Defense Cooperation）、《東南亞集體防衛條約》（Southeast Asia Collective Defense Treaty）、《美澳紐安全條約》（Australia, New Zealand, United States Security Treaty, ANZUS Security Treaty）、《美新後勤設施使用諒解備忘錄》（United States-Singapore Memorandum of Understanding）、《美新安全架構協議》（Strategic Framework Agreement）、《美泰國防聯盟共同願景聲明》（2012 Joint Vision Statement for the Thai-U.S. Defense Alliance）、及《美菲協防條約》（Mutual Defense Treaty between the Republic of the Philippines and the United States of America）與《軍隊訪問協定》（Visiting Forces Agreement, VFA）。

美軍依該等條約及協定，續於亞太區域常駐應變軍力，每年循例舉行多次聯合軍演，以因應東南亞傳統與非傳統安全威脅之名，驗證雙邊／多邊聯合防衛作戰能力，彰顯確保區域穩定的決心。

Security Developments Involving the People's Republic of China 2012, pp. 2, 3; Office of the Secretary of Defense, *Military and Security Developments Involving the People's Republic of China 2013*, pp. 3, 21-22.

[6] Office of Secretary of Defense, *Quadrennial Defense Review Report 2010*, p. 59.

第一節　再平衡的地緣戰略動能與樞紐

◎南海爭議的本質與惡化

　　南海諸島礁主權爭議從 1980 年代就爭議不斷。1990 年代末期，中共在南海問題上扮演強制主導者角色；東協國家極力運用集團力量與中共抗衡。[7] 2002 年南海聲索國在《南海各方行為宣言》（Declaration on the Conduct of Parties in the South China Sea, DOC）中，「承諾保持自我克制，不採取使爭議復雜化、擴大化和影響和平與穩定的行動」，並「推動以和平方式解決彼此間爭議」，[8] 數年間南海局勢尚稱穩定。2007 年前後，有關中共海軍在三亞基地新建工程衛星空照圖曝光，促使南海周邊國家重啟軍備競賽。此外，聯合國海洋法公約締約國會議通過之 SPLOS/72 號決議，要求各締約國在 2009 年 5 月 13 日前上報對海洋島嶼和管轄海域的主權申請，供委員會審議畫界；南海諸國無不對島嶼主權急於表態，強化占有地位，趁此宣示主權。[9] 南海爭議因而迅速惡化。

　　南海爭議屬高階政治領域，亦屬海上傳統安全威脅議題。傳統海上安全主要關注議題包括：爭奪海域主權與資源、爭取戰略

---

[7]　劉復國，〈國家安全定位、海事安全與台灣南海政策方案之研究〉，《問題與研究》，Vol. 39, No. 4 (2000)，頁 11-12。

[8]　ASEAN Secretariat, "Declaration on the Conduct of Parties in the South China Sea," *ASEAN*, 2002, http://www.aseansec.org/13163.htm (accessed 4 November, 2009).

[9]　亓樂義，〈北京觀察——派漁政船宣示主權 中國高招〉，《中國時報》，2009 年 3 月 18 日，頁 A11。

據點、及爭奪掌控海上交通線；[10] 此實亦即南海爭議的本質。就爭奪海域主權與資源而言，南海擁有豐富的天然油氣及漁業資源。聯合國及中共官方估計南海可供開採的至少有286億噸（約2000億桶），相當於全球原油所剩油藏量的12%，使其有「波斯灣第二」之稱；且南沙的油氣儲量占整個南海油氣資源的一半以上。[11] 中共在南海圈定25個可燃冰成礦區帶，氣體資源量約為194億立方米，控制資源量達到41億噸油當量，證明南海可燃冰資源遠景良好。[12] 此外，聯合國環境規劃署的數據顯示，全球10%左右的魚產品供應來自於南海水域。[13] 各國為爭奪南海龐大的資源，使衝突動能遽增。就爭取戰略據點而言，各聲索國正「加快事實佔領」、「加快獨自開發」；「駐軍常態化、工事永久化、陣地縱深化」；[14] 與西方合資開發，使問題複雜化；[15] 引進國際強權軍事干預。爭奪掌控海上交通線議題，將諸多南海域外中等強權（middle powers）牽扯進來。全球約有超過50%的海上經貿運輸航經南海；[16] 韓國、日本所進口石油中的80%也途經南海。[17]

[10] 林文隆，劉復國，〈國家海洋政策制訂中的海洋外交與海軍〉，第二屆「海洋與國防」學術研討會（桃園八德：國防大學，2010年11月18日），頁123。

[11] 毛正氣，〈南海的自然資源與爭奪〉，《國防與外交暨南海安全議題》（桃園八德：國防大學戰爭學院，2011），頁53。

[12] 沙飛，〈南海發現可燃冰41億噸油當量〉，《文匯報》，2011年11月20日，頁A9。

[13] 李曉宇，〈美菲軍演開始 南海油氣漁業之爭引關切〉，《大紀元》，2004年6月29日，http://www.epochtimes.com/b5/11/6/29/n3300416.htm.

[14] 胡念祖，〈不軍不警如何捍衛東、南沙〉，《中國時報》，2011年4月26日，頁A15。

[15] 如越南與美國Exxon合資探戡開發。

[16] Office of the Secretary of Defense, *Military and Security Developments Involving the People's Republic of China 2010*, p. 39.

[17] Office of the Secretary of Defense, *Military and Security Developments Involving the People's Republic of China 2010*, p. 17.

隨著東北亞、東南亞、及南亞間的經貿動能大幅提升，日印、韓印等國的雙邊貿易，乃至於日印韓三強的崛起，也與南海息息相關。基於經濟乃國家權力和軍事能力的重要基礎之現實主義思維，渠等國家難免擔心一旦中共以航母戰鬥群掌控航經南海的海上交通線，將箝制日、韓、印等國的國力成長或妨礙其行動自由。

這類傳統安全威脅議題，由於涉及明確而具體之傳統國家安全利益衝突，乃以軍事安全為核心，且通常是以軍事武力作為談判的後盾，以及解決糾紛的最後手段。中共正積極經略南海，加強南海之空中優勢、擴充遠洋應急機動作戰部隊，及籌建首支航母打擊群，以威懾南海周邊國家，並排除或降低美軍對該區的影響力。[18] 隨中共航母於 2011 年 8 月初次試航，戰略安全研析社群咸認其航母戰鬥群成軍後最有可能部署於南海；與中共有利益矛盾的眾多國家，深恐此舉將改變亞太的權力平衡，不但紛紛擴建軍備，也積極尋求南海域外強權如美日印等國的干預，使南海戰略環境益發詭譎多變。儘管東協諸國與中共於 2011 年 7 月 20 日簽訂「落實『行為宣言』指導方針」（Guidelines for the Implementation of the DOC），但該協議欠缺實質約束力，對於舒緩區域緊張裨益甚微，整體戰略環境仍呈現惡化趨勢。

中共益發強勢的南海立場與措施，也讓南海迭起風波。例如：2012 年 5 月中共在新版電子驗證功能護照中，將九段線內的南海海域與臺灣劃入主權範圍，單方向國際社會宣示中共在南海的主權；[19] 2012 年 11 月，廣西、廣東、海南與福建四省的海

---

[18] 國防部，《中華民國壹百年國防報告書》，（台北：國防部，2011 年），頁 61。

[19] Jamil Anderlini and Ben Bland, "China Stamps Passports with Sea Claims," *Financial Times*, 2012, http://www.ft.com/cms/s/0/7dc376c6-3306-11e2-aabc

事部門，首度在南海進行跨區域聯合巡航，強化中共的南海主權；[20] 海南省第四屆人大常委會審議通過新修訂之《海南省沿海邊防治安管理條例》，規定了外國船隻與人員進入海南管轄海域時的管理措施，包括登船臨檢措施在內。[21] 2013 年 12 月初，中共海南省實施《中華人民共和國漁業管理辦法》，新規定外國人、外國漁船於休漁期間進入南海進行漁業生產或漁業調查活動，必須先獲中共國務院有關主管部門批准。北京的強勢，恰使域外強權的干預獲得合理化。

◎南海域外強權的干預主義

南海爭議的本質，除涉及上述海上傳統安全威脅議題外，更重大的問題是，如同前文提及，南海已成為中美權力轉移的核心競技場。處於美利堅治世的美國，面對快速崛起的中共，已開始思考未來的優雅退位（elegant decline）問題，企圖利用日本與印度牽制中共的擴張。[22] 南海諸聲索國復邀請美國介入南海議題，正好給予美國領導各相關國家共同牽制中共的機會。

美國的干預：本書第一章探討以美國為本位的南海政策時，發現美國隱然指控中共威脅其極端重要利益，如危害南海的自由

-00144feabdc0.html#axzz2v9CLZsqx (accessed March 10, 2013).

[20] 成嵐，〈中國四省區首次聯合巡航南海〉，《新華網》，2012 年 11 月 9 日，http://big5.xinhuanet.com/gate/big5/news.xinhuanet.com/world/2012-11/08/c_123929507.htm〉 (accessed March 7, 2013)。

[21] 海南省人民政府，〈海南省沿海邊防治安管理條例〉，《南海網》，2012 年 12 月 31 日，http://www.hinews.cn/news/system/2012/12/31/015302759.shtml (accessed March 7, 2013).

[22] Robert D. Kaplan, "Center Stage for the 21st Century Power Plays in the Indian Ocean," *Foreign Affairs*, Vol. 88, No. 2 (2009), p. 24.

航行及海上交通線的安全，衝擊美國進出南海周邊關鍵市場的自由，可能侵略美國在南海的盟國及友邦，儼然成為南海區域的敵對霸權；美國可能為捍衛其極端重要利益，而與中共開戰。本章前言提及美國 2010 年《四年期國防總檢討》中宣稱要與菲、印、馬、越等聲索國發展新夥伴關係，共同進行反恐、反毒、與支持人道救援行動。其實，當美軍與地主國共同進行非戰爭性軍事行動時，除了延伸美軍制海權之外，同時也是與地主國進行聯盟作戰；畢竟，戰爭性與非戰爭性軍事行動的指揮、管制、通信程序完全相同，只有指令內容不同。此意味美國自 2010 年起的國防戰略，企圖藉非正規作戰／非戰爭性軍事行動，與其他聲索國進行聯盟作戰。Bonnie Glaser 認為美國介入南海事務，形同為其他聲索國壯膽，鼓舞其支持美軍前沿部署進駐，並促成其與美國聯手共同抗衡軍力日益增長的中共。[23] 回過頭來，這又使中共感覺核心利益備受威脅，自然升高反應力道。中共強硬的南海立場、以及與其他南海聲索國之間民族主義的相互激盪，無疑提升了美國戰略再平衡的正當性與動能。

　　前文提及，2014 年 1 月底，日本「朝日新聞」披露中共考慮劃定南海防空識別區；儘管中共外交部駁斥此係日本右翼勢力的炒作，結果仍引發美國軍政要員紛紛警告。美國國務院發言人哈夫（Marie Harf）表示劃設南海防空識別區「將導致緊張情勢升級」。[24] 美國國防部發言人華倫（Steven Warren）表示，未聽聞新劃設南海防空識別區，但美國立場是不承認中國片面劃設的任

---

[23] Glaser, "Tensions Flare in the South China Sea."

[24] USDOS, "Marie Harf, Deputy Spokesperson, Daily Press Briefing," *US Department of State*, 2014, http://www.state.gov/r/pa/prs/dpb/2014/01/221118. htm (accessed February 6, 2014).

何防空識別區。[25] 2 月 5 日，美國主管東亞與太平洋事務助理國務卿 Daniel Russel 在對國會眾議院外交事務委員會的證辭中，聲明在東海與南海的航行及飛航自由（freedom of navigation and overflight）事關美國國家利益；另強調南海的海洋權益主張必須根據自然地貌（land features）而來，然而中共在南海所劃設「九段線」並非根據自然地貌，與國際法不符；更警告中共勿企圖在東海落實防空識別區，或另在亞太其他海域採取類似行動。[26]

此話形同美國首次公開以國際法為武器，駁斥中共在南海的「九段線」主張。太平洋總部指揮官洛克利爾上將則在 2 月 5 日與亞洲地區記者舉行電話連線記者會中，重申美國不承認中共的東海防空識別區，且不接受任何改變東海或南海現狀的行為。[27] 該等文武高官的聲明，意味美國將在南海與東海，為捍衛航行自由與飛航自由，不惜與中共開戰。

日本的干預：2011 年 9 月下旬，菲律賓總統艾奎諾三世（Noynoy Aquino III）訪日，日菲雙邊就加強南海安全合作達成共識。10 月下旬，越南國防部長馮光青訪日，和日本防衛相一川保夫簽署有關加強兩國防衛合作與交流備忘錄。11 月 18 日，在印尼峇里島的日本──東協峰會以 2003 年的「東京宣言」為基礎，在新宣言加入「海洋安全合作」草案，除呼籲早日制訂具有法律約束力的「行為準則」，並強調要促進和深化日本與東協在海洋安全領域的合作。峰會另通過「二○一一至一五年行動計畫」，提出五大策略：加強雙邊政治與安全合作、加強建立東協

---

[25] 林思慧，〈東海、南海 美不接受改變現狀〉，《中國時報》，2014 年 2 月 6 日，頁 A11。

[26] Russel, "Maritime Disputes in East Asia."

[27] 林思慧，〈東海、南海 美不接受改變現狀〉，頁 A11。

共同體的合作、提升日本與東協的連結性、加強防災合作、共同因應區域和全球挑戰；日本據此將與東協在海事機構及海岸警備隊訓練、訊息共享和能力強化等方面展開合作。[28] 2013 年 12 月 17 日，日本在其史上第一份《國家安全戰略》中，更矢言支持南海爭端國所倡議的南海「行為準則」（Code of Conduct, COC）；[29] 與區域國家共同致力維護海洋安全。[30]。

　　印度的干預：自 1990 年代迄 21 世紀初的十數年，印度積極實施「東望」政策（Look East Policy），致力與東亞及東南亞國家，密切發展經濟與商業關係，尤其是致力於提升戰略及安全合作。[31] 近年來，中共涉入巴基斯坦瓜達爾港（Gwadar）的建設發展，並積極參與亞丁灣的國際反海盜行動；在印度看來，這意味中共海軍擴張進入西印度洋，並企圖聯合巴基斯坦以頓挫印度發展海權的雄心壯志。因此，印度除有必要落實其「東望」政策外，更強化與區域強權的防衛合作，尋求在南海扮演舉足輕重的要角，藉此妨礙中共通往印度洋的行動自由。

　　印度對於南海採取全方位的干預措施，置重點於對中共以外之聲索國的經營，尤其是越南。因此，印度除在政治面向上，附和美國的和平解決南海爭議及自由航行主張之外，[32] 其軍事面向

[28] 林翠儀，〈南海爭鋒　東協對中包圍網成型〉，《自由時報》，2011 年 11 月 19 日，http://www.libertytimes.com.tw/2011/new/nov/9/today-int1.htm (accessed February 6, 2014).

[29] *National Security Strategy*, p. 24.

[30] *National Security Strategy*, pp. 16, 17, 24.

[31] Anna Louise Strachan, Harnit Kaur Kang, and Tuli Sinha, "India's Look East Policy: A Critical Assessment Interview with Amb. Rajiv Sikri," in *Southeast Asia Research Programme* (New Delhi: Institute of Peace and Conflict Studies, 2009).

[32] Chietigj Bajpaee, "Reaffirming India's South China Sea Credentials," *The*

的干預措施包括：欣然同意派遣海軍常駐南海、派遣海軍進行海上軍演、提供越南造艦經驗與人員訓練、提升越南海軍規模和實力（為其建造海洋巡邏船和攻擊快艇）、印越國防高層官員互訪。[33] 在越南海軍的多次邀請下，印度已然獲得在越南中部的芽莊港（Port Nha Trang）的永久碇泊權（permanent berthing rights），並對越南提供在潛艦作戰方面的訓練，甚至於擬向越南出口武裝。[34] 印度海軍此舉，有相當程度是為了抑制中共海軍駐紮在海南島三亞基地的核潛艦。越南方面則對於印度積極尋求在南海扮演重要角色，表達感謝之意。[35] 2013 年 11 月 20 日，在越共中央總書記阮富仲（Nguyen Phu Trong）前來新德里作國是訪問時，印度更與越南簽訂航空、打擊跨國犯罪、反恐、防衛合作資訊分享、財經交流、科技工業研發、學術交流、南海石油和天然氣探勘與開發、及熱能發展等多面向的重要合作文件。[36] 印越兩

Diplomat, 2013, http://thediplomat.com/2013/08/reaffirming-indias-south-china -sea-credentials/ (accessed March 6, 2014).

[33] JAISWAL, "India Invited by Vietnam to South China Sea " Defence Forum India, 2011, http://defenceforumindia.com/military-strategy/23019-india-invited-vietnam -south-china-sea.html (accessed Jul 22, 2011). 另參見"Vietnam Requests Indian Navy to Train Personnel," The Asian Age, 2013, http://www.asianage.com/india/ vietnam-requests-indian-navy-train-personnel-114 (accessed November 21, 2013).

[34] Bajpaee, "Reaffirming India's South China Sea Credentials."

[35] "Vietnam Appreciates India's Role in South China Sea," The Times of India, 2013, http://timesofindia.indiatimes.com/india/Vietnam-appreciates-Indias-role-in-South-China-Sea/articleshow/25991342.cms (accessed March 6, 2014).

[36] Ministry of External Affairs, "List of Documents Signed during the State Visit of Nguyen Phu Trong, General Secretary of Communist Party of Vietnam to India," Government of India, 2013, http://www.mea.gov.in/bilateral-documents. htm?dtl/22508/List+of+documents+signed+during+the+State+Visit+of+Nguy en+Phu+Trong+General+Secretary+of+Communist+Party+of+Vietnam+to+I ndia (accessed March 6, 2014).

國關係的綿密快速發展，無疑強化雙方的軍事合作關係；印度更因此提昇自身在南海的發言權及參與權，晉身成為南海的利害相關者。

　　由此可見，日本與印度，雖非南海周邊聲索國，卻因戰略利益與美國一致，於是大力襄助美國建構南海防線。尤有甚者，美國指控中共海軍海上作戰準則（Navy doctrine for maritime operations）所列六項攻勢與守勢作戰任務中，反海上交通線（anti-SLOC）即為其中之一；[37] 且中共將其所發展的「反介入／區域拒止」戰力延伸進入南海。[38] 美國藉此警告南海聲索國與南海域外中等強權，注意中共對於印度洋、麻六甲、印度洋－太平洋間等海域之交通線的掌控，並促使中共周邊海域鄰國與美國聯手對抗中共，[39] 襄助「戰略再平衡」。

◎東南亞再平衡樞紐：強化既有同盟與新夥伴關係

　　2011 年 1 月底，美國國防部發言人莫雷爾已表示美今後將「沿著太平洋盆地邊緣，尤其是東南亞地區，增強軍力部署」。

---

[37] 其餘五項包括封鎖、海陸攻擊、反艦、海上運輸維護、海軍基地防衛，見 Office of the Secretary of Defense, *Military and Security Developments Involving the People's Republic of China 2010*, p. 22.

[38] Senate Armed Services Committee (ed.), *Statement of Admiral Robert F. Willard, US Navy Commander, US Pacific Command, before the Senate Armed Services Committee on Appropriations on US Pacific Command Posture, 28 February 2012*, p. 9.

[39] John F. Bradford, "United States Maritime Strategy-Implications for Indo-Pacific Sealanes," in *Re-evaluating the Importance of Sea Lines of Communication (SLOCs) in the Asia Pacific Region* (New Delhi: Observer Research Foundation, 2011), pp. 5-6.

2011 年底，美國前國務卿柯林頓在〈美國的太平洋世紀〉一文中，指出美國與日本、韓國、澳大利亞、菲律賓、泰國的盟約是轉向亞太的支點。[40] 歐巴馬連任後，2013 年 6 月，助理國務卿日本問題專家羅素（Daniel Russel）在參議院任命同意聽證會中，指出東南亞構成「再平衡中的再平衡」（Southeast Asia as a whole, representing a "rebalance within the rebalance."）。[41] 鑒於東南亞乃美國戰略再平衡的核心，而南海爭議始終是美國東南亞安全的核心議題，美國正調整同盟重心，指向南海。

一、美日同盟

美國與日本在 2011 年 6 月的「2+2」會議中，首次將捍衛自由航行權，納入其共同戰略目標。[42] 當年 9 月，國務卿柯林頓與日本外相 Koichiro Gemba 強調維護南海航行自由的重要性。[43] 當中菲為黃岩島爭議高升緊張關係之際，2012 年 4 月 26 日的美日「2+2」會議中，兩國部長重申將在亞太地區強化美日同盟的嚇阻能力，並確認強化合作的新倡議：美國將幫助區域盟國與夥伴

---

[40] Clinton, "America's Pacific Century," p. 58.

[41] Daniel R. Russel, "Daniel R. Russel, Assistant Secretary-Designate, Bureau of East Asian and Pacific Affairs, Before the Senate Foreign Relations Committee," *US Senate*, 2013, http://www.foreign.senate.gov/imo/media/doc/Russel_Testimony. pdf (accessed March 7, 2014). 林正義，〈歐巴馬「再平衡」戰略及其對兩岸關係影響〉，「102 年戰略安全論壇」（政治大學國關中心：政治大學國關中心、國防大學，2013），頁 2。

[42] Office of the Spokesperson, "Joint Statement of the US-Japan Security Consultative Committee," *US Department of State*, 2011, http://www.state. gov/r/pa/prs/ps/2011/06/166597.htm (accessed July 16, 2012).

[43] Agencies, "Japan Steps into South China Sea Territorial Feud," *Indian Express*, 2011, http://www.indianexpress.com/news/japan-steps-into-south-china-sea-territorial-feud/849134/ (accessed July 16, 2012).

國建立訓練與演習能量，而日本則計畫採取各種措施，包括策略性使用諸如提供濱海國巡邏艇等發展協助措施。[44] 為此，日本將提供菲律賓 10 至 12 艘海上保安廳使用的巡邏艇。[45]

　　前文提及，日本的《國家安全戰略》、《防衛大綱》依附於美日安保；《防衛大綱》隱晦透露日本尋求融入美國的空海整體戰，發展對中共的彈道飛彈發射基地與相關設施進行反制攻擊的能力；《中期防衛力整備計畫》載明美日將再次修訂《日美共同防衛指針》，強化聯盟作戰的作業互通性。美日同盟的聯盟作戰整合度與操作互通性，迭創歷史新高；有利美日在中國周邊海域尋求全面的軍事管控權（見第四章第一節）。

　　日本海軍退役將領另透露，日本將致力協助東協國家發展人道救援暨災難救助行動能力。此意味日本將協助東南亞國家建立與美軍協同進行人道救援行動的軍事能量，提升東南亞國家與美軍進行聯盟作戰的作業互通性，亦即是日本協助美國將東協納為美空海整體戰部署的一環，俾利美國在南海極致延伸制海權，反制中共的「反介入／區域拒止」戰力。這並不意味一旦中共與美國在南海發生軍事衝突，日本必然捲入南海戰場；然而，日本很

---

[44] Office of the Spokesperson, "Joint Statement of the Security Consultative Committee," *US Department of State*, 2012, http://www.state.gov/r/pa/prs/ps/2012/04/188586.htm (accessed July 16, 2012).

[45] Jerry E. Esplanada, "Japan, SoKor, Australia to Help PH Improve Defense Capability－DFA," *Philippine Daily Inquirer*, 2012, http://globalnation.inquirer.net/37441/japan-sokor-australia-to-help-ph-improve-defense-capability-%E2%80%93-dfa (accessed July 15, 2012); Frances Mangosing, "Philippines to Receive 10 New Patrol Ships from Japan," *Philippine Daily Inquirer*, 2012, http://globalnation.inquirer.net/37265/philippines-to-receive-10-new-patrol-ships-from-japan (accessed July 15, 2012).

可能另外在東海主動開闢戰場，俾形成美日同盟以外線作戰之姿，迫使中共陷入兩面作戰、兵力分散的不利窘境。

2013 年 12 月上旬，中共航母遼寧號在南海進行首度操演，大陸事前曾在海事局網站公布禁航令及軍事活動相關水域各坐標點。5 日，美國太平洋艦隊導彈巡洋艦「考本斯號」（USS Cowpens, CG-63）對在南海演練的遼寧艦展開監控，並強行闖入遼寧號編隊的內防區；導致中共南海艦隊一艘兩棲船塢登陸艦前衝並擋在美艦前方，執意逼開美艦；隨後美艦艦長與中共遼寧艦艦長進行溝通後展開閃避動作，最終兩艦相距不到 500 公尺，險釀海事。[46] 同年 12 月 14 日，日本首相安倍晉三與東南亞國協領袖發表共同聲明，呼籲保障海上與空中的自由航行安全，以和平手段解決爭端。此形同美日共同刺激、拉攏中共周邊鄰國支持美日，強化美日安保在區域事務的主導權，尋求在南海海域的軍事管控權。

二、美澳同盟

澳大利亞向為美國最堅實的盟友。澳大利亞政府斷言，美國的持續駐軍，與日、韓、印、澳等盟國共同維繫安全夥伴網絡，並在西太平洋長駐強大軍力，最有助於維持亞太地區的戰略穩定。[47] 2011 年 11 月，美國歐巴馬總統宣佈將在澳洲北部達爾文（Darwin）港維持 2,500 名陸戰隊輪駐兵力，進行為期 6 個月的

---

[46] 藍孝威，〈南海對峙險相撞事件 陸：美艦強闖航母內防區〉，《中國時報》，2013 年 12 月 17 日，頁 A17；藍孝威，〈南海對峙險相撞事件 陸：美艦強闖航母內防區〉，《中國時報》，2013 年 12 月 18 日，頁 A15。

[47] Department of Defence, *Defending Australia in the Asia Pacific Century: Force 2030 (Defence White Paper 2009)* (Canberra: Department of Defence (Australia), 2009), p. 43.

訓練部署。[48] 這是自越戰撤軍以來，美國第一次在亞洲設立新的軍事據點；尤其，派遣海軍陸戰隊特遣隊臨近南海與麻六甲海峽等戰略要衝，呼應「空海整體戰」作戰構想第四階段的構想——藉由掌控麻六甲海峽以掌控作戰主導權；因此，美國派遣陸戰隊輪駐達爾文港乃一重要地緣戰略佈局。

此外，中菲黃岩島爭議延燒之際，澳大利亞計畫向菲律賓提供若干搜索救援艦艇，並在菲本土及海外為大量菲國部隊提供重要訓練。[49] 澳大利亞在其 2013 國防白皮書中明確表示，將持續提升與菲國（在聯戰行動方面）的作業互通性，並且已與菲國簽訂部隊訪問協定（VFA），以強化兩國在反恐及海上安全方面的雙方交流。[50] 學者 Benjamin Schreer 甚至主張，澳大利亞作為美國的親密盟友，可以在針對中共的空海整體戰中扮演積極角色。[51] 澳大利亞高度配合美國的戰略需求，無疑顯示澳大利亞堅定支持美國在南海所扮演的角色，也支持美澳同盟重心轉向南海。

三、美韓同盟

雖然美韓協防條約基本上是為了因應北韓威脅而設計，但有跡象顯示南韓有可能協助菲律賓強化針對中國的南海防衛態勢。菲律賓國防部次長馬納羅（Fernando Manalo）於 2013 年 4

---

[48] Kan, *Guam: US Defense Deployments*, p. 10.

[49] Esplanada, "Japan, SoKor, Australia to Help PH Improve Defense Capability －DFA."

[50] Department of Defence, *Defence White Paper 2013* (Canberra: Department of Defence (Australia), 2013), p. 60.

[51] Benjamin Schreer, *Planning the Unthinkable War 'AirSea Battle' and its Implications for Australia* (Australia: Australian Strategic Policy Institute, 2013), pp. 7, 31-35.

月下旬透露，南韓有興趣參加競標，為菲國承造兩艘巡防艦，並且有向菲國出售 12 架噴射戰鬥機的可能性。[52]

四、美菲同盟

　　2011 年 11 月，當總統歐巴馬宣佈派遣 2,500 名陸戰隊員輪駐澳洲達爾文港之際，國務卿柯林頓在停泊於菲律賓馬尼拉灣的美國飛彈巡洋艦上，重申美菲堅強軍事合作，並用「西菲律賓海」來稱呼南中國海。歐巴馬與柯林頓針對中共、分進合擊的暗示不言而喻。自從 2011 年後期起，美國海軍即計畫要藉提倡海域警覺（maritime domain awareness, MDA）之名，在菲律賓或泰國部署陸基 P-8A 海神（Poseidon）式海上巡邏機或無人廣域海上監偵機（maritime surveillance aerial vehicles）。[53] 2012 年 4 月初中菲爆發黃岩島爭議後，美菲繼月中舉辦第 28 屆「肩並肩」（Balikatan）軍演，月底更在華府舉辦首次「2＋2」會議，美國重申信守美菲協防條約。[54] 菲律賓國防部長蓋茲敏（Voltaire Gazmin）認為，美菲協防條約適用於在太平洋中遭受軍事武裝攻擊的菲國小島（如黃岩島）。[55] 美國海軍軍令部長葛林奈特上將於 2014 年 2 月

[52] Marlon Ramos, "PH Buying 2 Brand-New Warships," *Philippine Daily Inquirer* 2013, http://newsinfo.inquirer.net/399539/ph-buying-2-brand-new-warships (accessed May 26, 2013).

[53] Jonathan Greenert, "Navy 2025: Forward Warfighters," *Proceedings*, Vol. 137, No. 12 (2011), p. 20.

[54] Hillary Rodham Clinton, "Remarks With Secretary of Defense Leon Panetta, Philippines Foreign Secretary Albert del Rosario, and Philippines Defense Secretary Voltaire Gazmin After Their Meeting," *US Department of State*, 2012, http://www.state.gov/secretary/rm/2012/04/188982.htm (accessed May 4, 2012).

[55] Ritchie A. Horario, Jaime R. Pilapil, and Anthony Vargas, "'Prepare for War'," *The Manila Times*, 2012, http://www.manilatimes.net/index.php/news/top-

13 日，在菲律賓國防大學對學生發表演說，回應學生提問，表示如果菲律賓在南海爭議水域與中共發生衝突，美國將履行美菲協防條約義務，協助菲律賓。[56]

此外，美國在 2012 年 1 月就宣佈，打算與菲律賓商談，讓美國監偵機或海軍艦艇透過菲國基地進行輪駐。[57] 2012 年 6 月初，菲國政府告訴來訪的聯參主席鄧普西上將，歡迎美國部隊再度使用蘇比克灣及克拉克空軍基地。2013 年 4 月下旬，美菲舉辦第 29 屆「肩並肩」軍演，美國部隊已重新使用蘇比克灣及克拉克空軍基地，這已經為未來美軍部署陸基 P-8A 海神（Poseidon）式海上巡邏機或無人廣域海上監視機打開大門。美國甚至支持菲國政府發展區域災難管理及緊急應變機制，並在多國／多組織演習環境中，驗證美菲軍事性「人道救援暨災難救助」作戰概念。[58] 這意味美軍有意打造美菲同盟，使其在亞太扮演海軍外交的軸心。

菲律賓的蘇比克灣及克拉克空軍基地，因戰略位置及歷史因素（前美軍基地），在美國重返亞太政策中扮演重要角色；美菲針對使用菲國基地歷經四次磋商，因若干法律和菲律賓憲法等議題限制，兩國磋商在 2013 年 10 月時出現停滯狀態。然而，2013

---

stories/22594-prepare-for-war (accessed May 11, 2012).

[56] Agence France-Presse, "Navy Chief: US Would 'Help' Philippines In South China Sea," *Defense News*, 2014, http://www.defensenews.com/article/20140213/DEFREG03/302130031/Navy-Chief-US-Would-Help-Philippines-South-China-Sea (accessed March 6, 2014).

[57] Ronald O'Rourke, *Navy Force Structure and Shipbuilding Plans: Background and Issues for Congress* (Washington DC: Library of Congress, 2012), pp. 45-46.

[58] Armed Forces of the Philippines, "30 Aircraft, 3 Vessels Deployed for Balikatan 2013," *Noodls.com*, 2013, http://www.noodls.com/view/7AF373F2E9542424EC1FF6EEB6B295606CCADC22?9807xxx1364972406 (accessed 23 May, 2013).

年 11 月 8 日，超級強烈颱風「海燕」侵襲菲律賓，美軍立即在四天後進行「Operation Damayan」（Damayan 為菲律賓文，意即相互協助之意）行動，派遣喬治華盛頓號航空母艦（USS George Washington, CVN 73）等兵力前往實施賑災。美軍大力執行海燕賑災，彰顯美軍仁義之師的正面形象，促使雙方進行「新安全協定」協商，允許美軍更廣泛與長期使用菲國基地，儲存人道和海事行動所需的設備和物資，使停滯的基地使用議題重露曙光。

美國重返亞太的腳步，並沒有因為國家經濟不景氣而減緩；繼澳洲北部的達爾文港（Darwin）之後，更積極在亞太地區尋找落腳點，而這兩座「不陌生」的基地，正可補足美軍空海整體戰東南隅之一角。從地圖上觀之，美國海軍在日本橫須賀軍港、琉球、關島連線向南經南海至新加坡一線，因增加這兩座基地足以補足南海區域的海外基地缺口。

五、美泰同盟

前文提及，從 2011 年後期起，美國海軍即計畫要藉提倡海域警覺（MDA）之名，在菲律賓或泰國部署陸基 P-8A 海神式海上巡邏機或無人廣域海上監偵機。[59] 美國國防部也與泰國當局討論，要在越戰時期由美國所建、作為 B-52 轟炸機駐地機場的 U-Tapao 基地，創設一個區域性災難／救助中心；美國也有興趣派遣更多海軍艦艇訪問泰國港口，以及由美泰共同進行聯合監偵飛行任務，以監看經貿航線及軍事行動。[60] 駐防 P-8A 海神式海上巡邏機，自然是為了在南海進行反潛作戰及廣域海洋監偵任

---

[59] Greenert, "Navy 2025: Forward Warfighters," p. 20.
[60] Craig Whitlock, "US Seeks Return to Southeast Asia Bases " *The Washington Post*, June 23 2012, p. A01.

務。雖然美國最終選擇在菲律賓建立區域災難／救助中心,但在當前雙方關係良好的氛圍中,美泰未來仍有強化同盟的機會。

六、美印戰略夥伴關係

中共人民解放軍近年急速發展軍備,不僅令美、日等國緊張,連印度也大感憂慮,急速向美日靠攏。美印雙方基於共同的戰略利益,早在 2006 年即已簽訂「印美海上安全合作框架」(India-USA Framework for Maritime Security Cooperation)協定,兩國海軍有志一同要定期在海上及港口舉辦演習,以建立操作互通性及分享最佳聯戰實務。[61]

印度海軍於 2009 年 1 月向美國波音公司採購 8 架 P-8I 海王星(Neptune)長程海上巡邏機,這批飛機預於 2015 年全數完成交機。海王星長程海上巡邏機上配備雷神公司的 AN/APY-10 雷達,最適於作海上、濱海、及陸上監偵之用。印度購買這批飛機,是為了汰換俄製的老舊 Tupoley Tu-142Ms 機種。近期內,印度海軍還預計再購買 4 架 P-8s 型海上巡邏機。[62] 這筆交易不但意味美印雙方強化聯盟作戰的作業互通性,更意味美印海軍合作有指向南海的雄厚潛能。

2012 年 6 月,美國國防部長潘內達訪問新德里時,再度提及戰略再平衡,並呼籲深化美印防衛與安全合作;「特別是,我們將在從西太平洋與東亞延伸到印度洋與南亞的此一弧線上,擴展我們的軍事夥伴關係與我們的駐軍。美國與印度的防衛合作,是

---

[61] "What's Hot?—Analysis of Recent Happenings," 2008, http://www.indiadefence.com/MilEx.htm (accessed March 6, 2014).

[62] Rahul Bedi, "First P-8I Touches Down in India," *Jane's Navy International*, Vol. 118, No. 5, June, 2013, p. 5.

這一戰略的樞紐」。[63] 印度資深外交官透露，在所有參與美國亞太聯合軍演的夥伴中，無論就頻率或規模而言，印度都是最積極的。[64]

　　美國與印度的軍事演習，各自有各自的戰略考量。對美國而言，美印聯合軍演除例行性年度軍事交流演練外，也是向印度展示軍事裝備的性能，有利於向印度推銷美製軍武產品。再者，印度的軍事裝備約有近 70%是俄製裝備，美國同印度舉行軍事演習，可以深入瞭解俄製軍事裝備的性能。而俄羅斯也是中共重要的武器進口來源，印美軍演對於美軍透析中共軍事裝備的實力具有一定程度的助益。事實上，印度近年也配合美國的海軍外交，積極參與以人道救援為名的軍演，將於下文中作進一步探討。

七、新興美越戰略夥伴關係

　　2010 年 8 月，南海爭議緊張升高之際，美國海軍驅逐艦麥肯號（USS John S. McCain, DDG-56）與越南海軍進行了 4 天的交流，大部分的主要活動以運動及音樂為主。2011 年，美越簽署一份堪稱里程碑的備忘錄，涵蓋諸如高層對話交流、搜索救難、聯合國維和行動、軍事管理、與人道救援等議題。2011 年中，美越兩軍發動了一系列僅限於非戰鬥性訓練的海軍交流。2012 年 4 月下旬，中菲黃岩島爭議延燒之際，美國與越南舉行長達 5 天的聯合海軍演習，演練打撈與救災等訓練。[65]

---

[63] "Leon Panetta Calls for Closer Defence Ties with India," *BBC*, 2012, http://www.bbc.co.uk/news/world-asia-18336854 (accessed July 17, 2012). 中文由作者自行翻譯。

[64] 2013 年中，印度某資深外交官於研討會中向本文作者透露。

[65] "Vietnam Begins Naval Exercises with the US," *The Telegraph*, April 23 2012.

近年來，越南對美軍後勤艦艇開放港口設施，利其進行維修。迄今，美國數艘非戰鬥性的海上運輸指揮艦（maritime sealift command vessel）曾在金蘭灣（Cam Ranh Bay）港內維修。美國國防部長潘內達於 2012 年 6 月上旬訪問金蘭灣時說，對於遠從美國西岸航行來到太平洋港口或基地的美國軍艦而言，金蘭灣十分重要，「讓美國軍艦得以進入這（基地）設施」，是美越關係的「關鍵組成部分」；而且，我們看到了美越未來合作的龐大潛能。[66] 越南國防部長馮光清（Phung Quang Thanh）則在問題與研討期間答以：越南願在「不損害第三方」的情況下提升與美國的雙邊關係，且在最近的未來，看不到美國軍艦訪問金蘭灣的可能。總體而言，可以說越南將會與美國合作，但不致於與其建構聯盟關係。[67] 越南的反應或可歸納為「三不」政策：不出借港口作為外國基地、不可使用越南領土針對第三國、不建構軍事同盟關係。當前，越南為免得罪中共或美國，乃選擇與俄羅斯在極具戰略價值的金蘭灣強化海軍合作。

　　越南的三不政策以及選擇與俄合作，或許讓美國海軍失望，然而，美越備忘錄中載明的五個合作領域（高層對話交流、搜索救難、聯合國維和行動、軍事管理、與人道救援）議題，仍然深具前景；雙方的軍事合作，仍有可能適時提升到戰鬥性質。尤其，美越自 2012 起共同演練打撈與救災，意味兩國海軍已在為進行實質的聯盟作戰演習預作準備。

---

[66] "Pentagon Seeks Return to Long-Abandoned Military Port in Vietnam," *Los Angeles Times*, June 3 2012.

[67] Carlyle A. Thayer, "Hanoi and the Pentagon: A Budding Courtship," *US Naval Institute*, 2012, http://www.usni.org/news-analysis/hanoi-and-pentagon-budding-courtship (accessed June 16, 2013).

第二節　各項軍演的發展脈絡與實務

　　此區域年度重大聯合軍演包含：「金眼鏡蛇」（Cobra Gold）、「卡拉特」（CARAT）、「馬拉巴爾」（Malabar）、「肩並肩」（Balikatan）、「對抗虎」（Cope Tiger）、「對抗印度」（Cope India）及「魔爪幻象」（Talon Vision）等系列演習（軍演分布如下圖所示）。其在亞太重要軍演名稱與目的簡介分述如下：

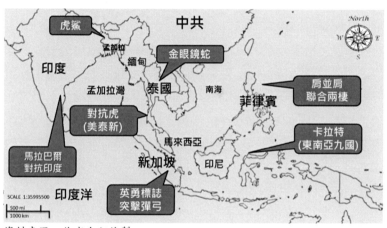

資料來源：作者自行繪製

圖 15　東南亞地區軍演分布圖

一、美、泰「金眼鏡蛇」（Cobra Gold）聯合軍演（年度）

（一）緣起

美、泰「金眼鏡蛇」聯合軍演，起始於 1982 年，為每年舉行乙次之年度重要軍演，屬聯合野戰訓練演習（FTX）層級。

（二）目的

演習成立初期僅限美、泰兩國參演，目的是在冷戰時期強化反共前線；後冷戰的前二十年間，意在軍事合作與維持區域穩定。[68] 歷年軍演內容與項目包括傳統安全威脅的搶灘登陸演習、部隊運送、搶灘攻擊、鞏固陣地、野戰訓練、指揮所演習等；非傳統安全威脅項目包含反恐、人道救援、災難救助、緝毒、維和行動（peacekeeping operations, PKO）等。檢視近幾年主要演練項目，除針對「傳統安全威脅」演練之兩棲登陸作戰外，隨著「非傳統安全威脅」升高，人道救援暨災難救助與海事相關安全合作等項目，已成為軍演核心。因此，近幾年「金眼鏡蛇」聯合軍演之目的，已由反共前線演變為美國強化與亞太盟邦軍事合作，參與地區軍事活動的手段，而這也成為美國立足於中南半島，實現軍事存在的最佳媒介。

---

[68] "Cobra Gold," *GlobalSecurity*, http://www.globalsecurity.org/military/ops/cobra -gold.htm (accessed March 4, 2014).

（三）近年發展趨勢

　　「金眼鏡蛇聯合軍演」自 2000 年起，由於新加坡首次參演，單純的美泰兩國雙邊軍演從此轉變為地區性聯合軍演；隨著參演國的增加，如今已發展成多邊、跨國的聯合軍演規模。

　　2013 年 2 月 11 日至 23 日，在泰國春武里（Chonburi）府軍事基地展開軍演，除了主辦國美、泰兩國外，日本、印尼、南韓、新加坡和馬來西亞等國參與，緬甸則首度以觀察員身份應邀參演，演習內容包括兩棲突擊、叢林戰、生化戰和人道救援（醫療協助與當地學校建設）等項目，參演人員多達 13,000 人。另外，汶萊、中共、紐西蘭、寮國、俄羅斯、南非、斯里蘭卡和阿拉伯聯合大公國等國家派遣觀察員觀摩。緬甸於 2013 年首次派遣觀察人員參與人道救援、災害回應和軍事醫療演練。[69] 2014 年，中共有別於以往派遣觀察員參與，本次派出廣州軍區 25 員官士兵實際參與，參與內容以援助和醫療救援為主，包括「指揮協調中心作業與推演、工程援助、醫療救護和軍事醫學研討交流活動」。[70]

---

[69] Daniel Sche, "Burma Observers Participate in US-Led Military Exercises in Thailand," *Voice of America*, 2013, http://www.voanews.com/content/burma-observers-participate-in-us-led-military-exercies-in-thailand/1601193.html (accessed March 4, 2014).

[70] "Chinese Troops Join US-Thailand Cobra Gold Military Exercises for the First Time," *Xinhuanet*, 2014, http://news.xinhuanet.com/english/video/2014-02/12/c_133109141.htm (accessed March 4, 2014).

二、美盟「卡拉特」（CARAT）聯合軍演（年度）

（一）緣起

代號「卡拉特」系列年度海上聯合軍演始於 1995 年，該軍演全名為「聯合海上戰備和訓練」（Cooperation Afloat Readiness and Training, CARAT），屬聯合野戰訓練演習（FTX）層級。

（二）目的

「卡拉特」聯合軍演，係由美國海軍主導、海軍陸戰隊與海岸防衛隊（USCG）共同參與，於每年年中開始，逐一各別與東南亞國家展開演習，演習旨在加強海上安全與強化雙邊的作業互通性，增進美軍與參演國間的軍事共同執行能力，參演國家包括菲律賓、泰國、新加坡、馬來西亞、印尼、孟加拉、柬埔寨、汶萊及東帝汶等 9 個國家；[71] 有各別建立雙邊關係、以「點」布局的軍事戰略意涵。

（三）近年發展趨勢

2012 年舉行第 18 次「卡拉特」聯合軍演，日期自 2012 年 5 月 17 日起至 11 月 25 日止，軍演科目包含海上攔檢行動、河防、兩棲與水下作戰、潛水和打撈作業、海軍火砲射擊，及災防應變操演，同時也著重於透過體育競賽和類似社會服務的民眾協助（civil assistance）任務（醫療、土木工程建築），藉此建立軍民

---

[71] Ray Mabus, "Remarks by Secretary of the Navy Ray Mabus USS FREEDOM (LCS-1) Arrival Singapore," *Department of the Navy*, 2013, http://www.navy.mil/navydata/people/secnav/Mabus/Speech/LCS1Arrival.pdf (accessed March 4, 2014).

關係，形塑美軍親民形象；演習內容涵括傳統與非傳統安全威脅面向。本次軍演除美國在亞太地區的傳統盟邦外，東帝汶是首次應邀加入演習行列，顯示美國的軍事觸角已悄然伸入。

三、美、印「馬拉巴爾」（Malabar）聯合軍演（年度）

（一）緣起

「馬拉巴爾」為印度西邊靠近阿拉伯海的一個縣，此名稱追朔自 18 世紀英國東印度公司（British East India Company）人員，融合當地土語 Mala（山丘之意）與 Puram（當地地域名稱），成為現今「馬拉巴爾」縣。[72] 印度與美國自 1992 年開始，即在西印度洋舉行以「馬拉巴爾」為代號的聯合軍演，屬聯合野戰訓練演習（FTX）層級。

（二）目的

「馬拉巴爾」聯合軍演旨在提高美印兩國協同作戰能力。由於印度在 1998 年進行核子試爆，引起美國強烈不滿，該軍演因而中斷。2001 年 9/11 事件爆發後，印度主動加入由美國主導的國際反恐陣營，於是自 2002 年起，美、印兩國恢復馬拉巴爾軍演，且規模逐年升級，軍演科目從基礎的海上戰術運動、海上整補操演，提升為類型作戰及協同航母打擊群共同執行作戰演練，尤其在 2006 年，美印在阿拉伯海進行了長達 14 天的馬拉巴爾聯

---

[72] "Malabar District," http://en.wikipedia.org/wiki/Malabar_District (accessed April 14, 2013).

合軍演，美國海軍以完整的遠征打擊群（Expeditionary Strike Group, ESG）編制參演。[73]

（三）近年發展趨勢

2007 年「馬拉巴爾 2007-1 演習」，美印在印度洋舉行的馬拉巴爾軍演，歷年來在印度西海岸舉行，而此次軍演首次將演習地點移師至印度東岸的水域——孟加拉灣（Bay of Bengal），這是該海域有史以來最大規模的海上軍演。此舉引發了中共的不悅，聲稱嚴重威脅了其與緬甸、孟加拉對於維護孟加拉灣海上安全的共同合作。

「馬拉巴爾 2007-2」首次加入其他三國（日本、澳大利亞、及新加坡）海軍艦艇，參演艦艇達到 25 艘之多，至此，雙邊海上演習演變成多邊海上演習，無論是規模還是複雜程度都大大提高。從地緣角度觀之，孟加拉灣鄰近麻六甲海峽，處於印度洋與東南亞水域的交匯地，它是經過賀爾姆茲海峽的油輪進入麻六甲海峽之前的必經之地，是亞洲各國的海上生命線。

隨著日本的加入，該演習範圍自西太平洋延伸至印度洋海域。2008，美國、印度及日本海軍，首次在日本沖繩以東海域舉行馬拉巴爾軍演。由於美國近年銳意介入亞洲事務，沖繩則被視為美國箝制、甚至進攻中共的戰略要點，此次軍演亦被外界解讀為三國高調聯手向中共示威。軍演科目除以往的科目外，開始加入反恐、反海盜科目，強化三國海軍間的協同作戰與維護海上安

---

[73] Joshua Martin, "BOXESG, Indian Western Fleet Complete Malabar '06," *Department of the Navy*, 2006, http://www.navy.mil/submit/display.asp?story_id=26575 (accessed March 23, 2014).

全能力。2011 年日本受到「311 海嘯地震災害」影響,並未參加此次軍演。

　　「馬拉巴爾－12 聯合軍演」,自 2012 年 4 月 7 日至 16 日為期 10 日在孟加拉灣舉行,演習科目從傳統的類型作戰到不對稱作戰、防空作戰、海空聯合反潛作戰及查訪、登臨、搜查、扣押(VBSS)等。[74] 較值得注意的是,4 月 13 日,美國海軍航母卡爾文森號(USS Carl Vinson, CVN-70)與印海軍艦隊油艦沙克堤(INS Shakti, A-57)號,進行海上整補(replenishment-at-sea, RAS)演習,這是有史以來第一次演練由印度海軍為美國航母加油。[75]

四、美、菲「肩並肩」(Balikatan)聯合軍演(年度)

(一)緣起

　　Balikatan 為菲國方言,意為「所有的努力」之意。該演習始於 1991 年,每年 3 至 5 月舉行,為期 2 至 3 周,是兩國諸軍兵種聯合兩棲作戰演習,屬聯合野戰訓練演習(FTX)。1995 年,美菲「部隊訪問協定」(Visiting Forces Agreement, VFA)屆期,且菲律賓憲法不允許外國軍事力量常駐菲國,雙方軍演因此中斷。

---

[74] Aguerry, "U.S., India Navies Partner for Maritime-Training Exercise," *US Navy*, 2012, http://navylive.dodlive.mil/2012/04/17/u-s-india-navies-partner-for-maritime-training-exercise/ (accessed March 7, 2014).

[75] Byron C. Linder, "Carrier Strike Group 1 Completes Exercise Malabar 2012," *US Pacfic Command*, 2012, http://www.pacom.mil/media/news/2012/04/18-Carrier-strike-group1-completes-exercise-malabar2.shtml (accessed March 7, 2014).

（二）目的

該軍演以「美菲協防條約」為依據，旨在增進美菲軍隊的軍事交流與合作，展現美國支持菲國抵抗外來勢力入侵，提高兩國軍隊在聯盟作戰條件下的計畫制訂、作戰準備、程序與互通性，檢驗兩國共同應對突發性事件特別是軍事衝突、自然災害的應變能力，以及支援美軍在亞太地區駐軍的快速反應和部署能力，同時表明美國支持菲律賓抵禦外部侵略的決心。軍演主要演練科目包括：叢林機動作戰、陸空協同作戰、空中格鬥、空中攔截、防空、對海攻擊、空中封鎖、近距離空支援、傘降、空投、民事支援、海上航渡、兩棲作戰、海上作戰、海上搜索與救難、電子戰、醫療援助、人道救援等。[76]

（三）近年發展趨勢

近年來，南海地區情勢日趨緊張，各聲索國紛爭不斷，凸顯出軍事實力的重要性。菲律賓軍事實力相對薄弱，寄望加強與美國的軍事合作，提高菲國軍力，進而維護菲國在南海的國家利益。因此，菲參議院在 1999 年 5 月 27 日通過了「部隊訪問協定」，再次允許美艦訪菲，「肩並肩軍演」也隨之恢復。自 2004 年起，該軍演已經移師中業島（Thitu Island）附近海域舉行，科目也由傳統的戰術合成、實彈射擊等改為守島、奪島、特種部隊突襲為主。

2011 年肩並肩雙邊聯合軍事演習，於 2011 年 4 月 5 日至 4 月 15 日舉行，美菲軍隊在麥格賽賽堡（Fort Magsaysay）舉行了

---

[76] "Exercise Balikatan Shouldering the Lord Together," *GlobalSecurity*, http://www.globalsecurity.org/military/ops/balikatan.htm (accessed March 7, 2014).

雙方迄今為止最大規模的野戰訓練演習（FTX），訓練科目包括簡易爆炸裝置防範、爆炸性軍械處理、實彈演練、意外事故疏散及傷員護理等科目，雙方參謀人員還在菲軍北呂宋聯合司令部舉行軍演。

2012 年美菲「肩並肩軍演」演練科目大致與以往相同，唯一不同的是加入「失島規復登陸作戰演習」，時值「中（共）菲黃岩島事件」；2012 年 6 月，菲國防部宣布，將讓美國重新啟用蘇比克（Subic Bay）和克拉克（Clark AFB）兩座海空軍基地。

2013 年 4 月 5 日至 4 月 17 日，舉行 2013 美菲「肩並肩軍演」，美軍派遣一個中隊的 F/A-18 超級大黃蜂戰機（Super Honey）及 MV-22 魚鷹機（Osprey）至克拉克空軍基地執行動靜態展示。美軍再次恢復使用該兩座基地，無疑對美軍介入南海事務的彈性與力度再加分，尤其此次 MV-22 魚鷹機抵菲參加軍演，以其 370 海浬的作戰半徑，當南海發生島嶼衝突時，魚鷹機可自克拉克空軍基地起飛，迅速投入「規復作戰」，縮短「反應時間」。

五、美、泰、新「對抗虎」（Cope Tiger）聯合軍演（年度）

（一）緣起

「對抗虎」聯合軍演，始於 1994 年，由美國、泰國、新加坡三國空軍共同參演，屬聯合野戰訓練演習（FTX）。

（二）目的

旨在通過任務計畫制訂、參謀訓練和指揮官決策演練，增進三國空軍對聯合空中作戰模式的瞭解。美軍官員表示，美、泰、新三國部隊將透過演習砥礪空戰技巧，加強相互瞭解，改善作戰部隊的戰備狀態，提升三國部隊協同作戰能力，進而促進三國之間的緊密的軍事合作關係。美軍官員也進一步強調，軍演的另一個目的是，履行美國政府對於保持在東南地區軍事存在，進而推動亞太地區和平與穩定的承諾。[77]

（三）近年發展趨勢

「2012 對抗虎聯合軍演」為第 18 次軍演，於 2012 年 3 月 12 日至 23 日舉行，為期兩周，地點在泰國呵叻（Korat RTAFB）皇家空軍基地，共有 92 架各式軍機（F-15、A-10、C-17、C-130），34 個陸基防空系統和 2,000 多人共同參與，軍演科目包含空中作戰計畫制訂與實兵、多機種／多空層空戰演練、不同機種對抗空戰訓練（DACT）、戰術空投（Tactical Airdrop Training, TAT）、大兵力部署訓練（large force employment training）、電子戰訓練、戰術空中運輸（Tactical Airlift）、搜索與救難（SAR）等；另外在該基地附近學校與社區進行基本醫療保健及牙科服務等人道暨民眾協助（humanitarian and civil assistance, HCA）。[78] 演習領域涵跨傳統及非傳統安全威脅。

---

[77] David Herndon, "Cope Tiger Trilateral Exercise in Full Swing," *GlobalSecurity*, 2012, http://www.globalsecurity.org/military/library/news/2012/03/mil-120313 -afns01.htm (accessed March 7, 2014).

[78] David Herndon, "U.S.-Thailand-Singapore Airmen Strengthen Ties during Cope Tiger 12," *US Pacific Air Force*, 2012, http://www.pacaf.af.mil/news/story.asp? id=123294164 (accessed March 7, 2014).

六、美、印「對抗印度」（Cope India）聯合軍演（不定期）

（一）緣起

「對抗印度」聯合軍演是美國和印度兩國空軍共同參演的聯合空中演習，在 2004 年首度舉行，屬聯合野戰訓練演習（FTX）。

（二）目的

軍演的主要目的為加強美印雙邊軍事合作關係，協助印度創造「安全協作環境」，增進美印雙方空軍對於彼此的深入瞭解。軍演科目包括：不同機種對抗空戰訓練（DACT），印度空軍參演機種有幻象 2000（Mirage-2000）、米格-21（MIG-21）、米格-27（MIG-27）、蘇愷-30（Su-30）及美洲豹（Jaguar）攻擊機；美空軍則派出 F-15、F-16 戰機。[79]

（三）近年發展趨勢

「對抗印度」聯合軍演分別於 2004、2005、2006 及 2009 年舉行，迄今僅舉辦過四次。從戰術角度來看，印空軍正進行大規模改革，計畫對除 Su-30MKI 之外的所有現役戰機進行深度改造，而與美軍先進戰機同台操練，有利於其找出弱點，明確未來改進的方向。

---

[79] "Cope India," *GlobalSecurity*, http://www.globalsecurity.org/military/ops/cope-india.htm (accessed March 23, 2014).

七、美、菲「魔爪幻象」（Talon Vision）聯合軍演（每年）

（一）緣起

代號「魔爪幻象」聯合軍演是美國海軍陸戰隊和菲律賓三軍共同參演的聯合軍演，屬聯合野戰訓練演習（FTX）。2002 年 10 月首度舉行的「魔爪幻象」聯合軍演，緣起於美國後 9/11 時代，當時菲律賓因其南部有恐怖份子作亂，而被美國國防部列為高恐怖威脅國家之一。2002 年 10 月 2 日，菲國三寶顏市（Zamboanga City）發生恐怖炸彈攻擊，一名美國綠扁帽成員因而喪命；17 日，又發生第二次恐怖炸彈攻擊，造成 149 名人員傷亡；此兩次恐怖攻擊事件為 10 月 11 日至 26 日首度舉行的「魔爪幻象」軍演，增添正當性。

（二）目的

「魔爪幻象」聯合軍演的主要目的，著重於強化雙邊戰鬥整備和作業互通性，並強化指揮官與營級參謀共同進行決策程序的訓練。經歷年的演變，軍演科目涉及廣泛，包含查訪、登臨、搜查、扣押（VBSS）、地面與空中部隊強化輕武器射擊、叢林野戰、火砲射擊、高／低空跳傘、夜間叢林作戰、鑽油平台防護訓練（oil platform protection training）、參謀計畫演習等；另外一項軍演的重點，即為人道暨民眾協助，包含牙醫照護、醫療服務、小型手術、學校與社區營建服務等。[80]

---

[80] "Talon Vision," *GlobalSecurity*, http://www.globalsecurity.org/military/ops/talon-vision.htm (accessed March 7, 2014).

（三）近年發展趨勢

「魔爪幻象」聯合軍演自 2002 年起，每年舉行一次，每年舉行的規模不盡相同；美軍按例派遣駐日第七艦隊兩棲登陸群（Amphibious Ready Group, ARG）艦艇、陸戰隊海空兵力參演，菲國則派遣三軍兵力及菲國海軍特種作戰隊（Philippine naval special operations group, NAVSOG）共同參演。

自 2006 年起，該軍演名稱改為「魔爪幻象及兩棲登陸軍演」（Talon Vision and Amphibious Landing Exercise （PHIBLEX）06），該名稱延用至 2009 年止，自 2010 年起使用「兩棲登陸演習」（PHIBLEX）迄今。

2012 年 10 月 8 日展開年度美菲聯合兩棲登陸軍演（PHIBLEX 2013），美軍兩棲突擊艦「好人理察號」（USS Bonhomme Richard, LHD-6）搭載美國海軍陸戰隊第 31 遠征隊（31st MEU），與菲國軍方展開為期 10 日的演習，演習地點遍佈呂宋島各重要軍事基地及野戰訓練場，包含蘇比克灣、丹轆省（Tarlac）、邦板牙省（Pampanga）、甲米地省（Cavite）、新怡詩夏省（Nueva Ecija）及三描禮士省（Zambales）；軍演內容包含聯合兩棲登陸演習、叢林野戰、火砲射擊，並與菲律賓軍方聯手進行人道救援、災難應對方案、海事安全與社區營建服務等。[81] 此軍演與「肩並肩」和「卡拉特」（聯合海上戰備和訓練）聯合軍演，合稱美菲年度三大軍演。

---

[81] Karen Blankenship, "Bonhomme Richard ARG, 31st MEU Begin PHIBLEX," *US Pacfic Command*, 2012, http://www.pacom.mil/media/news/2012/10/09-bonhomme_richard-arg-31stmeu-begin-phiblex.shtml (accessed March 7, 2014).

第三節　東南亞戰略態勢的形塑與意涵

　　美軍聯合東南亞諸國，及日、澳、韓、印等國，在東南亞及南亞所進行的主要軍演（詳如下表），明確呼應華府歷年重要安全文件所確認的主要傳統安全威脅－中共軍力擴張、與南海爭議。

表九　東南亞軍演統計表（2012-2013 年）

項次	演習名稱	參與國家	傳統安全	非傳統安全
1	金眼鏡蛇 Cobra Gold 13	美泰韓新日、印尼、馬來西亞（中共派遣觀察員）	兩棲登陸作戰	野戰求生、人道撤離、災害防救、軍事醫療、人道救援暨災難救助、社會服務（醫療、建築）
2	聯合海上戰備和訓練 CARAT 12	菲、印尼、泰、新、馬來西亞、孟加拉、柬埔寨、汶萊及東帝汶	海上攔檢行動、河防、兩棲與水下作戰、潛水和打撈作業、海軍火砲射擊	災防應變操演、社會服務（醫療、建築）
3	馬拉巴爾 Malabar 12	美印等國	海上控制和封鎖、兩棲作戰、反潛作戰和水面作戰訓練、射擊訓練、防空訓練以及搜尋訓練、不對稱作戰、登臨行動	反恐、打擊海盜、人道救援暨災難救助
4	肩並肩 Balikatan 13	美菲	陸空協同作戰、聯合兩棲作戰、海上作戰、海上搜索與救援、野戰訓練、特種部隊突襲	民事支援、醫療援助、人道救援暨災難救助

5	對抗虎 Cope Tiger 12	美泰新	空中作戰計畫制訂與實兵、多機種／多空層空戰演練、不同機種對抗空戰訓練（DACT）、戰術空投（TAT）、大兵力部署訓練、電子戰訓練、戰術空中運輸、搜索與救援（SAR）	基本醫療保健及牙科服務等民眾協助（HCA）
6	對抗印度 Cope India	美印	聯合空中實兵對抗空中作戰計畫制訂與實兵、多機種、多空層空戰演練不同機種對抗空戰訓練（DACT）	無
7	英勇標誌 Valiant Mark	美新	城市與區域安全場景演練、聯合實彈射擊	無
8	突擊彈弓 Commando Sling	美新	聯合空中實兵對抗	無
9	虎鯊 Tiger Shark	美、孟加拉	無	反恐、打擊暴力極端主義、醫療訓練、步槍射擊、建築工事經驗交流
10	魔爪幻象 Talon Vision	美菲	聯合兩棲登陸演習、輕武器射擊、叢林野戰、火砲射擊、高／低空跳傘、夜間叢林作戰、鑽油平台防護訓練、參謀計畫演習	人道救援暨災難救助、災難應對方案、海事安全與社區營建服務

來源：作者自行綜整

　　美軍在東南亞及南亞地區的雙邊／多邊軍演，不論就演習頻率、規模、與陣容而言，都迭有增加；許多原本雙邊演習，轉型為多邊演習。隨著美國的戰略重心轉向亞太，美國海軍在該地區的軍事演習從「點」的布局，逐漸擴張串聯成「線」，最終冀望編織成「面」；令人聯想起馬漢的教誨：海軍戰略的首要考量為，那些位置或位置的鎖鏈足以影響海洋控制；最重要考慮：這些因素（基地、目標、作戰線）都環繞一個對海洋區域構成戰略關鍵的位置。易言之，美國藉由一連串的軍事演習，逐步在東南亞（尤其是針對南海）地區取得基地，調校同盟國與新興夥伴國（針對中共）的防務目標，並編織綿密的聯盟作戰網絡，落實戰略再平衡。

美國要「重返亞洲」、對亞太「戰略再平衡」以因應中共的崛起，必須借重非傳統安全威脅議題，爭取地主國政府及人民支持、接受美國的非正規作戰行動，俾利美國達成延伸制海權的隱藏議程。綜觀美軍近年於東南亞及南亞地區所主導的軍演，除美印「對抗印度」聯合空中演習外，其餘「金眼鏡蛇」、「卡拉特」、「馬拉巴爾」、「肩並肩」、「對抗虎」、「魔爪幻象」等涉及諸多南海聲索國的雙邊／多邊演習，皆新加入因應非傳統安全威脅而進行的非正規作戰演練項目，諸如：人道撤離、災害防救、軍事醫療、反恐、打擊海盜、人道暨民眾協助等，且執行廣度與深度有逐漸增加的趨勢。此意味美國引導日澳菲印等國發展海軍外交，並朝向南海匯聚中；美國正針對南海，大力貫徹自 2010 年以來的國防戰略－藉非正規作戰／非戰爭性軍事行動之名，與其他聲索國行聯盟作戰之實。以此作為訴求，具體提升雙邊聯合作戰之默契與作業互通性，進而演練「傳統安全威脅」項目，諸如：空中對抗、兩棲登陸、反潛作戰和水面作戰、陸空協同作戰、特種作戰等正規聯合軍事演練；以此觀之，美軍與東南亞諸國所進行的非正規作戰演練，就更具備防範中共崛起所帶來威脅的意義。

簡言之，美國的制海權已經延伸進入南海內緣；近年間南海區域的國際關係，已因以美國為首之域外強權的介入，正進行一波結構性的重組。

小結

就東南亞地區而言，美國在歷年重要安全文件中，所確認的主要安全威脅來源，始終以中共為焦點，尤其是涉及中共的台海與南海議題。就此地區的地緣戰略而言，雖然台海議題趨於緩和，但南海爭議的惡化，促使美國必須貫徹戰略再平衡。美國的南海政策已隱然透露可能為捍衛所謂的極端重要利益，而與中共開戰；自 2010 年起，美國更尋求藉由非正規作戰，與其他南海聲索國進行聯盟作戰。中共益發強勢的南海立場，與其他聲索國的民族主義相互激盪，又提升了戰略再平衡的動能。美國另藉由指控中共意圖掌控印太兩洋間之海上交通線，促使周邊國家與美國聯手對抗中共，襄助「戰略再平衡」。

強化既有同盟與新夥伴關係，誠為美國在東南亞貫徹戰略再平衡的樞紐。鑑於東南亞乃美國戰略再平衡的核心，而南海爭議始終是東南亞安全的核心議題，美國正調整同盟重心，指向南海。就美日同盟而言，日本將以協助東南亞國家建立人道救援能力為名，提升其與美軍進行聯盟作戰的作業互通性，亦即是協助美國將東協納入美國空海整體戰的一環；美日更共同刺激、拉攏中共周邊鄰國支持美日，強化美日安保在區域的主導權，尋求在南海海域的軍事管控權。就美澳同盟而言，澳大利亞堅定支持美國在南海所扮演的角色，也支持美澳同盟重心轉向南海。就美菲同盟而言，美軍有意打造美菲同盟，使其在亞太扮演海軍外交的軸心。就美印戰略夥伴關係而言，美印雙方強化聯盟作戰的作業互通性，意味美印海軍合作有指向南海的雄厚潛能。就新興美越戰略夥伴關係而言，美越自 2012 年起共同演練打撈與救災科目，意味兩國海軍已在為進行實質的聯盟作戰演習預作準備。

　　研究美國在東南亞地區所主導之各項軍演的發展脈絡與實務，發現美軍聯合東南亞諸國及日、澳、韓、印等國，在東南亞及南亞所進行的主要軍演，明確地尋求因應中共軍力擴張與南海爭議。美國藉由一連串的軍演，逐步在東南亞、尤其是南海地區取得基地，調校同盟國與新興夥伴國（針對中共）的防務目標，並編織綿密的聯盟作戰網絡，落實戰略再平衡。尤其，詳細研究眾多主要軍演中的非正規作戰演練項目，透露美國正引導日澳菲印等國的海軍外交，向南海匯聚；而且積極地藉非正規作戰之名，與其他聲索國行聯盟作戰之實。美國的制海權已經延伸進入南海內緣；近年間南海區域的國際關係，已因以美國為首之域外強權的介入，正進行一波結構性的重組。

CHAPTER 6

美國主導的環太及其它軍演

> *"...Without a decisive Naval force we can do nothing definitive – and with it, everything honorable and glorious."*
>
> George Washington to Marquis de Lafayette, 15 Nov. 1781

美國在歷年重要安全文件中，將環太平洋及其它亞太地區歸屬於亞洲，並未特別為環太平洋的安全另闢蹊徑。然而，中共的軍力擴張－尤其是中共海軍的擴張，是美國對東北亞及東南亞之安全的共同關切焦點。從地緣戰略來看，東北亞的黃海與東海議題、及東南亞的南海議題，僅是中共展現海軍軍力的兩隅；黃海、東海、與南海，也僅只是中共海洋戰略所定義的近海。對中共而言，所有的海域主權與資源爭議都在近海；如果中共僅是經營近海，不足以撼動美國的亞太霸權。因此，美國戰略再平衡佈局的終極關注，自然在於中共海洋戰略的願景與其遠洋海軍的進程。

　　中共將海洋戰略定義為：「國家統籌海洋國土和國際水域開發利用的方略。從屬於國家戰略」。[1] 探討中共海洋戰略的演變，能相當程度地反映其國家戰略思維的發展梗概與趨勢。對中共而言，近海由於充滿重大利益衝突與強烈恩怨情仇，僅能反映其海洋戰略光譜之一端；要持平地掌握中共海洋戰略的全貌，必須以探討中共對於包括環太平洋在內、較無爭議的遠海經營為輔，才能合理地詮釋其內涵，並進而研判中共海洋戰略思維的演變趨勢。對於美國而言，也才能為其再平衡戰略設定適切的目標，投入適當的資源，並採取適切的手段。

---

[1]　張序三編，《海軍大辭典》（北京：上海辭書，1993）。

第一節　再平衡的地緣戰略動能與樞紐

◎中共海洋戰略：捍衛「和平發展」

　　1978 年 12 月 22 日第 11 屆中共中央委員會三中全會確立共黨的工作路線由階級鬥爭轉變為經濟改革，[2] 奠定中國大陸改革的基調，也揭開「和平發展」的序幕。自鄧小平以降的歷任最高領導人，包括當今的習近平，皆不斷重申自改革開放以來，中國堅持走和平發展道路，對內堅持經濟建設為中心、致力改善人民生活；對外堅持獨立自主外交政策、防禦性國防政策，維護世界和平。[3] 依此可論斷和平發展是自 1978 年以來，迄今中共一向堅持的大戰略或國家戰略。

　　「和平發展」及經濟改革開放的國家戰略，促使中共的經濟利益走向國際貿易，連帶對外貿易逐年大幅增長，使得中共於 1980 年代初期開始重視海上交通線的安全問題，陸權思維也因海上經貿需求的刺激而開始朝海權思維轉變。

　　1980 年代時期，前蘇聯海軍總司令高希科夫（Gorshkov）所主導走向海洋攻勢戰略也開花結果。劉華清上將既是鄧小平的摯友，也是高希科夫執教蘇聯海軍官校時的學生，乃於 1985 年提議將中共海軍的任務由「近岸防禦」調整為「近海防禦」，復於

---

[2]　Xiaoping Deng, "Socialism with Chinese Characteristics and the Development of Marxism in China," http://www.puk.de/de/nhp/puk-downloads/socialism-xxi-english/35-socialism-with-chinese-characteristics-and-the-development-of-marxism-in-china.html (accessed September 12, 2010).

[3]　例如，胡錦濤 2006 年 4 月 21 日於 Yale 大學演說辭。2004、2006、2008、2010、2013 年等歷年國防白皮書，亦皆矢言中國堅持走和平發展道路。

1989 年更改為「積極近海防禦」（offshore active defense）。[4] 劉華清修正所謂近海的概念從 12 浬領海擴展為 300 萬平方公里海域，包括黃海、東海、南海、南沙群島及臺灣、沖繩島鏈內外海域，以及太平洋北部的海域。[5]

劉華清並定義中共的「海軍戰略」為區域防禦型戰略，主張中共海軍必須分階段達成不同的戰略目標：第一階段：在今後一個較長時期內，掌控第一島鏈與沿島嶼的外沿海區，以及島鏈以內的黃海、東海、南海海域；此區為中共領土主張、自然資源、及近岸防禦等重大國家利益水域。第二階段：掌控從太平洋北部至第二島鏈的東亞廣大海域，或至少達成拒止（denial）的目標；採積極防禦戰術、敵進我進思想。[6]

美國國防大學教授 Bernard Cole 認為，劉華清擘劃的中共「海軍戰略」應有第三階段，其戰略目標為：在 2050 年之前，成為全球性或至少是泛太平洋區域的海軍（或稱遠洋海軍）。[7] 劉華清在其個人回憶錄中，並未指出達成目標的明確時程；然而，Bernard Cole 參酌其他中華民國專家的意見，斷言達成第一、二、三階段的時程，分別為 2000、2020、2050 年。[8] 此進程的時間表，後續又演化出不同版本。中共的第一、二島鏈，如下圖所示。

---

[4] Ian Storey and You Ji, "China's Aircraft Carrier Ambitions: Seeking Truth from Rumors," *Naval War College Review*, Vol. 57, No. 1 (2004), pp. 77-78.
[5] 劉華清，《劉華清回憶錄》（北京：解放軍出版社，2004），頁 434-35。
[6] 劉華清，《劉華清回憶錄》，頁 437。
[7] Bernard Cole, *The Great Wall at Sea: China's Navy Enters the 21st Century* (Annapolis: Naval Institute Press, 2001), pp. 166-67.
[8] Cole, *The Great Wall at Sea*, pp. 166-67.

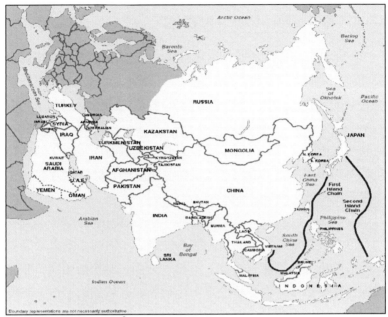

來源：中共軍力報告書[9]

圖 16　中共島鏈示意圖

　　毛澤東所謂「量變產生質變」，或同樣適用於中共國力的成長及海洋戰略的演變。中共自 1978 年底經改以來，國力大舉成長；導致 2000 年代初，中共內部出現「和平崛起」的論述；但北京為消弭挑戰現存美國霸權體系、權力轉移的疑慮，重新強調堅持走「和平發展」的道路。話雖如此，但亙 1990 及 2000 年代，中共國防現代化進展快速，海洋／海軍戰略的演變脈絡反映出「和平發展」的基調，本質上已悄然發生轉變。

---

[9]　Office of the Secretary of Defense, *Military and Security Developments Involving the People's Republic of China 2011*, p. 23.

◎中共海洋戰略：轉向「摩擦崛起」？

劉華清所擘劃的中共「海軍戰略」，原本係缺乏明確時程的模糊概念，但近年中共軍力快速成長，致使北京政軍領導階層立場更強硬且更具自信；官方色彩濃厚的香港文匯網，乃賦予海軍戰略明確的進程：「到 2010 年為止，確立第一島鏈內的制海權，使其內海化，到 2020 年確保第二島鏈內的制海權，並且在 2040 年成為可以遏制美國海軍在太平洋和印度洋支配權的力量」。[10]本書將此稱為文匯版的海軍戰略進程。

中共 2004 與 2006 國防報告書，完全未提遠海作戰。近年，中共面對美中海洋戰略競合動能的加劇，一方面必須以鞏固第二階段的近海防禦能力為重；[11]另一方面，為仿傚美國藉非傳統安全威脅議題／非戰爭性軍事行動爭取區域國家合作，展現負責任大國的形象，中共必須以強化第三階段的遠洋行動能力為輔。2008 國防報告書首度指出：「全面提高近海綜合作戰能力、戰略威懾與反擊能力，逐步發展遠海合作與應對非傳統安全威脅能力，推動海軍建設整體轉型」。中共於 2008 年底派艦護航亞丁灣、基本晉身成為遠洋海軍；同時於 2009 年初提出「利益邊疆」論，指出解放軍必須使用海上軍事力量保衛國家海洋權

---

[10] 文匯論壇，〈2040 年北京將全面部署太平洋〉，《香港文匯報》，2013 年 6 月 26 日，http://bbs.wenweipo.com/viewthread.php?tid=564464&page=1&authorid=309587 (accessed November 27, 2013)。

[11] 劉華清所定義的近海，不只 12 浬領海，包括黃海、東海、南海、南沙群島及臺灣、沖繩島鏈內外海域，以及太平洋北部，面積達 300 萬平方公里的海域。中共要達成在第二階段所謂「近海積極防禦」目標，顯然並非易事。

益；意味中共海軍為維護其全球的經貿利益，必須到全球執行任務。[12]

2010 國防報告書指出：「海軍按照近海防禦的戰略要求，注重提高綜合作戰力量現代化水平，增強戰略威懾與反擊能力，發展遠海合作與應對非傳統安全威脅能力」；……「組織艦艇編隊遠海訓練，建立非戰爭軍事行動訓練模式」。該文件列舉投入國際災難救援和人道主義援助，及中外軍隊聯演聯訓的成果。以上顯示中共除以建設近海防禦能力為重外，藉非傳統安全威脅議題／非戰爭性軍事行動、強化遠洋行動能力已成既定目標。

中共在 2012 年 11 月的十八大文件中，揭櫫發展成為海洋強國的重大政策目標。2013 年 3 月中習近平當選國家主席及軍委會主席後，「習李體制」確立，對中共國家大政負起完全責任。4 月中，中共發佈 2013 年國防報告書──《中國武裝力量的多樣化運用》，重申建設海洋強國是國家重要發展戰略。該報告書第一節為「新形勢、新挑戰、新使命」，具體指出與發展海權政策相關的客觀環境挑戰，與主觀原則任務，其中最值關注者，首推「人不犯我，我不犯人；人若犯我，我必犯人」的政策原則。此成語乃抗日戰爭期間毛澤東所訂定中國共產黨對待國民黨的鬥爭原則之一。在中共歷年的國防報告書中從未出現，本年乃首次使用此一強烈措辭。此意味中共在崛起的進程中，一方面固仍宣稱堅持走和平發展的道路，另一方面已確立必要時採取「摩擦崛

---

[12] 平可夫，〈從索馬里反海盜看中國建立全球遠洋海軍的意圖〉，《漢和防務評論》，No. 53, 2009，頁 54-55。Andrei Chang, "PLA Navy to Guard China's Global Interests," *UPI Asia*, 2009, http://www.upiasia.com/Security/2009/02/20/pla_navy_to_guard_chinas_global_interests/1570/ (accessed September 13, 2010).

起」的路線。鑒於中共捍衛「核心利益」的立場益發強勢，很可能視情況在「和平崛起」與「摩擦崛起」的不同路線中切換。

「摩擦」的概念，最早乃由中共海軍少將楊毅提出；他認為未來中共與世界關係的互動，可概分為「摩擦期」、「調整期」、與「適應期」。[13] 中共國防大學危機管理中心副教授趙景芳博士，在《中共和平崛起語境下的四大戰略誤區》一文中，對「和平崛起」一詞進行反思，並指出自改革開放以來，中共的崛起將經歷三個重要階段：一是 20 世紀最後 20 年的準備期，國際摩擦處於隱性的階段；二是 21 世紀初 20 餘年的摩擦期，快速崛起導致國際摩擦處於顯性的階段；三是 20 餘年後的均衡期，國際社會終將接納新崛起的中共，國際秩序重新達致均衡。他認為中共正進入至少長達 20 年、非和非戰的摩擦崛起階段，必然要經歷這種戰略性的摩擦考驗；只有堅持必要的鬥爭與對抗，才能顯示維護國家根本利益的決心與能力，迫使對方收斂。[14] 另根據香港《經濟日報》報導引述，中共外交部核心智囊透露，過去十年中國崛起招徠外界熱炒「中國威脅」；「韜光養晦」的外交戒律換不到國際寬容，顯然已無法應對國際戰略環境的變化，中國外交政策因此必須進行大轉型；2012 年中菲黃岩島之爭中，主張採取強硬立場因應的正是習近平；習上台後更提出「新型大國關係」，其概念乃是要讓世界接受並習慣中國已強大的事實。[15] 易言之，「新型大國關係」與「摩擦崛起」兩項概念，本質上並無二致。

---

[13] 楊毅，〈中共應有新的外交風骨〉，《多維新聞》，2012 年 5 月 15 日，http://opinion.dwnews.com/big5/news/2012-05-15/58734038.html （accessed March 7, 2014）。

[14] 趙景芳，〈中國和平崛起語境下的四大戰略誤區〉，《海峽評論》，No. 264，2012 年 10 月 1 日，頁 28-31。

[15] 白德華，〈打破大美國格局 習強勢外交 中美歐俄並肩〉，《中國時報》，

2013 國防報告書除重申近海防禦的戰略要求、注重提高近海綜合作戰力量現代化外，新增「維護海外利益」論述，更斷言：「隨著中國經濟逐步融入世界經濟體系，海外利益已經成為中國國家利益的重要組成部分，海外能源資源、海上戰略通道以及海外公民、法人的安全問題日益凸顯。開展海上護航、撤離海外公民、應急救援等海外行動，成為人民解放軍維護國家利益和履行國際義務的重要方式」。中共顯已感受到類似美國促進全球商業利益的動機；自然進一步尋求建構保障海外利益的海上優勢能力。此意味該文件已隱約勾勒出中華治世的雛型，也預示中共將以更具自信地與美中進行海洋戰略的競合。其中強化遠洋行動能力的要點包括：

一、「提高遠海機動作戰、遠海合作與應對非傳統安全威脅能力，增強戰略威懾與反擊能力」；

二、「推進海上安全合作，維護海洋和平與穩定、海上航行自由與安全」；

三、「拓展遠海訓練。海軍探索遠海作戰任務編組訓練模式，組織由新型驅護艦、遠洋綜合補給艦和艦載直升機混合編成的遠海作戰編隊編組訓練，深化複雜戰場環境下使命課題研練，突出遠程預警及綜合控制、遠海攔截、遠程奔襲、大洋反潛、遠洋護航等重點內容訓練」。

四、「通過遠海訓練組織帶動沿海有關部隊進行防空、反潛、反水雷、反恐怖、反海盜、近岸防衛、島礁破襲等對抗性實兵訓練」；

2014 年 2 月 6 日，頁 A13。

五、強調海軍與海監、漁政部門多次舉行海上聯合維權執法演習
　　演練，以維護海洋權益；
六、末尾列舉近年投入國際災難救援和人道主義援助，及中外軍
　　隊聯演聯訓的成果，再次重申積極參與國際安全合作。

　　習李體制下的 2013 國防報告書，固可視為劉華清所擘劃海洋
／海軍戰略的自然發展結果，但本書歸納出「採取摩擦崛起、維護
海外利益、強化遠洋能力」等三點，與前朝胡溫體制時代的四份
國防報告書殊異，可視為習李體制下中共海洋／海軍戰略的特色。

　　這些特色，為前述文匯網的海洋／海軍戰略進程勾勒清晰的
步驟。更具體地說，在摩擦崛起的戰略思維指導下，自 2008 年
以來強調鞏固近海戰略威懾與反擊能力的論述，密切呼應文匯版
海軍戰略的第一階段目標「確立第一島鏈內的制海權，使其內海
化」的海洋戰略。而在延續摩擦崛起的戰略思維指導下，「維護
海外利益、強化遠洋能力」等工作要項，儼然服膺於文匯版海軍
戰略第二、三階段的目標－「到 2020 年確保第二島鏈內的制海
權，並且在 2040 年成為可以遏制美國海軍在太平洋和印度洋支
配權的力量」。

　　簡言之，探討中共海洋戰略的演變脈絡，發現習李體制下的
國家戰略思維正由「和平發展」轉向「摩擦崛起」。為有效支持
「維護海外利益、強化遠洋能力」等工作要項，中共海軍刻正仿
傚美國，藉人道救援任務參與國際合作及軍演，擴展國際影響
力，包括 2013 年 4 月出席美菲「肩並肩」軍演的「人道救援暨
災難救助」兵棋推演；9、10 月中共派遣 3 艦參訪美澳紐三國，
與 12 國進行聯合演練搜索救難等海上訓練；[16] 此外，在美國國

---

[16]　Martin Sieff, "China, Australia, New Zealand, U.S. Naval Exercises Strengthen

防首長邀請之下,中共應允參加「2014環太平洋」軍演的人道救援相關演習。[17] 此預示美中兩國的非戰爭性軍事行動之戰鬥性與非戰鬥性雙軌任務,將在南海及環太平洋交鋒,增加兩國海洋戰略的競合動能,為區域和平穩定平添詭譎氣氛。

◎中共在南太諸島國的佈局

近年來,崛起的中共為達成以國家利益為導向的現實主義之外交政策目標,試圖採用自由主義的策略,將外交觸角向南太平洋地區延伸。[18] 有學者認為,中共要發展成為真正的海權,就一定要在太平洋島國中建立遠洋補給基地,將海軍實力擴展到這些國家及海域。此一觀點,常因世人聚焦於中共西向能源的「珍珠

Partnerships," *Asia Pacific Defense Forum*, 2013, http://apdforum.com/en_GB/article/rmiap/articles/online/features/2013/10/16/china-australia-drills (accessed 10 December, 2013). 中共艦隊參訪美國時,參與美國海軍的聯合操演,在夏威夷及聖地牙哥外海共同進行搜索救難、軍事醫療、通信、管路修繕、救火等海上訓練。

[17] 事實上,受限於美國「2000 年國防授權法案」(National Defense Authorization Act 2000),雙邊藉軍演尋求合作的深度有限。美國的國防授權法案第1201節中規定,美國國防部長無權同意可能傷害美國國家利益的美、中軍事交流,該法案明訂美軍不可與中國解放軍在下列12個領域進行接觸,包括:(1)武力投射運作;(2)核武運作;(3)先進聯合武器與戰鬥運作;(4)先進後勤運作;(5)化學與生物,或其他大規模毀滅性武器防範運作;(6)偵察監視運作;(7)聯合戰略實驗與其他與戰爭轉型的活動;(8)軍事太空運作;(9)先進武裝部隊的作戰能力;(10)軍售或軍事相關技術的轉移;(11)提供機密性或限制性的資訊;(12)接觸美國國防部實驗室。根據國防授權法案,在美國主辦的軍演中,受邀的中共僅限於參與海上安全、軍事醫療、搜索救難、與人道救援暨災難救助等項目。

[18] 李明峻,〈日本的南太平洋政策〉,《台灣國際研究季刊》(Taiwan International Studies Quarterly), Vol. 3, No. 3 (2007),頁 113-14。

鍊戰略」（String of Pearls）而不被重視；中共經略太平洋的擘畫，早在 1998 年 2 月，時任中共駐斐濟大使徐明遠應邀參加區域機構協調委員會在蘇瓦（Suva，斐濟首府）召開關於建立對話關係的討論會，開啟中共官方在太平洋諸島國的政經觸角；2006 年 4 月 5 日，中共針對政經貿易、農業、旅遊運輸、金融、工程與基礎設施建設、自然資源與人力資源等領域，與太平洋諸島國簽訂具體的「中國－太平洋島國經濟發展合作行動綱領」（China - Pacific Island Countries Economic Development Cooperation Programme of Action），[19] 以先政經後軍事的模式，拓展中共在環太平洋地區實質軍事關係而鋪路。因此，中共努力經營與太平洋邦交國的關係，為成為藍水海軍鋪路。[20]

胡錦濤時期，中共初以人道主義理由發展實質軍事關係；但自 2008 年 5 月開始，合作內容升級，培訓太平洋島國軍事人才成為重點，並開始提供金援與軍備予太平洋島國；由於中共綿密地經營軍事交流（重要事件如下表），使得太平洋上擁有正規部隊之南太三島國－東加王國、斐濟、與巴布亞紐幾內亞，成為中共在太平洋上軍事突破點，建立起軍事合作關係，超越單純的人道合作與軍事交流。[21]

---

[19] 中華人民共和國商務部，〈中國──太平洋島國經濟發展合作行動綱領〉，2006，《中華人民共和國商務部網站》，http://www.google.com.tw/url?q=http://big5.mofcom.gov.cn/gate/big5/file.mofcom.gov.cn/article/gkml/200804/20080494312083.shtml&sa=U&ei=r9c0U4LpMsqCkQXJm4CQBg&ved=0CCYQFjAB&sig2=yBfm4wnMdE8aHthTjqdmqw&usg=AFQjCNERjkCp3uDiM9JRPWi9GvXL3GMrEQ (accessed March 10, 2014)。

[20] 林廷輝，〈首屆南太平洋國防部長會議評析〉，《戰略安全研析》，No. 98（2013），頁 51。

[21] 林廷輝，〈首屆南太平洋國防部長會議評析〉，頁 51-52。

表十 中共與南太島國政軍交流一覽表

年月日	軍事交流事件
2005.07	共軍資助巴布亞紐幾內亞「陶拉馬軍營」(Taurama Defence Barracks) 軍醫部門升級計畫
2005.09	中邀巴國防部長古巴格 (Matthew Gubag) 訪中；國防部長曹剛川表達簽署雙邊軍事協定意願
2008.08	斐濟總理白尼馬拉馬 (Voreqe Bainimarama) 訪問北京參加奧運，與中達成諸多軍事交流默契
2008.11	中共贈予東加王國價值 50 萬美元軍用卡車，也承諾未來將贈予軍機
2009.07	巴布亞紐幾內亞軍事指揮官伊勞 (Petr Ilau) 訪問中共尋求軍事合作
2009	斐濟陸軍指揮官也表示將與中共及俄羅斯等國進行軍事結盟
2010.08	斐濟總理白尼馬拉馬再次訪問中共並與胡錦濤會面，公開表示有計劃將疏遠該國和澳大利亞、紐西蘭及美國的傳統盟友關係，轉向強化和中共的外交聯繫
2010.0922	中共國防部軍事代表團訪問斐濟，與斐濟國防部長加尼勞 (Ratu Epeli Ganilau) 會談 (該團非首次訪問斐濟，兩國軍事交流與合作已行之多年；加尼勞本人曾訪中共並參加軍事訓練課程)
2011.05	中共承諾 600 萬人民幣軍援東加王國國防部，作為未來兩年的軍事設備採購用途，首艘船艦將在 8 月抵達東加
2012.09	中共全國人大常委會委員長吳邦國訪問斐濟，分別會見了斐濟總統及總理
2013.02	巴布亞紐幾內亞國防部長訪問中共，中共提供 200 萬美元以購買裝甲車、運兵車和制服；巴國國防部長稱，未來軍事力量將在十年內達到目前軍力的五倍之上，同時也會要求中共協助維護巴國軍方營區游泳池與健身房

資料來源：首屆南太平洋國防部長會議評析[22]

　　就地緣戰略而言，巴布亞紐幾內亞緊鄰澳洲北部，斐濟與東加則位於紐西蘭北方約 2000 公里處；巴、斐、東三島國介於第二島鏈與夏威夷群島之間，可視為中共向太平洋延伸影響力、擴張行動自由的灘頭堡。從交流內容來看，中共的軍事外交旨在使該等國家疏遠與美、澳、紐的關係，而與中共強化軍事結盟。由

---

[22] 林廷輝，〈首屆南太平洋國防部長會議評析〉，頁 51-52。

此觀之，當前中共與南太平洋島國間的政軍交流，乃是尋求「確保第二島鏈內的制海權，遏制美國海軍在太平洋和印度洋支配權」之中長程佈局的一環。

然而，由於南太平洋島國混雜於美國及其盟國（英、法、澳、紐）所擁有的島嶼及前進基地之間，或者更精確地說，由於該等島國四周被屬於美國陣營的前進基地所包圍，即使中共未來在此區建立遠洋基地，恐也只能在承平時期滿足前文所提「利益邊疆」論的民族主義虛榮；一旦發生軍事衝突，過份延伸的交通線徒然使自身陷於險境，實際作戰價值堪虞。

◎環太再平衡樞紐：強化美日澳同盟

本書第一章提及，美國海軍戰爭學院教授認為，中共「人不犯我，我不犯人；人若犯我，我必犯人」的論述，其實屬投機主義性質。言下之意，美國將持續秉持霸權穩定論的思維，強化美國與盟國及防衛夥伴間的防衛合作，貫徹「戰略再平衡」，以因應中共崛起的挑戰。

中共在南太地區擴張影響力，引發日本與澳大利亞的關注，並力圖加以反制。日本自 1997 年起，積極參與太平洋島國論壇（Pacific Islands Forum, PIF）。自 2003 起，日本向太平洋島國提供無償援助及技術合作；2006 年，對太平洋地區提供無償政府開發援助；日本更與澳大利亞、紐西蘭三國發表共同聲明，願意經援南太平洋島國。[23] 日本首相安倍晉三在 2013 年 12 月 26 日參拜完靖國神社後，決定在未來兩年內，將分次走訪位於南太平洋諸

---

[23] 李明峻，〈日本的南太平洋政策〉。

島國，祭拜二戰期間戰死的日軍亡魂，並將積極推進對這些國家的政府援助與經濟支援政策。[24]前者引發二戰受害國－中共與南韓－的強烈抗議，對內被視為激化民族主義或軍國主義復辟的具體行動，後者則可視為與中共在南太平洋島國間的戰略競逐。此舉顯示日本在面對中共軍事力量崛起劍拔弩張之際，更能催化修改日本憲法第九條的力度。

2013 年 5 月，首屆南太平洋國防部長會議（South Pacific Defence Ministers' Meeting, SPDMM）召開之際，澳大利亞擔任主導角色，會後發布「聯合公報」（Joint Communiqué），就太平洋安全事宜的協調與相互運作機制，與各國軍事部門達成共識；學者林廷輝認為成立南太國防部長會議之戰略意涵，包括：一、配合美國的戰略再平衡；二、反制中共的軍事交流作為；三、弱化南太島國「北望政策」（look north policy）之成效，尤其是對中共的仰仗。[25]

由此可見，日本與澳大利亞向來是美國在亞太地區最忠實的盟友，兩國主動密切監視中共對環太的軍事外交動態並尋求反制。由於日、澳兩國在環太平洋地區對中共構成犄角之防衛態勢，美國將持續倚賴兩國為其分憂解勞，並強化美日澳同盟以反制中共在環太的經營與挑戰。

---

[24] "Japan PM Shinzo Abe Visits Yasukuni WW2 Shrine," *BBC*, 2013, http://www.bbc.co.uk/news/world-asia-25517205 (accessed March 7, 2014).

[25] 林廷輝，〈首屆南太平洋國防部長會議評析〉，頁 47-48, 52-54。

第二節 各項軍演的發展脈絡與實務

　　此區域年度重大聯合軍演包含：「環太平洋」（RIMPAC）、「護衛軍刀」（Talisman Saber）、「勇敢之盾」（Valiant Shield）、「可汗探索」（Khaan Quest）、「黎明閃擊」（Dawn Blitz）、「太平洋馳援」（Pacific Reach）及「太平洋鏈結」（Pacific Bond）等系列演習（軍演分布如下圖所示）。環太平洋及周邊重要軍演名稱與目的介紹分述如下：

資料來源：作者自行繪製

圖 17　環太平洋及其它地區軍演分布圖

一、美盟「環太平洋」（RIMPAC）聯合軍演（每兩年一次）

（一）緣起

「RIMPAC」為「Rim Pacific」的縮寫，顧名思義為環太平洋國家在該海域實施軍演，該演習始於 1971 年，最初為每年舉行一次，自 1974 年起改為每兩年舉行一次，2012 年為第 23 次，屬聯合野戰訓練演習（FTX）及參謀演習（STAFFEX）。

（二）目的

在冷戰時期，環太平洋演習旨在彰顯西方國家間的團結，而 1991 年波斯灣戰爭之後，該演習的目的則轉變為提高美國海軍與盟國海軍的協同作戰能力，提升應對環太平洋地區發生衝突與爭端的共同應對能力，諸如：中共武力犯台、朝鮮半島情勢、島嶼爭端之局部軍事衝突。演習除了實彈射擊、兩棲作戰、水下打撈與爆破、登臨拿捕、水雷作戰、海上救援、空中加油及傳統海上類型作戰科目。2000 年，美國海軍首次將人道救援加入演習內容。[26] 近年，又加入打擊海盜等非正規作戰科目。2010 年，美國海軍指派兩艘濱海戰鬥艦，從事地震、颱風等非正規作戰／非戰爭性軍事行動。

---

[26] "Rim of the Pacific Exercise (RIMPAC)," *GlobalSecurity*, http://www. globalsecurity.org/military/ops/rimpac.htm (accessed March 10, 2014).

（三）近年發展趨勢

美、日等 22 國於 2012 年 6 月 27 日至 8 月 2 日在夏威夷珍珠港舉行「2012 環太平洋聯合軍演」。[27] 參演兵力包括 40 餘艘戰艦與潛艇、200 餘架軍機和 2 萬 5 千多人參演，為世界最大規模演習。參演國家以美國為首，包含其傳統盟邦澳大利亞、加拿大、紐西蘭、英國、智利、哥倫比亞、法國、印尼、日本、馬來西亞、荷蘭、秘魯、新加坡、韓國、泰國等。另外，中共、厄瓜多爾、印度、墨西哥、菲律賓及俄羅斯等國為觀察員，惟僅參與計畫層級，未實際派遣艦艇。據美國國防部發言人 Catherine Wilkinson 中校表示，2014 年，「中共將受邀參與環太平洋演習，惟基於保護美國海軍軍事科技、戰術戰法與程序等較敏感議題，中共海軍將僅限於參與海上安全、軍事醫療及人道救援等項目」。[28] 美軍想藉此提升雙邊關係、強化軍事透明度、及避免中共誤判情勢。

值得一提的是，這次聯盟特遣部隊（combined task force, CTF）指揮層級，由澳大利亞皇家海軍斯圖爾特・梅耶（Stuart Mayer）少將擔任海上部隊指揮官，加拿大皇家空軍的邁克爾・胡德（Michael Hood）將軍擔任空中部隊指揮官，在操作層面上，此舉顯現美國海軍與盟國海軍在聯盟作戰方面，作業互通性已有相當精進。

---

[27] Ernesto Bonilla, "RIMPAC 2012 Concludes," *Department of the Navy*, 2012, http://www.navy.mil/submit/display.asp?story_id=68817 (accessed March 10, 2014).

[28] Phil Stewart, "China to Attend Major U.S.-Hosted Naval Exercises, But Role Limited," *Reuters*, 2013, http://www.reuters.com/article/2013/03/22/us-usa-china-drill-idUSBRE92L18A20130322 (accessed March 10, 2014).

二、美、澳「護衛軍刀」(Talisman Saber) 聯合軍演（每兩年）

（一）緣起

「護衛軍刀」聯合軍演始於 1992 年，前身為「串列衝擊(Bold Thrust)」演習，1993 年於關島舉行後改為每兩年一次，由美澳兩國輪流主辦。2005 年起整合「串列衝擊」、「翠鳥（Kingfisher）」與「鱷魚（Alligator）」演習，軍演代號更名為「護衛軍刀」演習。[29] 每兩年（單數年）由軍演名稱可判別出當次軍演主導國（Saber/Sabre，美／澳），屬聯合野戰訓練演習（FTX）。

（二）目的

演習的主要目的是強化美、澳兩國各軍種間聯合作戰的契合度，共同捍衛澳大利亞領土與雙邊國家利益。[30] 演習地點位於澳洲淺水灣訓練場（Shoal water Bay Military Training Area）以及關島與北馬里亞納群島等基地；演練科目包含聯合特種作戰、跳傘訓練、兩棲登陸作戰、城鎮作戰、空中作戰、反潛作戰、實彈射擊、危機處理與反應計畫作為、反恐作戰等，並備便進行人道救援任務。[31]

---

[29] "Talisman Saber," *GlobalSecurity*, http://www.globalsecurity.org/military/ops/talisman-saber.htm (accessed March 10, 2014).

[30] "Talisman Saber."

[31] U.S. Pacific Fleet, "Talisman Saber 2013," *United States Navy*, 2013, http://www.public.navy.mil/surfor/Pages/TS2013.aspx#.UyrTg_mSwZ5 (accessed March 22, 2014).

（三）近年發展趨勢

2011 年，澳軍首次使用由美軍協助建立之「聯合戰區電腦兵棋系統」（Joint Theater Level Simulation, JTLS），進行「2012 護衛軍刀演習」指揮所 （CPX）層級演習。「2013 護衛軍刀演習」由美軍主導，於 2013 年 7 月 15 日至 8 月 6 日間，於美國及澳洲等多處不同地點的訓練場舉行；大約 18000 美軍及 9000 名澳軍參演。2013 年的演習中，美澳合作演練防空演習（air defense exercise, ADEX），驗證海上及空中作戰，遂行聯盟參謀作業以因應緊急作戰及人道救援任務中的危機行動規劃。[32]

三、美「勇敢之盾」（Valiant Shield）三軍聯合演習（每兩年）

（一）緣起

所有美軍在亞太的演習中，勇敢之盾與臺灣的關係最密切，除了地理上演習區域是在離臺灣甚近的關島外，這項演習當初在 2006 年首次舉行時，就是為了因應台海危機而設計；屬聯合野戰訓練演習（FTX）。

（二）目的

演習的重點是加強美國海軍、空軍、陸軍、海軍陸戰隊和海岸防衛隊的快速反應與跨軍種聯合作戰，整合空中、海上、陸地及網路（cyberspace）作戰能力，聚焦於軍種間共同執行海上偵

---

[32] "Talisman Saber."

測、追蹤與接戰、陸上大範圍作戰任務，建立彼此的信任以因應任何形式的挑戰。[33]

（三）近年發展趨勢

2006 年勇敢之盾（Valiant Shield 2006）三軍聯合演習，共派遣 280 架軍機、30 艘艦船，參演兵力達 22,000 餘人，軍演範圍自阿拉斯加向南橫跨太平洋，較特別的是共有三個航母打擊群同時參演（CSG 5/Kitty Hawk、CSG 9/Abraham Lincoln、CSG 7/Ronald Reagan），軍演內容涵跨空中、水面、水下、陸上作戰、指管通資情監偵（C4ISR）、網路作戰等全面向作戰。派遣觀察員國家有印度、新加坡、日本、澳大利亞、韓國、俄羅斯、印尼和馬來西亞，當時美軍還破天荒特別邀請中共軍事代表團（一行十人）參與兵推（war game）與觀察演習，向中共展示軍力的目的不言而喻；另一方面亦向北韓發射大浦洞二號（Taepodong-2）飛彈作出回應。

2010 年勇敢之盾演習，美軍特別從駐日美軍基地調派大批機艦和兵力前來參演，除原本部署在日本的喬治華盛頓號航母戰鬥群（CSG 5/George Washington）外，還有駐防在日本佐世保（Sasebo）的艾賽克斯號（USS ESSEX, LHD-2）兩棲突擊艦第 11 海軍陸戰分遣隊，以及日本岩國基地的第 12 海軍陸戰隊航空兵大隊等。一般認為，美軍臨時決定讓勇敢之盾軍演再起，與美軍重返亞洲的戰略佈局有關，更與向中共展示軍力脫不了關係，只不過這次演習的想定區域，不是在目前氣氛和諧的台海，而是

---

[33] Lance Cpl. Brianna R., "Exercise Valiant Shield Kicks Off," *GlobalSecurity*, 2012, http://www.globalsecurity.org/military/library/news/2012/09/mil-120915-nns01.htm (accessed March 10, 2014).

在南海區域，美軍關島安德森空軍基地的地圖上就明確標示，空軍只要 3 小時就可迅速抵達南海。

2012 年 9 月 11 日至 19 日在關島近海舉行第四次勇敢之盾軍演，軍演內容包含海上攔截、防空、反水面、反潛、情報、監視、偵察及指管，此次部署於關島安德森空軍基地的「全球之鷹」無人偵察機也加入演習；人道救援首次列入軍演項目。[34]

四、美、蒙「可汗探索」（Khaan Quest）聯合軍演（年度）

（一）緣起

由美、蒙兩國於 2003 年 9 月首次舉行「可汗探索軍演」，每年定期舉行一次，屬聯合野戰訓練演習（FTX）。

（二）目的

演習目的為使美、蒙參演部隊達到作業互通性的戰術水準，以執行「聯合國維和任務和反恐作戰」為訓練目標；演習科目內容包含檢查通關、巡邏、搜查、目標安全保衛、營級指揮部訓練、野外排級戰術訓練、醫療救助訓練演習（Medical Readiness Training Exercise, MEDRETE）、人道暨民眾協助以及建築工事經驗交流等；自 2006 年起發展為多國軍演。[35]

---

[34] U.S. Pacific Fleet Public Affairs, "Joint Forces to Conduct Valiant Shield Exercise," *US Pacfic Command*, 2012, http://www.pacom.mil/media/news/2012/09/06-joint-forces-conduct-vs_exercise.shtml (accessed March 10, 2014). Lance Cpl. Brianna R., "Exercise Valiant Shield Kicks Off."

[35] USARPAC, "Exercise Khaan Quest," *GlobalSecurity*, 2010, http://www.globalsecurity.org/military/library/news/2010/08/mil-100805-arnews01.htm

（三）近年發展趨勢

「2012 可汗探索」聯合軍演於 2012 年 8 月 11 日至 23 日，於蒙古國武裝維和支援中心（MAFPSC Ulaanbaatar, Mongolia）舉行，主要軍演項目包含營級指參訓練、排級反制爆裂裝置訓練、巷道作戰訓練，參演國有蒙古國、美國、英國、印度、南韓、日本、加拿大、澳大利亞、德國、法國、新加坡和紐西蘭等國的 1,000 餘人參演，中共、俄羅斯和哈薩克派遣觀察員參加。[36]

事實上，美國一直希望將蒙古納入其亞太軍事戰略體系之中。美國利用與蒙古舉行聯合軍事演習的機會，在蒙古境內設立了雷達監測和電子監控站，加強向蒙軍提供維和訓練、英語教學，在邊境地區提供無線電通訊和工程支援。美國汲汲營營與蒙古建立軍事同盟關係，其意涵為美國一旦與中共開戰，美國可從蒙古秘密基地派遣特種部隊，截斷中俄石油管道，破壞京哈鐵路，切斷東北與內地交通，使中共北邊有事，陷入背腹受敵的困境。

(accessed March 13, 2014).

[36] Michelle Brown, "Khaan Quest 2012 Opening Ceremony Demonstrates Strength of Multinational Relationships," *US Army*, 2012, http://www.army.mil/article/85459/Khaan_Quest_2012_opening_ceremony_demonstrates_strength_of_multinational_relationships (accessed March 13, 2014).

五、美、日、加、紐「黎明閃擊」（Dawn Blitz）聯合軍事演習（年度）

（一）緣起

美軍代號為「黎明閃擊」聯合軍演，始於 2010 年，每年 6 月份舉行，屬聯合野戰訓練演習（FTX）。該演習的前身為「核心閃擊」（Kernel Blitz）軍事演習，始於 1990 年代、止於 2001 年；[37]「黎明閃擊」聯合軍演是以「核心閃擊」軍事演習為發展基礎的「聯合兩棲作戰」軍演，參演規模包含海軍兩棲特遣部隊（ATF）及海軍陸戰隊遠征旅（MEB）組成之兩棲作戰遠征兵力。

（二）目的

隨新式尖端軍事載具的快速發展，兩棲登陸不再侷限於傳統灘岸登陸方式，空中機降、氣墊登陸載具（Landing Vehicle, Air-cushioned）等快速兵力投射方式，已成為現代化兩棲作戰的高效利器。美國海軍陸戰隊自 1950 年仁川登陸後，從此未曾實施大規模兩棲登陸作戰，對於搶灘登陸的本能逐漸疏於演練；美國遂於 2010 年起，由海軍第三遠征打擊群（ESG 3）與陸戰隊第一遠征旅（1st MEB）共同參演，於美國南加州彭德爾頓基地（Camp Pendleton）及南加州近海海空域舉行「黎明閃擊」聯合軍演。演習目的在提升海軍與陸戰隊雙方共同執行兩棲作戰能力、戰技磨合與程序驗證，使「藍水－綠水團隊」（blue-green team）

---

[37] Donald Walton, "Dawn Blitz 2013: Training for Strength," *Department of the Navy*, 2013, http://www.navy.mil/submit/display.asp?story_id=71675 (accessed March 13, 2014).

結合成一體。[38] 演練科目包含：兩棲突擊登陸、掃雷作戰、實彈射擊、海上預置兵力訓練與海上作戰行動等。在大西洋端，美國海軍與陸戰隊在 2012 年也舉行與「黎明閃擊」類似性質的「勇敢短吻鱷」（Bold Alligator）聯合軍演，然而在參演兵力僅投入 8 艘艦艇及約 500 名陸戰隊員登陸兵力，可見美軍對此類演習的基本想定與投入兵力規模各有不同。[39]

（三）近年發展趨勢

「黎明閃擊」聯合軍演往年均由美國海軍與海軍陸戰隊共同演練，然而自 2013 年起，發展成為聯盟訓練演習（CTX）層級，即由美、日、加、紐等四國共同參與軍演，另有七個國家擔任觀察員。[40] 這項聯合軍演除了強化美軍與多國部隊的交流外，亦是美軍強化環太平洋地緣軍事戰略合作的一環，為美軍「重返亞太」政策之力度再強化。

「2013 黎明閃擊」聯合軍演於 2013 年 6 月 11 日至 28 日，於美國南加州彭德爾頓基地、聖克利門蒂島（San Clemente Island）及南加州近海海空域，展開為期 18 天的聯合軍演；美軍由海軍第三遠征打擊群與陸戰隊第一遠征旅（1st MEB），並由美國海軍兩棲攻擊艦「拳師號」（USS Boxer, LHD-4）擔任旗艦。

---

[38] Walton, "Dawn Blitz 2013: Training for Strength."

[39] Gidget Fuentes, "Exercise Readies Troops for Sustained Amphib Ops," *Defense News*, 2012, http://www.defensenews.com/article/20121001/TSJ01/310010006/Exercise-Readies-Troops-Sustained-Amphib-Ops (accessed March 14, 2014).

[40] Sarah E. Burford, "Lummus Concludes Active Support of Dawn Blitz 2013," *Department of the Navy*, 2013, http://www.navy.mil/submit/display.asp?story_id=74952 (accessed March 13, 2014).

加拿大方面派遣駐防在魁北克基地（Quebec-based）的第 5 陸戰團第 2 營約 200 名兵力參演；[41] 紐西蘭則派出陸軍步兵（含特戰狙擊隊）、海軍官兵約 100 人參與，[42] 此舉可視為美、紐雙方在 2010 年 11 月所簽署的「威靈頓宣言」（Wellington Declaration）架構下，持續深化戰略伙伴關係（Strategic Partnership）的具體作為。

日本自衛隊部分，陸上自衛隊派出有「日本陸戰隊」之稱的「西部方面隊普通科連隊」共 250 人，相當於該連隊（輕裝團級）近半數兵力；海上自衛隊派出兩萬噸級的直升機護衛艦「日向號」（JDS Hyūga, DDH-181）、神盾級驅逐艦「愛宕號」（JDS Atago, DDG-177）與大隅級戰車運輸艦「下北號」（JDS Shimokita, LST-4002）等三艘艦艇；航空自衛隊則派出五名相關參謀，擔任陸空及海空協調任務。[43]

此次參演過程凸顯出幾個特點，包含「日本自衛隊首次大規模兵力、軍種齊全（陸海空三軍均參與）橫越太平洋、至美國本土參加聯合軍演」、「美軍陸戰隊「魚鷹」運輸機（MV-22），於 2013 年 6 月 14 日首度降落日本自衛隊「日向號」，並經由升降平台移至船艙機庫」、「日方借鑒美軍垂直登陸戰術，汲取垂直登陸兩棲作戰經驗」。儘管日本防衛大臣小野寺五典（Itsunori Onodera）

---

[41] "Over 200 Canadian Representatives Take Part in Dawn Blitz 2013," *Naval Today*, 2013, http://navaltoday.com/2013/06/21/over-200-canadian-representatives-take-part-in-dawn-blitz-2013/ (accessed March 13, 2014).

[42] "Kiwi Troops Take Part in US Dawn Blitz Exercise," *TVNZ*, 2013, http://tvnz.co.nz/national-news/kiwi-troops-take-part-in-us-dawn-blitz-exercise-5475420 (accessed March 13, 2014).

[43] Joint Staff, "SDF Joint training FY13 in United States (Dawn Blitz 13)," *Ministry of Defense, Japan*, 2013, http://www.mod.go.jp/js/Activity/Exercise/dawn_blitz2013_en.htm (accessed March 13, 2014).

表示，此次演訓旨在提高美日等國的聯戰能力，並不針對任何國家與區域，然而，時值日本與周邊國家關係仍因島嶼主權爭議問題緊張之際，此項接近實戰的「奪島演習」，實為挑動東亞國家的敏感神經，亦為日美同盟深化之具體象徵。

六、美盟「太平洋馳援」(Pacific Reach) 多國聯合軍事演習（每兩年）

（一）緣起

代號為「太平洋馳援」多國聯合軍事演習，始於 2000 年，該軍演源自於美盟各國海軍，為避免發生 2000 年 8 月 12 日俄羅斯潛艇庫爾斯克號（K-141 Kursk）爆炸沉沒的悲劇，亞太各國海軍希望藉由此軍演，能迅速有效地合作，共同實施遇難潛艇救援，有效整合援救資源。屬於救援演習（SALVEX）。[44]

（二）目的

2000 年 8 月 17 至 25 日，該軍演首次於新加坡樟宜基地舉行，此後每隔兩年舉行乙次，由新加坡與日本兩國輪流負責主辦，除主辦國家外，美國、澳大利亞及南韓亦共同參與；另來自加拿大、中共、法國、印度、印尼、義大利、馬來西亞、巴基斯坦、南非、瑞典、泰國、英國和越南等 13 個國家擔任觀察員。「太平洋馳援」軍演的目的，不僅要提高對潛艇救援能力，熟悉各國

---

[44] "Pacific Reach," *GlobalSecurity*, http://www.globalsecurity.org/military/ops/pacific-reach.htm (accessed March 13, 2014).

不同形式潛艇所面對不同的救援問題，並從事潛艇救援技術與訊息交換。[45]

（三）近年發展趨勢

　　該軍演的性質類似「北大西洋公約組織」（NATO）的「皇家急凍潛艇逃生與救援演習」（Sorbet Royal series of submarine escape and rescue exercises），每 3 年舉行一次。[46]「2010 太平洋馳援」於新加坡舉行，近年軍演發展趨勢，除以救援潛艇（例如：深海救難載具 DSRV - Deep Submergence Rescue Vehicle）運用訓練為軍演主要項目外，對於潛水醫學亦相當重視（減壓處理、飽和度、體溫、燒傷、缺氧、溺水、接觸有毒氣體、心臟併發症和心理創傷）；2014 年預計由日本負責舉辦。[47]

---

[45]　"Pacific Reach."

[46]　Maritime Command, "NATO's Relations with Russia," *NATO*, http://www.mc. nato.int/about/Pages/NATO%20Russia%20Partnership%20in%20Maritime% 20Affairs.aspx (accessed March 13, 2014).

[47]　John Perkins, "SUBMARINE RESCUE Pacific Reach 2002 puts Mystic to the Test," *Department of the Navy*, 2002, http://www.navy.mil/navydata/cno/n87/usw/ issue_15/submarine_rescue.html (accessed March 13, 2014).

七、美、日、澳「太平洋鏈結」(Pacific Bond)聯合軍事演習(每年)

(一)緣起

代號為「太平洋鏈結」軍事演習,始於 2012 年 6 月,為美、日、澳三國海軍海上聯合軍演,首次於日本九州(Kyushu Island)東南方海域舉行,屬聯合野戰訓練演習(FTX)。[48]

(二)目的

「太平洋鏈結」聯合軍事演習,目的是促進美、日、澳三國海軍,在面對複雜海上環境下,提升相互間之協調、計畫和戰術執行能力,強化海上協調合作關係,印證三國間彼此信賴與共同面對海上安全議題之決心。軍演科目包含:防空作戰、水面作戰、海上阻絕行動(maritime interdiction operations, MIO)及反潛作戰。[49]

(三)近年發展趨勢

「2013 太平洋鏈結」聯合軍演,於 2013 年 6 月 22 日至 26 日,在西太平洋馬里亞納群島(Marianas Island)近海舉行,參演兵力包含美國海軍勃克級驅逐艦普雷貝爾號(USS Preble,

---

[48] SBLT Sarah West, "Full Steam Ahead on Exercise PACIFIC BOND," *Royal Australian Navy*, 2012, http://www.navy.gov.au/news/full-steam-ahead-exercise-pacific-bond (accessed March 13, 2014).

[49] Shannon Heavin, "Allied Navies Perform ASW Exercise During Pacific Bond 13," *Department of the Navy*, 2013, http://www.navy.mil/submit/display.asp?story_id=74999 (accessed March 13, 2014).

DDG-88)、鍾雲號（USS Chung-Hoon, DDG-93）、一架 P-3C 獵戶座海上巡邏機、一艘潛艦、日本海上自衛隊村雨級驅逐艦村雨號（JDS Murasame, DD-101）、美國海軍海豹部隊第 1 小隊（Naval Special Warfare Unit One, NSWU-1）登艦隨同澳大利亞皇家海軍飛彈巡防艦雪梨號（HMAS Sydney's, FFG-03）執行海上操演；2013 年軍演科目除類型作戰外，新增「直升機登臨、搜索與拿捕訓練（helicopter visits, board, search and seizure exercise）」、「官兵海上換乘互訪（exchanging crew members at sea）」等。[50] 由上述科目顯見三方透過海上軍演，共同瞭解彼此特性與能力，磨合戰術與戰技，更代表著軍事層級夥伴關係緊密結合。

第三節　環太戰略態勢的形塑與意涵

　　相較於東北亞及東南亞的戰略環境，環太平洋地區充斥著屬於美國陣營的島嶼及前進基地，本區因此欠缺明確、高強度的主要傳統安全威脅，而有較多空間提倡以因應海上非傳統安全威脅為訴求的區域海上安全合作。

　　一方面，美國以區域海上安全合作為訴求，安排非正規作戰演練項目，諸如：人道救援暨民眾協助、軍事醫療、反恐、打擊海盜等，邀請中共參與多邊演習；如「環太平洋」、「勇敢之盾」、

---

[50] Mallory K. Tokunaga, "Australian, U.S. Sailors Trade Places During Pacific Bond 2013," *Department of the Navy*, 2013, http://www.navy.mil/submit/display. asp?story_id=75024 (accessed March 13, 2014).

「可汗探索」、及「太平洋馳援」等，即是為此而設計；值得注意的是，日本與澳大利亞出現在每一個以因應非傳統安全威脅為主軸的多邊演習。另一方面，美國仍不時將中共作為演習假想敵，強化與日本、澳大利亞等主要盟國的聯盟作戰能力。美澳「護衛軍刀」、美日加紐「黎明閃擊」、美日澳「太平洋鏈結」等，即是為此量身訂做，詳如下表。

表十一　環太及其他軍演統計表（2012-2013 年）

項次	演習名稱	參與國家	傳統安全	非傳統安全
1	環太平洋 RIMPAC 12	美盟聯合等 22 國	實彈射擊、兩棲作戰、水下打撈與爆破、登臨拿捕、水雷作戰、海上救援、空中加油及傳統海上類型作戰	人道救援暨災難救助、打擊海盜
2	可汗探索 12 KHAAN QUEST 12	美蒙等 15 國	營級指揮部訓練、野外排級戰術訓練、野外醫療救助	檢查通關、巡邏、搜查、目標安全保衛、反恐、維和、人道救援暨災難救助、打擊海盜、建築工事經驗交流
3	勇敢之盾 Valiant Shield 12	美	空中、水面、水下、陸上作戰、指管通資情監偵（C4ISR）、網路作戰等全面向作戰	人道救援暨災難救助
4	護衛軍刀 Talisman Saber 13	美澳	聯合特種作戰、跳傘訓練、兩棲登陸作戰、城鎮作戰、空中作戰、反潛作戰、實彈射擊	危機處理與反應計畫作為、反恐
5	黎明閃擊 Dawn Blitz 13	美日加紐	兩棲突擊登陸、掃雷作戰、實彈射擊、海上預置兵力訓練與海上作戰行動	無

6	太平洋馳援 Pacific Reach	美日新澳南韓	無	潛艇救援
7	太平洋鏈結 Pacific Bond 13	美日澳	防空、水面、海上攔截 及反潛作戰、直升機登 臨搜索與拿補訓練、官 兵海上換乘互訪	無

來源：作者自行綜整

　　整體而言，此意味美國海洋戰略以區域海上安全合作為訴求，希望將中共融入由美國所主導建構的區域海上安全合作體系；但同時卻強化對中共的圍堵嚇阻，壓縮共軍的行動自由。就地緣戰略而言，日益強化的美日澳紐同盟，將第一、第二島鏈從中切開，並將南太島國盡納入同盟陣營的勢力範圍，反制中共的軍事外交努力。在可見的未來，美國陣營仍然牢牢掌控此海域。

小結

　　就環太平洋地區而言，美國在歷年重要安全文件中，雖然並無特別點名的安全威脅議題，但鑑於中共海軍的擴張，始終是美國對亞太安全的關切焦點，因此，中共海洋戰略的願景與其遠洋海軍的進程－尤其是在環太甚至於超越環太，可視為美國戰略再平衡佈局的終極關注。

　　就此地區的地緣戰略而言，雖然中共海洋戰略原以捍衛「和平發展」為基調，但隨著綜合國力成長，中共文匯版的海軍戰略進程、2013年國防報告書措辭強烈的政策原則、及中共揚棄「韜光養晦」的外交政策，除印證中共捍衛「核心利益」的立場益發強勢外，也意味「採取摩擦崛起、維護海外利益、強化遠洋能力」，可視為習李體制下中共海洋／海軍戰略的特色。此說明習李體制下，中共國家路線正由「和平發展」轉向「摩擦崛起」；為有效支持「維護海外利益、強化遠洋能力」，中共海軍開始仿傚美國藉人道救援擴展國際影響力；此預示美中兩國的非戰爭性軍事行動，將在南海及環太平洋交鋒。由於中共對環太的軍事外交旨在使主要島國疏遠美、澳、紐，而強化與中共軍事結盟，可據此判斷中共與南太島國的政軍交流乃是尋求落實文匯版海軍戰略之中長程佈局的一環。

面對習李體制下中共海洋／海軍戰略的挑戰，美國以強化美日澳同盟作為環太再平衡的樞紐。作為美國在亞太地區最忠實的盟友，日本與澳大利亞主動密切監視中共對環太的軍事外交動態，並尋求反制。美國將持續倚賴日澳為其分憂解勞，並強化美日澳同盟以反制中共在環太的經營與挑戰。

環太地區由於欠缺明確、高強度的傳統安全威脅，乃有較多空間提倡以因應海上非傳統安全威脅為訴求的區域海上安全合作。研究美國在環太地區所主導之各項軍演的發展脈絡與實務，發現美軍以區域海上安全合作為訴求，有自信地尋求將中共融入由美國所主導的區域海上安全合作體系；但同時卻提升美日澳三方的聯盟作戰能力，強化對中共的圍堵嚇阻，壓縮共軍的行動自由。在可見的未來，美國陣營仍將牢牢掌控環太海域。

CHAPTER 7

美國海軍戰略的進程

"The object of a naval concentration like that of strategic deployment will be to cover the widest possible area, and to preserve at the same time elastic cohesion, so as to secure rapid condensations of any two or more of the parts of the organism, and in any part of the area to be covered, at the will of the controlling mind; and above all, a sure and rapid condensation of the whole at the strategical centre."

Julian Stafford Corbett, *Principles of Maritime Strategy*

美國刻正開發「空海整體戰」作戰概念，作為反制中共「反介入／區域拒止」的利器。美國海軍正不遺餘力實踐戰略再平衡的關鍵內涵－創新進入協議、大舉擴增軍演、增加輪駐部隊、及有效兵力態勢倡議；而軍演正是該等關鍵內涵的融合與體現。惟一般探討軍演，常以多少參演國、戰機、戰艦、兵力、新式武器為重點；宥於對美國海軍戰略的議程及海軍外交的運作缺乏瞭解之故，絕少探討 NECC 對於促進空海整體戰的貢獻，也無從掌握軍演的發展趨勢與意涵、美國對於區域戰略態勢的掌控程度、及美國對於戰略再平衡的信心基礎。事實上，NECC 藉由軍演落實空海整體戰的佈局，正是再平衡戰略、海軍戰略、與亞太軍演連結最精妙之處。

第一節　制海權與空海整體戰的鏈結

當前對美國軍事能力最大的挑戰，莫過於所謂的反介入／區域拒止戰力。美國在國防戰略指南《維繫美國的全球領導地位》文件中，列舉十大關鍵安全任務，其中之一即是要在反介入與區域拒止挑戰下完成兵力投射。易言之，美國戰略再平衡勢必要針對中共的反介入與區域拒止，大舉強化空海整體戰。

美國斷言發展空海整體戰可維持其東亞影響力，進而維護穩定的軍事平衡，使區域的和平繁榮成為可能，且中共還是最大的受惠者。[1] 此論無異是前文所提「霸權穩定論」的典型（見第一

---

[1]　Jan Van Tol et al., *AirSea Battle A Point-of-Departure Operational Concept*

章第二節）。美國宣稱其所發展的「空海整體戰」，係以反制反介入／區域拒止戰力為主旨，並非針對中共；[2] 然而，卻又直指中共人民解放軍發展反介入／區域拒止作戰能力，嚴重挑戰美國進出被其視為極端重要利益的西太平洋戰區，因此發展空海整體戰以「平衡」（offset）共軍快速發展的反介入／區域拒止戰力。[3] 此外，戰略分析家咸認除中共外，並無任何其他國家具備此種挑戰美國的作戰能力。

「空海整體戰」作戰構想的前身為「力網系統」（FORCEnet systems）。所謂力網系統，乃是 2000 年代初期，美國著手將以艦體儎台為中心的戰鬥系統與艦體以外的感測器、武器火控及與導航等系統加以整合，亦即整合從太空到海底的人員、偵蒐力、打擊力、網力和各儎台，將特別側重發展並建構網路中心戰（network-centric warfare）的科技。[4] 力網系統的概念，令人聯想到當英國海軍戰略學家柯白在探討如何運用海上作戰的「集中」原則以掌握制海權時，反覆闡述強調所謂的「集中」，並不是融合在一處的個體，而是一個複雜機構由一個共同中心點所控制，並須具有足夠的伸縮性，使其能顧及廣闊的戰場而能各自互

(Washington DC: Center for Strategic and Budgetary Assessments, 2010), p. 9.

[2] Tol et al., *AirSea Battle*, p. 9.

[3] Tol et al., *AirSea Battle*, pp. ix, 9.

[4] Robert J. White, "Globalization of Navy Shipbuilding A Key to Affordability for a New Maritime Strategy," *Naval War College Review*, Vol. 60, No. 4 (2007), p. 66. "FORCEnet system" 係新軟體系統，可提供即時局勢情資給網基（web-based）地圖與其它顯示器；見"SYS Technologies Installs FORCEnet System To Support Navy's Katrina Relief Efforts Monitors Commercial Shipping Information, Buoy Data, Satellite Imagery, Weather, and Fires," *SYS Technologies*, 2005, http://www.systechnologies.com/PressReleases.aspx?id=22&year=2005 (accessed Nov 22, 2007).

相支援；是以「集中」的涵意為：「不斷地凝聚和延伸」。[5] 美國國防部門開發的力網系統，無疑是集中原則的極致體現。

2000 年代中後期，美國國防部門為爭取預算，乃藉由指控中共發展「反介入／區域拒止」作戰能力，而將力網系統重新包裝，並賦予「空海整體戰」的新名稱。「空海整體戰」作戰構想乃是：第一階段，美國承受中共的最初攻擊時，採取戰力保存作為；第二階段，美軍將對共軍的作戰網絡發動致盲攻擊（blinding campaign）（對中共展開精準節點攻擊）；第三階段，美軍對中共地面基地系統進行飛彈壓制（missile suppression）；第四階段，藉由對麻六甲海峽的中共商船進行遠距封鎖（distant blockade），而掌控作戰主導權。[6]

事實上，海軍主要水面艦，如航母、巡洋艦、驅逐艦等，在空海整體戰中，擔任摧毀共軍反介入與區域拒止戰力的關鍵要角；而主要水面艦除依賴美國空軍對地攻擊機的保護外，也需要美國海軍濱海戰鬥艦的保護，防衛主要水面艦不受中共海軍小型艦艇的「蜂群攻擊」（swarm attack）。[7]

濱海戰鬥艦是 NECC 執行任務的儎台，可搭載河岸部隊，並擔任全球艦隊基地指揮艦。濱海戰鬥艦將是戰區部隊的資產，被設計用來抗擊敵軍的反介入武器；在靠近海岸水域作業時，濱海

[5] Corbett, *Principles of Maritime Strategy*, p. 132.

[6] Tol et al., *AirSea Battle*, pp. xiii, xv; Schreer, *Planning the Unthinkable War 'AirSea Battle' and its Implications for Australia*, pp. 5, 11-12.

[7] Bill Gertz, "Pentagon Battle Concept Has Cold War Posture on China," *Washington Times*, November 9 2011. Martin N. Murphy, *Littoral Combat Ship: An Examination of Its Possible Concepts of Operation* (Washington DC: Center for Strategic and Budgetary Assessments, 2010), pp. 4, 30-34.

戰鬥艦也可編配給水面打擊群，提供強化防護能力。[8] 美國在新加坡、日本部署濱海戰鬥艦，除可於承平時期確保武器系統全球化、海上情蒐體系全球化、網路中心作戰系統全球化的嚇阻優勢外，更是基於戰爭時期的實際需求。此意味美國要在複雜的南海或其周邊遂行空海整體戰，除需依賴戰機保護高價值的海軍水面艦之外，更需要海軍與南海周邊國家建構廣泛而綿密的聯盟作戰網絡，使濱海戰鬥艦進駐相關國家，俾對空海整體戰提供支持與保護。

　　易言之，美國要在南海及其他周邊遂行空海整體戰，實有賴美國海軍以區域海上安全合作的道德呼籲，為 NECC 的進入協議（所謂創新的進入協議）鋪陳脈絡；再藉由 NECC 遂行非正規作戰／非戰爭性軍事行動，與中共周邊海域鄰國編織綿密的聯盟作戰網絡，襄助正規作戰部署，對美國海軍高價值水面艦提供保護，方能達成壓制中共反介入／區域拒止作戰能力的目標。由此看來，美國要成功遂行空海整體戰，仍然有賴海軍落實彈性的凝聚與延伸、發揮集中戰力、掌控制海權作為基礎。

　　2012 年 1 月，美國聯參主席鄧普西發佈《聯合作戰介入概念》（Joint Operational Access Concept, JOAC）文件，作為遂行空海整體戰、進入作戰（entry operations）、及濱海作戰（littoral operations）等相關各類形作戰的總括性指導概念（overarching concept）；該文件特別指出：戰鬥的成功與否，大體上是由事前形塑有利的介入條件所作的努力所決定；美軍在遂行作戰之前的各種安全與交往活動，例如多國演習、介入與支援協定、海外基

8　Naval War College (ed.), *Joint Military Operations Reference Guide* (Newport: US Navy, 2011), p. 14.

地的設立與改進、補給物資的前置、及部隊的前沿部署，實為空海整體戰的成功關鍵。[9]

　　簡言之，《聯合作戰介入概念》文件所謂成功反制「反介入／區域拒止」的先決條件，誠然就是 NECC 的角色、功能、與職掌；也完全呼應海軍決策高層有關支持戰略再平衡的指導。此印證 NECC 是美國形塑安全環境、遂行海軍攻勢戰略之存在艦隊的終極前端元素，在美國的戰略再平衡大棋局中，及空海整體戰的設計中，低調扮演決定勝負的關鍵。

第二節　美國海軍在亞太軍演
發展趨勢與意涵

　　前三章分別探討美國在東北亞、東南亞、及環太地區的地緣戰略經營，及所進行之主要軍演；將其綜整，即得下表。

---

[9] Martin E. Dempsey, *Joint Operational Access Concept (JOAC) Version 1.0*, ed. Department of Defense (Wasington DC: 2012), p. i. Karen Parrish, "Chairman Explains Joint Operational Access Concept in Blog," *US Department of Defense*, 2012, http://www.defense.gov/news/newsarticle.aspx?id=66830 (accessed March 14, 2014).

表十二　美國主導亞太軍演週期統計表

項次	演習名稱	參與國家	週期月份	區域地點	演習內容摘述
1	乙支自由衛士 Ulchi-Freedom Guardian 12	美韓	每年 8月	東北亞 南韓	應對朝鮮的「全面戰爭演習」和「核戰爭演習」,提升作業互通性
2	關鍵決斷 Key Resolve 13	美韓	每年 3月	東北亞 南韓	提升韓美聯軍的作戰協調與執行能力
3	鷂鷹 Foal Eagle 13		每年 4月	東北亞 南韓	兩國防範朝鮮半島爆發戰事、強化雙邊同盟與聯戰能力
4	對抗北 Cope North 13	美日澳 (2013年 南韓成觀 察員)	每年 2月	東北亞 美國 關島	提高美、日空軍共同默契與作業互通性
5	利刃 Keen Edge (偶數年)	美日	每年 1月／ 11月	東北亞 日本本土 沖繩琉球	強化雙邊在共同指揮與管制(C2)下的作業互通性
6	利劍 Keen Sword (奇數年)				
7	勇敢引導 Courageous Channel 13	美韓	每年 5月	東北亞 南韓	非戰鬥性緊急撤僑演習
8	山櫻 Yama Sakura 63	美日	每年 12月	東北亞 日本 本土	提升美日戰鬥整備和作業互通性、美軍太平洋陸軍司令部及駐日美陸軍參演
9	鐵拳 Iron Fist 13	美日	每年 1月	東北亞 (軍演想定區域) 美國 加州	以兩棲作戰為軍演主軸,提升作業互通性,美國海軍陸戰隊、日本陸上自衛隊參演

10	金眼鏡蛇 Cobra Gold 13	美泰韓新日、印尼、馬 （中共派遣觀察員2014實兵參演）	每年 2月	東南亞 泰國	兩棲登陸作戰、非傳統安全威脅項目比重增加
11	聯合海上戰備和訓練 CARAT 12	菲、印、泰、新、馬、孟、柬、汶、東帝汶	每年 5至 11月	東南亞 各國	增進美軍與參演國間的軍事共同執行能力，加強海上安全與強化雙邊的作業互通性、非傳統安全威脅項目
12	馬拉巴爾 Malabar 12	美印等國 （2007年日、澳、新參演）	每年 4月	南亞 印度洋 孟加拉灣	傳統的類型作戰、不對稱作戰科目演練
13	肩並肩 Balikatan 13	美菲	每年 4月	東南亞 菲律賓	傳統與非傳統安全科目演練；美勢力滲入南海的前哨站
14	對抗虎 Cope Tiger 12	美泰新	每年 3月	東南亞 泰國呵叻 （Korat） 空軍基地	聯合空中作戰演習、非傳統安全威脅項目
15	對抗印度 Cope India	美印	不定期	南亞 印度 瓜廖爾 （Gwalior） 空軍基地	聯合空中演習；舉行年份：2004、2005、2006、2009
16	英勇標誌 Valiant Mark	美新	每年 12月	東南亞 新加坡	城鎮作戰演習、提升作業互通性
17	突擊彈弓 Commando Sling	美新	每年 3月	東南亞 新加坡 Paya Lebar 空軍基地	聯合空中實兵對抗、提升作業互通性
18	虎鯊 Tiger Shark	美、孟加拉	不定期	南亞 孟加拉	非傳統安全威脅項目為演習主軸； 舉行年分：2009、2010、2012

19	魔爪幻象 Talon Vision	美菲	每年 10月	東南亞 菲律賓	2006年，軍演名稱改為「魔爪幻象及兩棲登陸軍演」（Talon Vision and Amphibious Landing Exercise（PHIBLEX）06），2010年起使用「兩棲登陸演習」（PHIBLEX）
20	環太平洋 RIMPAC 12	美盟聯合 等22國	每2年 6至 8月	環太平洋 美國夏威夷	中共、厄瓜多爾、印度、墨西哥、菲律賓及俄羅斯等國為觀察員，2014中共派實兵；含傳統／非傳統安全威脅
21	可汗探索12 KHAAN QUEST 2012	美蒙等 15國	每年 8月	其他 蒙古國武裝 力量培訓中心	蒙古國、美國、英國、印度、韓國、日本、加拿大、澳大利亞、德國、法國、新加坡和紐西蘭等國的1000多名軍人參演，中共和俄羅斯派觀察員參加；含傳統／非傳統安全威脅項目
22	勇敢之盾 Valiant Shield 12	美	不定期 9月	環太平洋 美國 關島	屬聯合演習，僅美軍參演；舉行年份：2006、2007、2010、2012
23	護衛軍刀 Talisman Saber 13	美澳	每2年 7至 8月	環太平洋 澳洲淺水灣訓練場、關島與北馬里亞納群島等基地	前身為串列衝擊演習，始於1992年，93年於關島舉行之後改為每兩年一次由美澳輪流主辦。2005年更名為護衛軍刀演習。舉行年分：2005、2007、2009、2011年
24	黎明閃擊 Dawn Blitz 13	美日加紐 （另有七 個國家擔 任觀察員）	每年 6月	環太平洋 美國 南加州	聯合兩棲作戰演習，提升美日作業互通性

25	太平洋馳援 Pacific Reach 10	美日新澳南韓（加、中共、法、印度、印尼、義、馬、巴基斯坦、南非、瑞典、泰、英、越等 13 國擔任觀察員）	每兩年 8 月	環太平洋日本或新加坡近海	潛艦救難為軍演主軸，提升各國作業互通性，共同應對水下災難處置與救援程序，為 HA/DR 屬性
26	太平洋鏈結 Pacific Bond 13	美日澳	每年 6 月	環太平洋西太平洋海域	強化海上協調合作關係，印證三國間彼此信賴與共同面對海上安全議題之決心，提升作業互通性

來源：作者自行綜整

　　歸納美國海軍在亞太軍演的發展趨勢，主要包括「依區域安全輕重緩急投入資源」、「提倡共同因應非傳統安全威脅」、「朝向大規模、多邊化、常態化發展趨勢」、「多兵種聯合與作業互通性」等方向發展，分述如下：

一、依區域安全輕重緩急投入資源：

　　美國軍演著眼於應對區域安全挑戰，並著重於與盟邦軍事合作之成熟度，以雙方共同利益為出發點，期藉由軍演達成區域穩定之目的。對美國而言，東北亞安全威脅來源，主要包括：中共、北韓、與俄羅斯的重新崛起；東南亞安全威脅來源，主要為中共的軍力擴張對台海與南海的衝擊，因應南海議題增溫，自 2010 年起另外新增對於非傳統安全議題的關注，以合理化美國的涉入；此外，美國目前對環太平洋區域並未明確點名關注對象。

將美軍主導的 26 個亞太軍演依區域分析，如下圖所示，發現東南亞、南亞地區佔亞太軍演總數的 38%，其次是東北亞的 35%（軍演區域比例分析如下圖）；此顯示美軍經營的重點，依次為東南亞、東北亞、及環太平洋。其中，南海作為未來決定美國領導地位的競技場，將持續獲最多資源投入。

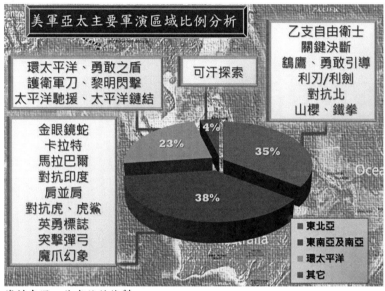

資料來源：作者統計繪製

圖 18　美軍亞太主要軍演區域比例分析

二、提倡共同因應非傳統安全威脅：

前文提及，美國要對亞太「戰略再平衡」以因應中共崛起，必須借重非傳統安全威脅議題，爭取區域國家及人民支持美國的非正規作戰行動，達成延伸制海權的隱藏議程。美國海軍將因應非傳統安全威脅而運用的「非正規作戰」（又稱「應對非正規挑戰」）等同於區域海上安全合作；而非正規作戰為美國海軍外交提供道德高地，本質上是戰力倍增器，為極致延伸制海權提供巧門與捷徑，藉以擴張美國的國際影響力。檢視 2012 至 2013 年美軍在亞太主要 26 個軍演內容，其中 14 個軍演包含「非傳統安全」安全項目，並且大多集中在東南亞、南亞及環太平洋地區（如下圖所示），顯示美國藉此在軍事與外交領域全面提升影響力。自 2008 以迄 2013 年為止，美菲「肩並肩」軍演共四度以「人道救援暨災難救助」為主題，邇來更決計扶植菲國發展區域災難管理及緊急應變機制，強化形塑亞太戰略環境的道德正當性。

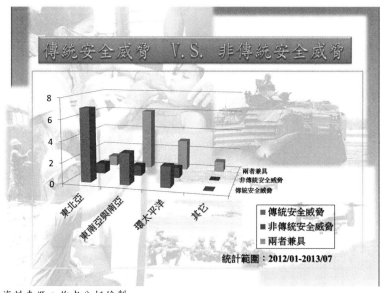

資料來源：作者分析繪製

圖 19　亞太 26 軍演傳統／非傳統安全威脅類別分析

三、軍演朝向大規模、多邊化、常態化發展：

2012 年 1 月公布的《國防戰略指南》（《維繫美國的全球領導地位》）文件中，除揭示鞏固既有聯盟關係外，另一重要主軸就是擴大聯盟網絡。[10] 此戰略指導促使軍演由雙邊發展為多邊關係，規模也日趨擴大。前文提及，美國正藉非正規作戰／非戰爭性軍事行動之名，引領日澳菲印等多國的海軍外交向南海匯聚中（見第五章第三節）。以兩年舉行乙次的「2012 環太平洋」（RIMPAC 2012）演習為例，參演國家多達 22 國，參演兵力包括 40 餘艘戰艦與潛艇、200 餘架軍機、和 25000 多人之規模。此外，在其它各式軍演中，日本、澳大利亞、印度頻頻跨區出現在許多軍演；而非主要參演國，則以觀察員身分參與參謀演習或兵棋推演。此顯示區域各國在美中海權競合的格局中，為維護自身國家利益，選擇扈從於美國的霸權體系，在軍事合作上採取配合美國的立場，參與美國所主導軍演以強化雙邊、多邊關係。

四、多兵種聯合與作業互通性

欲達成兩個以上軍種的聯合作戰，在共同的聯戰規範與指管下，藉由相互演練磨合提升聯合作戰能力，發揮合同戰力，這是需要時間與金錢的累積才能昇華。更何況與不同語言文化、不同裝備系統、與不同戰術準則的軍事盟邦，要在共同的指管體系下，發揮聯盟作戰的作戰戰力與效益，也只有透過共同軍演乙

---

[10] Secretary of Defense, *Sustaining US Global Leadership: Priorities for 21st Century Defense*, pp. 1-2.

途，增加彼此間之作業互通性，使「相互操作能力」重疊部分擴大，期能打破軟硬體隔閡，發揮統合戰力；概念示意圖如下圖所示。

美國善於藉共同因應非傳統安全威脅之名，行多邊擴大聯盟作戰之實，實則演練「傳統安全威脅」項目，諸如：空中對抗、兩棲登陸、反潛作戰和水面作戰、陸空協同作戰、特種作戰等正規聯合軍事演練，防範中共崛起所帶來的威脅。然而，發揮聯盟作戰戰力的關鍵在於提升默契與作業互通性。美軍在全世界各地所主導的軍演，在過去無不以此為設計概念，在未來更是如此。

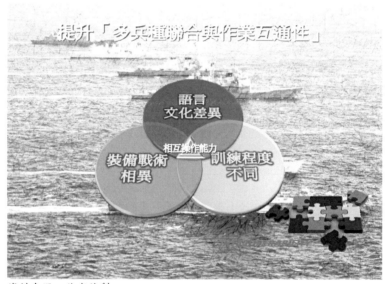

資料來源：作者繪製

圖 20　提升「多兵種聯合與作業互通性」概念示意圖

這些發展趨勢整體而言，意味遂行攻勢戰略、身為「存在艦隊」關鍵要角的 NECC，將以南海作為最重要的經營區域，將更強調藉由非正規作戰遂行海軍外交，編織綿密的聯盟作戰網絡，俾利美軍建立聯盟作戰架構，預劃在南海或其他海域遂行空海整體戰，達成壓制中共反介入／區域拒止作戰能力的目標。

第三節　以美菲肩並肩軍演為例

◎肩並肩軍演的演進與現況

美菲在 1951 年簽訂「協防條約」（Mutual Defense Treaty, MDT），其中第二條條文規定美菲雙方將「分別或共同地以自助和互助的方式來保持並發展它們抵抗武裝進攻的個別的和集體的能力」；此即美菲自 1981 年開始舉行「肩並肩」（Balikatan）聯合軍演的法源。「肩並肩」以強化兩軍的聯盟作戰計畫作為、戰備整備、及操作互通性為目的。冷戰結束後，因美國宣布如果菲方無法提供基地，美國無法保證提供協助，導致美軍撤出，雙方聯盟關係在 1990 年代瀕臨解體，1995 至 1998 年間「肩並肩」聯合軍演完全停辦；但隨後南海議題的加溫，促使美方重新評估菲律賓的戰略價值。1999 年美菲雙方達成「軍隊訪問協定」（VFA），固然被視為美國對菲國新殖民（neo-colonial）關係的延續，但畢竟被菲國會通過；為美軍派駐菲國本土、並使用菲國做為其軍事基地提供法源。[11]

9/11 前，「肩並肩」在呂宋島舉行，演習項目主要包括一般攻擊、支援、與搜救；因應非傳統安全威脅之任務如維和、人道救援、及民眾協助（提供如健檢、牙齒、獸醫等醫療服務，及小規模基礎設施如公路、學校建築、水井之建設維護計畫）、海上反海盜、反毒品走私等，僅佔演習之一小部分。

9/11 後，因應非傳統安全威脅之任務運用越趨廣泛，重要性越趨突出。[12] 自 2002 年起，美軍以強化「全球反恐合作」之名，在菲國南部執行「持久自由行動──菲律賓」（Operations Enduring Freedom-Philippines, OEF-P），圍剿由蓋達（Al Qaeda）組織支持資助的阿布薩耶夫組織（Abu Sayyaf Group, ASG）；[13] 而當年的「肩並肩」軍演，更改在回教勢力盤據的民答那峨島（Mindanao)舉行，人道救援暨民眾協助較以往更為突出。自 2003 年起，演習地點涵蓋霍洛島（Jolo）、蘇祿島（Sulu）、巴拉望島（Palawan）、巴丹島（Batanes）；而且，民眾協助及人道救援相關項目益趨顯著；另有反海盜、反毒品走私等海上任務，及救災、維和等行動。[14]

---

[11] George Baylon Radics, "Terrorism in Southeast Asia: Balikatan Exercises in the Philippines and the US 'War against Terrorism'," *Stanford Journal of East Asian Affairs*, Vol. 4, No. 2 (2004), pp. 118-19.

[12] Rosalie Arcala Hall, "Boots on Unstable Ground: Democratic governance of the Armed Forces under post 9/11 US-Philippine Military Relations," *Asia-Pacific Social Science Review*, Vol. 10, No. 2 (2010), p. 31.

[13] David S. Maxwell, "Operation Enduring Freedom-Philippines: What Would Sun Tzu Say?," *Military Review*, Vol. 2, No. 4 (2004).

[14] Hall, "Boots on Unstable Ground: Democratic governance of the Armed Forces under post 9/11 US-Philippine Military Relations," p. 31.

美國在菲律賓另派駐有聯合特種作戰特遣小組（Joint Special Operations Task Force, JSOTF）。特遣小組並不屬於「肩並肩」聯合軍演參演編制，而是隸屬於美軍太平洋司令部，有其自己的行政架構、使命、與行動；話雖如此，該聯合特種作戰特遣小組內含一小股從事聯合作戰部署之特種部隊，卻密切配合「肩並肩」聯合軍演，對地主國部隊就反恐、救災、重建、醫療、人道救援、及民眾工作（包括小規模基礎設施）等任務提供諮詢與訓練。[15] 這些工作，或為所謂創新的進入協議之典型例證。

　　2012 年中共與菲律賓為黃岩島對峙僵持之際，美菲於 4 月 16 日展開為期 12 天的第 28 屆「肩並肩」（Balikatan）聯合軍演。2013 年 4 月 5 日至 17 日，美菲又在呂宋島中部舉行第 29 屆「肩並肩」聯合軍演；高達 8000 多名美菲官兵、30 架軍機（美 20／菲 10）、3 艘軍艦（美 1／菲 2）參與軍演，[16] 不但規模為歷年之最，且象徵美菲協防條約緊密度屢創歷史新高。

◎肩並肩中的 NECC 與人道救援

　　美國要對亞太「戰略再平衡」以因應中共的崛起，一方面利用區域國家間的傳統利益矛盾，另一方面利用該區非傳統災禍頻仍的戰略環境特性，乃借重人道救援，爭取支持與合作。

　　「海軍遠征戰鬥指揮部」（NECC）自成立以來，深深涉入美國海軍在全球的佈局。隸屬該指揮部的河岸部隊，透過輔訓機制

---

[15] Hall, "Boots on Unstable Ground: Democratic governance of the Armed Forces under post 9/11 US-Philippine Military Relations," pp. 25, 31.

[16] Armed Forces of the Philippines, "30 Aircraft, 3 Vessels Deployed for Balikatan 2013."

補足美國海豹（特種作戰）部隊及陸戰隊的河岸作戰能力。檢視「肩並肩」聯合軍演，美方雖由陸戰隊擔綱，但其從事之反恐、重建、反走私、人道救援暨民眾協助（包括討好菲國人民的鋪橋、造路、蓋學校、挖水井、看醫生——提供醫療及牙齒保健等醫療服務）等所謂非正規作戰／非戰爭性軍事行動，實際上是 NECC 為所謂「創新的進入協議」鋪陳脈絡的最佳途徑；非正規作戰／非戰爭性軍事行動因此成為美國海軍的戰力倍增器，為美國海軍極致延伸制海權提供巧門與捷徑；美軍得以藉此鞏固在他國褐水及內陸的立足點，為制海權從大洋貫穿到菲國海岸線及內陸鋪陳脈絡。

2008、2010、2012 三屆聯合軍演，就以「人道救援暨災難救助」為焦點；2013 年是第四度以此為焦點。美稱此次演習重點在於：支持菲國政府發展區域災難管理及緊急應變機制，並在多國／多組織演習環境中驗證美菲軍事性「人道救援暨災難救助」作戰概念。[17] 往年軍演僅有美菲兩國參與；但自 2012 年起，東協多國及日、韓、澳等南海域外中等強權，皆派代表參與，明顯超越美菲框架。

2012 年及 2013 年的軍演主要包括三部分：指揮所演習、野戰訓練、及人道暨民眾協助計畫。2012／2013 軍演內容比較，如下表：

---

[17] Armed Forces of the Philippines, "30 Aircraft, 3 Vessels Deployed for Balikatan 2013."

表十三 2012／2013軍演內容比較

年度 兵力 地點	指揮所演習	野戰訓練演習	人道暨民眾 協助計畫	主要兵力 （美／菲）
2012 6800 巴拉望省	馬尼拉 美菲 東協十國、 日、韓、澳	兩棲攻擊、叢林 野戰、規復遭劫 鑽井平台、海上 安全暨艦艇操演	維和、人道救援、興 建學校、土木民事、 醫療服務；22000 受惠	LHD X1 （兩棲攻擊艦）美 陸戰隊航空地面支 援中隊
2013 8000 三描禮士省	Camp O'Donnell 美菲	兩棲攻擊、叢林 野戰、海上安全 暨艦艇操演	人道救援、興建學 校、土木民事、醫療 服務；12000受惠	F/A-18 X12 MV-22 X8 LSD X1 （船塢登陸艦）美 國陸戰隊航空地面 支援中隊

來源：筆者自行綜整

　　就指揮所演習而言：2012年大陣仗納入所有東協國家，及日、韓、澳等南海域外強權；2013年度僅有美菲參與。研判此或與3月「習李體制」確立，6月歐習會在即，美國希營造和緩氛圍有關。

　　就聯合野戰演習而言：2012年時值中菲黃岩島對峙，美菲在巴拉望島操演「海上鑽井平台遇襲、美菲武力奪回」項目，為未來擴大強化奪回失島的規復登陸作戰演習埋下伏筆。2013年雖未演練規復遭劫鑽井平台項目，但美國陸戰隊出動12架F/A-18大黃蜂戰鬥機、8架魚鷹式運輸機、兩棲登陸指揮艦（船塢登陸艦）、及兩棲登陸戰車等，整體而言，是在演練高強度兩棲打擊任務，規模及兵力比2012年更大更強，仍不免引起在南海議題上針對中共的聯想。

　　就人道暨民眾協助計畫而言：2012及2013皆以「人道救援暨災難救助」為焦點，2013年較2012年突出之處，在於特別安排「人道救援暨災難救助」圓桌論壇，可視為最大亮點。除美、菲外，馬來西亞、印尼、越南、汶萊、泰國等東協國家，日本、韓國、澳洲等南海域外中等強權，及中共等共 11 國參與圓桌論壇。美國太平洋指揮部特別指出，中共參與「人道救援暨災難救助」兵棋推演，預示演習進入一個新的時代。[18]

重點是，人道救援終究裹助前沿部署、兵力投射、海上安全、及嚇阻等其他戰力，使美軍得以跨越主權障礙，達成極致延伸制海權以形塑戰略環境之目的。

◎從再平衡看 2013 肩並肩特點

戰略再平衡的內涵，以轉移兵力重心及調整同盟重心為重點。美國除積極強化與日、澳、韓、菲、泰等國雙邊同盟，並尋求與印度、越南強化或發展戰略夥伴關係之外，由於菲律賓是與美國雙邊同盟中唯一涉入南海爭端國家，與菲相關的兵力轉移及強化美菲協防條約尤為經營重點。

就轉移兵力重心而言，美國國防部決定在 2020 年前，將 60%的海軍艦艇部署於太平洋。自 2011 年底，美國企圖說服菲、泰准許 P-8A 海神（Poseidon）反潛機或其他無人操控廣域海監機等進駐，俾利區域監偵。2012 年 1 月，美國表示將與菲商談美軍部隊輪駐事宜；隨後，美國與菲國洽談商借基地部署海軍艦艇等。同年 6 月上旬，菲表達歡迎美重返並使用蘇比克灣及克拉克空軍

---

[18] Amber Robinson, "Multinational Maritime Disaster Response Roundtable Discussion Held during Balikatan," *US Pacific Command*, 2013, http://www.dvidshub.net/news/105381/multinational-maritime-disaster-response-roundtable-discussion-held-during-balikatan (accessed May 26, 2013).

基地。與美國在其他國家部署計畫相較，美國有充分利用菲國境內進行兵力轉移的廣泛計畫。

就調整同盟重心而言，2012 年 4 月美菲軍演期間，美國太平洋總部陸戰隊指揮官錫爾森中將（Duane Thiessen）重申美菲協防，表明如中共在黃岩島對菲採取軍事攻擊，美國將根據協防條約對菲提供協助；此乃黃岩島爭議以來，美國迄今最強烈聲明。軍演結束後，美國在華府首次舉辦的美菲「2+2」會議中高調重申協防條約；菲國國防部長蓋茲敏（Voltaire Gazmin）相信協防範圍包括如黃岩島等島嶼在內。[19] 數個菲國民間團體，7 月下旬發動全球反中示威，到中共駐美、菲的使領館及聯合國總部前抗議，指控中共在南海對菲「霸凌」。此顯示菲國仗侍美國支持及美菲協防，民族主義有高漲趨勢。

美國 2013 年軍演已重返蘇比克灣及克拉克空軍基地，並藉此增大參演規模及兵力，在南海演練高強度兩棲打擊任務。演習前後，美國海軍另有包括濱海戰鬥艦在內的多型戰艦來訪，雖未參與「肩並肩」而參與其他軍演，卻在此進行例行整補，顯示美軍重返並常態使用菲國基地是 2013 年重大收穫，更有利其轉移兵力重心，直接強化南海部署。

2012 軍演結束後，菲積極與日韓澳洽談軍事採構協助事宜。2013 軍演結束後，國防部副部長馬納洛（Fernando Manalo）宣布，將捨棄向義大利採購二手西北風級護衛艦，轉而花費 180 億菲幣公開招標採購 2 艘嶄新巡防艦；另透露菲國也正與南韓洽談採購 12 架噴射式戰鬥機。[20] 未來，日本計畫可能提供 12 艘巡邏

---

19 Horario, Pilapil, and Vargas, "'Prepare for War'."
20 Ramos, "PH Buying 2 Brand-New Warships."

艇供菲國使用；澳洲預計將提供若干艦艇供菲國從事搜索救難，並為菲國在海內外代訓軍事人員。以上發展更有利於美國調整同盟重心，將所有美國主導的雙邊同盟與美菲協防掛鉤，聚焦南海。

2012 年 10 月，美國航母華盛頓號（USS George Washington, CVN-73）出現在南海水域。2013 年 5 月中，中共與菲律賓再為南沙東部的仁愛礁（Second Thomas Shoal；菲稱 Ayungin；越稱 Bãi Cỏ Mây）發生爭執之際，美國航母尼米茲號（USS Nimitz, CVN-68）5 月下旬在南海進行軍演。此類行動顯示美國藉轉移兵力重心及調整同盟重心，向中共傳達協防菲律賓的強烈政治訊息。

據媒體報導，菲另有採購 2 架反潛機、10 架攻擊直昇機；也將成立快速反應部隊。菲預計花費 18 億美金向美國採購海軍軍備。與美國海軍有關的軍火企業估計，亞太諸國海軍自今以迄 2031 年，將花費 1800 億美金，採購適用於專屬經濟海域作戰環境，總數約 800 艘各式水面艦艇及潛艦。[21] 此顯示美國有意藉南海議題，拓展軍售利益。

鑒於亞太已成為全球天災熱點，2013 年演習，美國第四度以「人道救援暨災難救助」為焦點，「人道救援暨災難救助」儼然成為「肩並肩」軍演的道德訴求。美國邀中共在內的亞太諸國參與「人道救援暨災難救助」兵棋推演，顯示美國意圖藉人道救援

---

[21] Wendell Minnick, "Asia's Naval Procurement Sees Major Growth," *Defense News*, 2013, http://www.defensenews.com/article/20130519/DEFREG03/305190004/ Asia-s-Naval-Procurement-Sees-Major-Growth (accessed May 26, 2013). 新華社引述資料略有出入，分別為 2000 億美金，1000 艘各式水面艦艇及潛艦，見"Asia-Pacific Region Sees Projected Spending of 200 Bln USD in Naval Market in 20 Yrs: Expert," *Xinhua*, 2013, http://news.xinhuanet.com/ english/world/2013-05/14/c_132382111.htm (accessed May 26, 2013).

鞏固道德高地，除邀中共背書外，並將其納入美國所主導之區域海上安全合作體系。

簡言之，從戰略再平衡視角來看，2013「肩並肩」軍演的發展脈絡特點包括：美國正有計畫地向菲國境內進行廣泛的兵力轉移；美國重返菲基地有利其轉移兵力直接強化南海部署；美國主導雙邊同盟與戰略夥伴也將益趨聚焦於南海；美國正按部就班落實協防菲律賓之承諾；菲國民族主義未來可能高漲；美國確信南海議題有助其拓展軍售利益；美國希藉人道救援為名，將中共納入其所主導之區域海上安全合作體系。

◎肩並肩形塑的南海戰略態勢與意涵

肩並肩軍演對於區域戰略環境帶來多重深遠意涵，包括：

一、美國重返蘇比克灣及克拉克空軍基地，直接影響是一旦南海發生島嶼衝突，美國可依協防條約迅速將高強度戰力投入規復作戰。

二、美國海軍高層表示，強化亞太駐軍將優先增派航母與潛艦。展望美菲協防越綁越緊，合理預判美國將以掌握菲海空基地為基礎，進一步在南海部署水下監聽系統，俾整合從海底到太空的人員、偵蒐力、打擊力、網力、儎台，完善其力網（FORCEnet）系統，鞏固在南海有效遂行空海整體戰的優勢。

三、就南海戰略態勢而言，重返菲國基地對美國在南海遂行空海整體戰提供重大利基，可謂硬實力的提升；美國扶植菲國發展區域災難管理及緊急應變機制，強化道德正當性，可謂軟實力的提升；美菲將「肩並肩」雙邊拓展成多邊軍演並驗證「人道救援暨災難救助」，可謂綜合軟硬而成巧實力的提升；此意味美菲協防條約可能成為美國在南海調整雙邊同盟／戰略夥伴關係的樞紐。

四、這預示南海諸聲索國與中共兩造間之民族主義將益加相互激盪，強化南海聲索國向美國靠攏之趨勢。南海區域國際關係的發展，已然被美國形塑出由其領導聲索國合組平衡聯盟以抗衡中共的趨勢。

五、南海議題除為美國創造龐大軍售利益，更重要的是相關國家採購美式裝備後，將大舉提升與美軍聯合作戰的操作互通性；尤其，美國武器系統、海上情蒐體系、網路中心作戰系統，將因此深入南海，壓縮可能潛在敵人中共的行動自由。

六、美意圖藉人道救援的道德高地將中共納入區域海上安全合作體系，意味再平衡戰略兼具強化嚇阻圍堵與尋求合作協盟兩面向，可視為防範戰略的延續。

七、近年中共亦仿傚美國藉人道救援擴展國際影響力，如在2013年國防白皮書《中國武裝力量的多樣化運用》指出共軍積極參加國際災難救援和人道主義援助，並細屬往年成就。中共出席「人道救援暨災難救助」兵棋推演，意味美中兩國的非戰爭性軍事行動雙軌將在南海交鋒，強化競合動能，為區域和平穩定增添詭譎氣氛，後續發展深值關注。

美菲「肩並肩」聯合軍演的案例顯示：美國在南海議題上，正以細膩的手腕、靈活的操作，落實將制海權從大洋貫穿到他國海岸線甚至內陸之海洋戰略／海軍戰略，藉以達成其公開主張之維護航行自由、反對武力解決紛爭、制訂區域行為準則等顯性南海政策基調，並支持壓制中共的反介入／區域拒止戰力、壓縮中共在南海的行動自由、擴建海洋民主聯盟、領導域內外群雄圍堵中共等隱藏議程。

「南海行為準則」機制被提上南海爭端國的議事日程，本身就是一個重要啟示。《南海各方行為宣言》原已載明要進一步商討「南海行為準則」，但多年以來一直沒有行動；現今因為美國在南海大舉增加駐軍與軍演之故，原本強勢主導南海局勢的中共，在延宕多年後，終於願意與其他聲索國就《南海行為準則》事宜進行具體磋商。如果 2002 年《南海各方行為宣言》的簽訂，象徵「東協+1」架構的成型，[22] 當今因為美國的介入，由美國主導的新現實主義框架，正逐步侵蝕並取代「東協+1」架構。

小結

　　美國在國防戰略指南《維繫美國的全球領導地位》文件中，揭示「戰略再平衡」，關鍵任務之一即是要反制中共「反介入／區域拒止」，亦即是要發展「空海整體戰」。探究美國亞太軍演最精妙之處，當在於探討美國駐紮於亞太的海軍前沿部署，如何藉由軍演，在平時遂行預防性外交與軍事戰略，為戰時遂行空海整體戰進行佈局，達成支持戰略再平衡的目的。

　　美國要在南海及其他周邊遂行空海整體戰，實有賴美國海軍以區域海上安全合作的道德呼籲，為 NECC 的進入協議鋪陳脈絡；再藉由 NECC 遂行非正規作戰／非戰爭性軍事行動，與中共

22　1990 年代，中共在南海議題上扮演一個支配性的角色，而東協的成員則企圖運用集體的力量與北京交涉。東協與中共之間在南海議題上的交往，本書將其定義為「東協＋1」的協商機制。

周邊海域鄰國編織綿密的聯盟作戰網絡，對遂行空海整體戰之美國海軍高價值水面艦提供保護，方能達成壓制中共反介入／區域拒止作戰能力的目標。

　　歸納美國海軍在亞太軍演的發展趨勢，主要包括：

一、依區域安全輕重緩急投入資源：美軍經營重點，依次為東南亞、東北亞、及環太平洋；南海將持續獲最多資源投入。

二、提倡共同因應非傳統安全威脅：美國藉非正規作戰在軍事與外交領域全面提升影響力，達成極致延伸制海權的隱藏戰略議程。

三、朝向大規模、多邊化、常態化發展：亞太各國為維護自身利益，屈從於美國的霸權體系，參與美國所主導的軍演，強化雙／多邊關係。

四、多兵種聯合與作業互通性：NECC 藉因應非傳統安全威脅之名，行擴大聯盟作戰、演練傳統安全威脅之實，尤重提升作業互通性。

　　以上發展趨勢，意味 NECC 正積極遂行海軍外交，編織綿密的聯盟作戰網絡，俾利美軍在南海或其他海域遂行空海整體戰，達成壓制中共反介入／區域拒止作戰能力的目標。

　　美菲「肩並肩」軍演的案例顯示：美國在南海正落實將制海權從大洋貫穿到他國海岸線甚至內陸，支持壓制中共的反介入／區域拒止戰力、壓縮中共在南海的行動自由、擴建海洋民主聯盟以圍堵中共。2002 年《南海各方行為宣言》象徵「東協＋1」架構的成型，而今，美國主導的新現實主義框架，正逐步侵蝕並取代「東協＋1」架構。

再平衡與亞太軍演的展望

本書前一章由軍演與空海整體戰之聯結的微觀面切入，論證美國海軍極致延伸制海權的進程，對於戰略再平衡的具體貢獻與意涵。本章則由宏觀面著手，先回顧再平衡與軍演在亞太所形塑有利於自身的全般戰略態勢，再論當前再平衡所面對的「自動減支」挑戰；最後則展望未來發展趨勢。

第一節　再平衡的機會：
美軍形塑的全般態勢

　　美菲「肩並肩」軍演並非個案，只不過是美國在亞太年度多達百次的演習之一；「肩並肩」的內涵與特點，實乃眾多演習的共同內涵與特點，或者至少是作為演習的典範。

　　事實上，為數龐大的軍演，只不過是美軍太平洋司令部在亞太推展「戰鬥部隊指揮與演習交往」Combatant Command and Exercise Engagement（CE2）計畫的其中一環；為肆應亞太詭譎多變的安全環境，美軍太平洋空軍司令部與美太平洋艦隊，根據「戰鬥部隊指揮與演習交往」計畫，在亞太分別推行更軟性、更有助於贏取民心的「太平洋天使」行動（Operation Pacific Angel）[1] 及「太平洋夥伴關係」（Pacific Partnership）[2] 等交往方

---

[1]　太平洋天使行動（Operation Pacific Angel）始於 2007 年，是經常性的聯合人道主義援助任務，由美軍太平洋空軍司令部主辦，旨在以人道暨民眾協助（HCA）和軍民事務（CMO），協助太平洋地區需要援助的國家，藉以建立夥伴關係。執行部門包含國防部現役、國民兵和預備役人員。
[2]　太平洋夥伴關係（Pacific Partnership）始於 2004 年南亞大海嘯，是美國

案，動員空軍及兩棲艦艇從事包括類似「肩並肩」的鋪橋、造路、蓋學校、挖水井、看醫生等人道暨民眾協助任務。[3] 近幾年的「太平洋天使」及「太平洋夥伴關係」計畫，分別由美國空軍第 13 航空隊及美國海軍兩棲船塢運輸艦克里夫蘭號（USS Cleveland, LPD-17）執行，受惠國家包含東加共和國、萬那杜共和國、巴布亞新幾內亞、東帝汶及密克羅尼西亞聯邦等大洋洲國家；上述計畫持續於每年進行，並以較為落後、資源匱乏的落後島國為主要援助對象。

2012 年，在南海局勢趨於緊張之際，美國展開「2012 太平洋夥伴關係」計畫，訪問印尼、菲律賓、越南、柬埔寨等國，為受訪國人民提供醫療、牙齒保健、及其他服務；這次活動是美國在亞太地區有史以來最大的年度「人道暨民眾協助」任務，總共有 16 個國家參與，包括馬來西亞、印尼、菲律賓、越南等涉入與中共南海爭議的國家。[4] 日本主流媒體 NHK 指出，該項任務是為了在南海圍堵中共而設計。[5] 2013 年 5 月，美國海軍如往年

海軍太平洋艦隊年度重要任務，其與地方政府、部隊，以及人道救援和非政府組織合作，共同執行救災行動，藉以加強各國共同協作能力與關係。

[3] Senate Armed Services Committee (ed.), *Statement of Admiral Robert F. Willard, US Navy Commander, US Pacific Command, before the Senate Armed Services Committee on Appropriations on US Pacific Command Posture, 28 February 2012*, pp. 21-22.

[4] Rey Gerilla Grado, "Different Nationalities Participate in the Pacific Partnership 2012," *Leyte Samar Daily Express*, 2012, http://leytesamardaily.net/2012/06/different-nationalities-participate-in-the-pacific-partnership-2012/ (accessed 17 July, 2012).

[5] "比自衛隊などが医療支援開始 (Medical Support Is Conducted by Philippines, Japan's Self-Defense Forces and So On)," *NHK*, 2012, http://www3.nhk.or.jp/news/html/20120619/k10015945601000.html (accessed 19 June, 2012).

般展開為期四個月的「太平洋夥伴關係」，較往年不同的是，每年皆以美國太平洋艦隊檢派乙艘艦艇擔任旗艦，這次則分別由美國海軍船塢登陸艦珍珠港號（USS Pearl Harbor, LSD-52）擔綱；任務末段，任務指揮官暨作業參謀群執行旗艦轉移，由紐西蘭皇家海軍多功能運輸艦坎特伯雷號（HMNZS Canterbury, L-421）接任任務旗艦。[6] 此舉顯示，美軍對於跨國聯盟作戰，正致力於提升聯戰系統的作業互通性，及培養團隊合作的成熟契合度。簡言之，「太平洋天使」行動與「太平洋夥伴關係」等交往計畫涵蓋大部分亞太國家，其本質仍舊是擴散「海軍遠征戰鬥指揮部」的非正規作戰功能，是海軍外交的一環。

　　美軍太平洋司令部年度多達百次、陣容益趨龐大的軍演，以及廣受支持的「太平洋天使」行動與「太平洋夥伴關係」交往計畫，說明美國海、空軍融合軟、硬實力元素所成就的巧實力，使其戰力與制海權能無縫延伸至他國的海岸線與內陸，達成其海洋／海軍戰略目標，進而支持戰略再平衡。

　　這並不意味著美國在東亞的戰略再平衡未遭逢任何質疑及阻力。根據 David C. Kang 的觀察，部份亞太區域的國家領導人就表示出他們的擔憂；例如，新加坡和印尼的外交部長都對美國的反中言論及創造區域「緊張情勢的惡性循環及不信任度」表現擔心；前澳洲高階官員建議澳洲不要參與美國行動，要正視中共合理的發展策略，反對美國籍由運用兵力來達到亞洲的穩定。[7]

6　Tim D. Godbee, "Pacific Partnership Flag Crosses Decks to HMNZS Canterbury," *U.S. Pacific Fleet*, 2013, http://www.public.navy.mil/surfor/Pages/Pacific PartnershipFlagCrossesDeckstoHMNZSCanterbury.aspx (accessed March 16, 2014).

7　David C. Kang, "Is America listening to its East Asian Allies? Hugh White's *The China Choice*," *PacNet Newsletter*, no. PacNet #64 (2012), http://csis.org/

然而，幫助美國戰略再平衡進程的，正是北京的「摩擦崛起」思維。

參與聯合軍演的國家數量不斷增加，證明區域諸國對中共益發強勢的疑慮，以及對美國再平衡戰略的廣泛支持。在美國堅持貫徹「戰略再平衡」之際，大部分亞太國家－尤其是對中共崛起有疑慮的中等強權，以及與中共有主權爭端的聲索國－仍將繼續扈從於美國的霸權體系，反制中共的「摩擦崛起」。

此所以中俄雙方保留在東北亞發展準軍事結盟、挑戰美國之際，美國因勢利導，藉由增加軍演使美韓協防與美日安保共進，打造美日韓及美日澳同盟。此所以美國在東南亞引領日、澳、菲、印等國的海軍外交向南海匯聚，將其制海權延伸進入南海；以自身主導的新現實主義框架，侵蝕並取代原本由中共主導的「東協＋1」架構，使南海區域的國際關係進行結構性重組。此所以美國在環太平洋強化美日澳紐同盟，將南太島國盡納入同盟陣營的勢力範圍，反制中共的軍事外交，牢牢掌控第一、二島鏈中線以東的太平洋海域。

易言之，美國海軍正有計畫地聯合中國大陸的周邊國家，合組針對中共的平衡聯盟，依國家意志形塑對自身有利的戰略態勢。在此狀況下，不僅中共海洋／海軍戰略的第二、三階段目標——「到 2020 年確保第二島鏈內的制海權，並且在 2040 年成為可以遏制美國海軍在太平洋和印度洋支配權的力量」－仍遙遙無期，甚至於「到 2010 年為止，確立第一島鏈內的制海權，使其內海化」的第一階段目標，也可能將持續延宕。

---

files/publication/Pac1264.pdf.

簡而言之，戰略再平衡是美國維繫霸權、防止權力向中共轉移的亞太戰略；美利堅治世的創建與延續極其倚賴海軍；當前，只要美國持續炒作中共摩擦崛起與周邊國家的矛盾，將其加碼進場合理化，並落實再平衡的核心指導，在可見的未來，美國海軍將得以促成並利用由其領軍的平衡聯盟，以集體之力頓挫中共的海洋／海軍戰略目標，達成戰略再平衡的目的－維繫美國的全球領導地位。

第二節　再平衡的挑戰：美中軍費消長

◎美國自動減支對海軍衝擊⇔中共軍費成長對海軍挹注

2006 年時，美國海軍向國會報告，預計未來三十年艦隊要維持 313 艘艦艇。歐巴馬於 2011 年 8 月簽署《預算控制法》（The Budget Control Act, BCA）之前，國防部本已計畫要刪減 4,700 億美元。隨後，預算控制法簽署，授予「自動減支」（sequester）的法源依據；根據該法案，自彼時起到 2021 年未來十年內，國防預算將額外再刪減近 5,000 億美元。兩者合計，國防預算刪減額度達 9,700 億美元。影響所及，美國海軍於 2012 年 3 月，修正建軍目標為 310 至 316 艘艦艇。海軍復於 2012 年間完成兵力架構評估（force structure assessment, FSA），隨後於 2013 年 1 月底提出 2014 會計年度預算書，建軍目標再度修正為未來三十年（FY2014-FY2043），艦隊要維持 306 艘艦艇規模。[8]

---

[8] O'Rourke, *Navy Force Structure and Shipbuilding Plans: Background and Issues*

歐巴馬復於 2013 年 3 月 1 日簽署「自動減支行政命令」，立刻對國防經費帶來進一步衝擊。美國國防部因預算減縮必須執行「分段強行削債」的減支計畫，2013 會計年度減少 9% 的預算支出；而海軍 2013 會計年度的造艦科子目預算必須減少 17 億 5 千 2 百萬美元，高達 7.6%。[9] 2013 年 3 月自動減支生效後，美國海軍未來艦艇的規模數量是否向下修正，乃成主要的關切議題。儘管 2014 會計年度預算書仍維持 306 艘的建軍目標，美國海軍軍令部長格林奈特上將及副軍令部長佛格森（Mark E. Ferguson III）上將，在 2012 年到 2013 年 2 月中旬期間，重複向國會表示，如果財政情況沒有好轉，導致自動減支計畫徹底執行的話，海軍現有 280 艘艦艇，未來將縮減為 230 艘，包括至少損失兩部航母打擊群。[10] 海軍主管戰鬥系統的副軍令部長勃克（William Burke）中將更悲觀，他於 2013 年 5 月初向媒體指出，自動減支將使海軍僅擁有約 200 艘艦艇，屆時美國海軍恐怕難稱為全球性海軍。[11] 美國國防部採購科技暨後勤副部長坎德爾（Frank Kendall），則憂心因自動減支導致美軍戰力空洞化將會無可避免。[12]

---

for Congress, pp. 1, 2, 9, 12, 13. Robert O. Work, *The US Navy: Charting a Course for Tomorrow's Fleet* (Washington DC: Center for Strategic and Budgetary Assessments, 2008), p. 16. Ronald O'Rourke, *Navy Force Structure and Shipbuilding Plans: Background and Issues for Congress* (Washington DC: Library of Congress, 2013), pp. 1-2.

[9] O'Rourke, *Navy Force Structure and Shipbuilding Plans: Background and Issues for Congress*, p. 12.

[10] O'Rourke, *Navy Force Structure and Shipbuilding Plans: Background and Issues for Congress*, pp. 16-17, footnote 12.

[11] O'Rourke, *Navy Force Structure and Shipbuilding Plans: Background and Issues for Congress*, p. 24.

[12] Tyrone C. Marshall Jr., "Kendall: Sequestration Will Make Hollow Force Inevitable," *US Department of Defense*, 2013, http://www.defense.gov/news/

反觀中共，2013 年 3 月 4 日，中共所公佈的年度國防經費為 7201.68 億元人民幣（約 1143 億美元），較前一年增長 10.7%。媒體報導，2013 年總共有 17 艘各式新建造的戰艦加入中共海軍的序列，[13] 這使其當前艦艇總數達到約 290 艘之譜。如純以艦艇數量作比較，中共海軍艦艇總數首度超越美國海軍（迄 2013 年底，美國海軍艦艇總數約 280 艘）。

　　美國國防部在 2013 年中共軍力報告書中指出，未來十年，中共可能再自力生產建造多艘航母；第一艘自建的航母，可望於 2010 年代中後期加入作戰序列。[14] 中共海軍軍事學術研究所研究員李傑指出，由於軍科技術發展之故，海軍裝備正進入「井噴期」。[15] 2014 年 1 月，遼寧省委書記向媒體透露，中共未來將共有四艘自製航母。2014 年 3 月 5 日全國人大會議首日，中共公佈的新一年度國防經費為 8082.3 億元人民幣（約 1320 億美元），又較前一年增長 12.2%；此外，中共總理李克強更強調要強化海空防控能力。中共同時致力於提昇海軍軍備建設的質與量，說明北京決意挹注經費追求「海權強國」的軍備建設。

　　國際軍事專家咸認中共還有高額的隱藏性軍費；如英國《詹氏防衛週刊》估計，中共 2014 年實際軍費達 1480 億美元；倫敦國際戰略研究所並估計，中共的國防支出將在 2030 年代追上美

---

　　newsarticle.aspx?id=121076 (accessed November 14, 2013).

[13]　王銘義，〈劍指南海 陸海軍年增 17 艦〉，《中國時報》，2014 年 1 月 10 日，頁 A17。

[14]　Office of the Secretary of Defense, *Military and Security Developments Involving the People's Republic of China 2013*, p. 6. 媒體指出中共正同時建造兩艘航母，見王銘義，〈劍指南海 陸海軍年增 17 艦〉，頁 A17。

[15]　王銘義，〈劍指南海 陸海軍年增 17 艦〉，頁 A17。

國。[16] 以上資料，預示繼 2013 年中共海軍艦艇總數首度超越美國海軍之後，軍備建設美消中長的趨勢，恐怕將成為常態。美國的國防預算年年下修，相對於中共的國防預算年年增加，顯示中共軍事力量崛起，與美國在亞太的海洋／海軍戰略競爭加劇。美國觀察家擔憂，中共海軍的成長加上美國海軍的縮減，可能使中共軍事自信膨脹、美國盟邦及夥伴士氣受損，結果將更難以捍衛亞太利益。[17]

◎美國各界對自動減支的回應

2013 年 8 月 29 日，國防部長黑格爾在東協防長會議中，對於友邦產生有關自動減支可能衝擊的質疑，再次強調美國戮力執行再平衡的決心。[18] 美國除了軍界領導階層決心貫徹戰略再平衡之外，政界及學界亦然。2013 年 11 月 20 日，「美中經濟暨安全檢討委員會」針對美中關係作了全方位的檢討與建議，其中有關中共海上紛爭的報告指出：為因應中共基於主權與擴張核心利益、民族主義、及經濟發展等需求，激化海上爭端，甚至挑起東海、南海衝突，該委員會乃作出 41 項建議；其中最重要的第一

[16] Edward Wong, "China Announces 12.2% Increase in Military Budget," *New York Times*, 2014, http://www.nytimes.com/2014/03/06/world/asia/china-military -budget.html?_r=0 (accessed March 9, 2014). 蘋論，〈台灣玩完了嗎〉，《蘋果日報》，2014 年 3 月 7 日，頁 A6。

[17] O'Rourke, *Navy Force Structure and Shipbuilding Plans: Background and Issues for Congress*, p. 20.

[18] Bonnie Glaser and Denise Der, "American Reassurance of Rebalance Encourages Cooperation & Progress at ADMM+," *CSIS*, 2013, http://cogitasia.com/american-reassurance-of-rebalance-encourages-cooperation-progress-at-admm/ (accessed September 11, 2013).

項就是，強烈主張有必要在亞太地區維持可恃的海、空軍力，支持五角大廈在 2020 年前將海軍六成軍力轉移到亞洲；尤其，報告建議美國海軍部署亞洲船艦數量提高到至少 60 艘，並將母港在亞太的比例調整到 60%。[19]

2013 年初，美國海軍 2014 會計年度的 30 年建軍計畫需求為：2014 年，美國海軍艦艇總數 282 艘；到 2019 年，美國海軍艦艇總數將達 300 艘。在中共公佈 2014 年國防預算調增 12.2%前夕，美國國防部於 3 月 4 日公佈 2015 年軍備預算及 2014 年《四年期國防總檢討》；就海軍而言，2014 年，美國海軍艦艇總數將達 288 艘（比原計畫多 6 艘）；到 2019 年，美國海軍艦艇總數將達 309 艘（比原計畫多 9 艘）。[20] 這計畫需求數量，不但較之於前一年有明顯增長，2019 年擁有 309 艘，更超越原先三十年兵力整建計畫的（2043 年）總數 306 艘艦艇規模。[21] 此外，2014《四年期國防總檢討》重申 60%的海軍艦艇將部署於太平洋，並且將強化在日本的海軍部署，包括從新加坡輪駐而來的濱海戰鬥艦、為數可觀的驅逐艦及兩棲艦艇、及聯合高速艦。[22] 在自動減支的衝擊下，美國國防部門更決定將根據雙邊的協防援助（Mutual Defense Assistance, MDA）協定，要與日本共同研發製造新的濱海戰鬥艦。[23]

---

[19] Shea, "US-China Economic and Security Review Commission *2013 Report to Congress*," pp. 4, 6.

[20] "DoD Release Fiscal 2015 Budget Proposal and 2014 QDR," *US Department of Defense*, 2014, http://www.defense.gov/Releases/Release.aspx?ReleaseID =16567 (accessed March 9, 2014).

[21] 上則註腳中，美國國防部網頁所提海軍艦艇總數將達 309 艘，在 2014 年《四年期國防總檢討》並未呈現全貌。

[22] Office of Secretary of Defense, *Quadrennial Defense Review Report 2014.*

[23] 美日共同合造的新濱海戰鬥艦，據日本媒體報導，可能是較美軍現造 3000

以上美國政、軍、學、研、官等各界對於自動減支的因應，一致支持並印證前文所提：自馬漢（Alfred H. Mahan）時代開始，美國海軍就遵循一項準則，要挑戰所有制海方面的敵人；「但是外交的運作，以及與其他主要海軍強國的結盟，也都是為了一個終極的目的，那就是確保就集結艦隊的陣容數量而言，沒有任何國家可以超越美國海軍」（見第二章第一節）。當美國海軍本身無法達成此目標時，美國政府則借助外交與同盟的運作，確保同盟陣營的數量優勢。

◎海軍艦隊的規模與架構調整

自動減支使美國建造更多艦艇及戰機的主觀意願備受衝擊；為了在艦艇數量擴增受限的前景下，仍然能夠勉力達成海軍戰略的進程，美國海軍內部對於藍水、綠水、及褐水戰力所需之各型艦艇儎台數量作出調整，尤其是褐水戰力受到特別關照。比較 2006 與 2013 年公布的未來三十年建軍目標，得出褐水戰力艦艇的需求變化如下表：

噸型更輕的衍生型，以反制中共 220 噸級的 022 型雙船體隱形飛彈快艇，及 1800 噸級的 056 型輕型導彈護衛艦；參見 J. Michael Cole, "US, Japan to Jointly Develop Littoral Combat Ship," *The Diplomat*, 2014, http://thediplomat.com/2014/03/us-japan-to-jointly-develop-littoral-combat-ship/ (accessed March 14, 2014).

表十四　2006/2013 美國海軍褐水戰力艦艇需求比較[24]

	2006 年版 總 313 艘	2013 年版 總 306 艘	+/-
濱海戰鬥艦	55	52	-3
各式兩棲艦艇	31	33	+2
海上前置部隊	0	12	
聯合高速艦	3	10	+7
機動登陸儎台（mobile landing platform, MLP）／浮動前沿發動基地（afloat forward staging base, AFSB）[25]	17	23	+6
總數（比例）	106（33.87%）	118（38.56%）	+12

來源：作者自行綜整

　　仔細分析增減脈絡，發現除昂貴的濱海戰鬥艦略減 3 艘外，其它如搭載陸戰遠征旅（MEB）所需各式兩棲艦艇、聯合高速艦、及機動登陸儎台／浮動前沿發動基地皆有增加；最後增加總數為 12 艘，而且褐水戰力艦艇比例也由 33.87%上升到 38.56%。

　　與 NECC 最相關的艦艇，包括濱海戰鬥艦、兩棲艦艇、聯合高速艦、及機動登陸儎台／浮動前沿發動基地等各式儎具；這些艦艇也正是美國在亞太遂行海軍外交，將制海權貫穿褐水進入他國河道、港口、海岸線，深入內陸進行作戰行動之所最需。這些艦艇的總數及比例增加，顯示自動減支刺激了美國海軍，使其根據空海整體戰的需求，在建軍規劃上調整海軍兵力規模與架構，賦予 NECC 更多資源；強化其遂行海軍戰略／海軍外交的能量。值得注意的是，美國陸戰隊的預算獨立於海軍預算之外，如果加

---

[24] 美國 2014 年《四年期國防總檢討》的非機密公開版本，未能呈現未來三十年總數 309 艘艦艇的最新數量結構。

[25] 譯名參照國防部編譯 2006 年美國《四年期國防總檢討》。

計美國陸戰隊的戰力需求，美國海軍褐水戰力及深入內陸作戰的核心戰力成長，更是令人敬畏。

第三節　再平衡與亞太軍演的未來發展趨勢

　　展望未來，中共習李體制下以「摩擦崛起」為特色的海洋戰略，勢必加深與美國「戰略再平衡」佈局的矛盾；而中共強化海空防控的軍備建設方針，更意味將升高中共「反介入／區域拒止」與美國「空海整體戰」的對峙；中美兩造淪入安全困境，從事軍備競賽，權力轉移鬥爭，甚至於發生霸權戰爭的可能性持續升高。

　　美國面對內有自動減支的衝擊，外有中共提升軍備的挑戰，要持續保持對共軍的戰略嚇阻能力，至少將採取下列因應措施：

一、強化盟國防衛合作、平衡共軍數量優勢

　　太平洋總部指揮官洛克利爾上將，特別強調要強化與盟國及新興夥伴的防衛合作。[26] 可以想見，美軍很可能將持續炒作中共所謂的核心利益（黃海、釣魚台、台海、南海）議題，凝聚大陸周邊鄰國對美國的向心力；俾利美國陣營能夠糾集眾盟國之力，壓制中共海軍的數量優勢。北京如未能冷靜以對，反而訴諸民族

---

[26] Donna Miles, "Locklear: U.S. Focuses on Strengthening Asia-Pacific Alliances," *US Department of Defense*, 2013, http://www.defense.gov/News/NewsArticle. aspx?ID=121072 (accessed November 14, 2013).

主義，將導致中共與周邊鄰國兩造間的民族主義相互激盪，進而合理化美國的干預行動；即使如中俄軍演，恐將成為美國錘煉海洋民主聯盟的薪火，使華府藉機加碼進場。

前文提及 2013 年 11 月下旬中共劃定東海防空識別區，升高與美日陣營的緊張關係；12 月 5 日美國巡洋艦考本斯號強闖遼寧號航母內防區，引發中共派艦逼開美艦，險釀重大海事。該等事件既是中共尋求摩擦崛起、立場越趨強硬的註腳，也是美國強化盟國防衛合作、凝聚向心力的薪火。日本在兩次事件後，發表聲明呼籲保障海上與空中的自由航行安全，無異要拉攏中共周邊鄰國支持美日，籌組針對中共的優勢平衡聯盟，尋求大陸周邊海域的全面軍事管控權。

未來，中共可能繼續拋出黃海防空識別區、南海防空識別區等議題，或嚴格執行休漁期法規，或令解放軍戰機掛彈緊急升空以巡弋並驅趕進入防空識別區之外國戰機；這些刺激性措施，都將更有利於美國糾集眾國，打造圍堵中共的平衡聯盟。

二、加速軍事事務革新、強化尖端核心戰力

當前，美軍在軍力上仍享有質的絕對優勢。美軍的軍事科技領先全球，各式科學研究活躍，軍事理論不斷推陳出新，研發先進武器、載具的預算與計畫，仍大幅領先全球其他國家。美國除以平衡聯盟反制中共軍力的數量優勢之外，勢必繼續研發最尖端武器裝備，並適時投入各相關軍演。

2012 年，「全球之鷹」無人偵察機首次參與「勇敢之盾」（Valiant Shield 2012）演習。據美國海軍官方網站報導，瀕海作戰艦自由號（USS Freedom, LCS-1）於 2013 年 4 月 18 日抵新加

坡，展開為期 8 個月的前進部署，並實際參加 2013 年的「卡拉特」演習。美國海軍官方公布成功研發雷射武器（Solid-State Laser），[27] 計畫於 2014 年部署於海軍「浮動前沿發動基地」龐塞號（USS Ponce, AFSB（I）-15）上。[28] 2013 年 5 月至 7 月，美國公布 X-47B 型隱形無人機，首度成功自美軍航空母艦「布希號」（USS G.H.W. Bush, CVN-77）上起降等。[29]

另外，包括配備雷射武器的新式匿蹤遠距離轟炸機、電磁砲、MC-12W 情報監偵飛機、X-37B 無人太空戰機、以及能夠在「近太空」（Near Space）滑行的「先進極音速武器」（Advanced Hypersonic Weapon, AHW）等（如下圖），積極開發「全球即時打擊能力」作戰系統，使得美國能夠在一小時內精準打擊世界上任何關鍵目標，維持美國在全球軍事力量的絕對優勢。相信在不久的將來，這些新式軍武將在各式軍演中亮相。

[27] Office of Naval Research, "Navy Leaders Announce Plans for Deploying Cost-Saving Laser Technology," *Department of the Navy*, 2013, http://www.navy.mil/submit/display.asp?story_id=73234 (accessed March 2, 2014).

[28] 美國海上運輸指揮部於 2012 年 1 月 24 日以「浮動前沿發動基地」（Afloat Forward Staging Base, AFSB）為概念，在 AFSB 具體發展出成品之前，暫時將 LPD-15 龐塞號兩棲船塢運輸艦重新定義為「浮動前沿發動基地」（interim），負責擔任空中或水面掃雷載台的前進中繼基地，亦負責軍事任務或人道救援任務，直至新式載台服役。（美軍官方網站未明示為何種新式載台，但作者判斷可能是新造艦 MLP 型艦）（Maritime Landing Platform）。

[29] Brandon Vinson, "X-47B Accomplishes First Ever Carrier Touch and Go aboard CVN 77," *Department of the Navy*, 2013, http://www.navy.mil/submit/display.asp?story_id=74225 (accessed March 2, 2014).

資料來源：作者繪製

圖 21　新式軍事武器投入軍演

三、藉 NECC Pacific、建反中 A2/AD 網絡

美國海軍部特別指出，NECC 以創新、小規模區域演習，諮商單位，及輪駐部署等形式，使遠征部隊戰力得以向前推進，對於美國的亞太再平衡戰略而言，是不可或缺的一環。[30] 在美國重整兵力結構，以確保部隊靈活、彈性、並能快速因應全般緊急狀態之際，美國已決定當前的海軍遠征部隊兵力結構最終能達成精簡，並且能以精簡後的能量支援海軍遠征部隊全般任務需求。[31]

[30] 轉引自 O'Rourke, *Navy Irregular Warfare and Counterterrorism Operations: Background and Issues for Congress (August 2013)*, p. 11.

[31] O'Rourke, *Navy Irregular Warfare and Counterterrorism Operations: Background*

2012 年 10 月 1 日，美國海軍特別於美軍太平洋司令部內新編成 NECC Pacific（NECC PAC）單位，使 NECC 與太平洋司令部指揮官之間的行政關係得以正式化。[32] 可以想見，太平洋司令部將擴大利用 NECC，遂行非正規作戰／非戰爭性軍事行動，特別是強化編織遂行空海整體戰的聯盟作戰網絡。

尤有甚者，美國學者 Jim Thomas 認為，美國應協助東南亞國家將重點放在建立空海整體戰的概念，及發展區域性、針對中共的小型 A2/AD 作戰能力，以圍堵對抗未來更具侵略性的中共。[33] 鑒於 NECC 是海軍外交的核心運作機制，且其核心任務包括海上安全作戰（維護海上、河流及內陸水道安全）及戰區安全合作（確保達成兵力投射任務；確保聯合、雙邊、多邊演習順利進行），將來美國如果企圖將中共周邊國家納入其空海整體戰的協同作戰行列，尤須倚賴 NECC PAC 的努力。NECC PAC 所能做的，至少如同美國海軍戰爭學院波拉克教授對於「千艦海軍」的期許：促進多邊安全共識、形塑合作交流習慣、分享資訊、及培養合作機制，打造全球海洋安全聯盟。[34]

此外，就美國應協助東南亞國家發展區域性、針對中共的小型 A2/AD 作戰能力而言，美國當前對中共周邊國家出售軍武，

---

and Issues for Congress (August 2013), p. 11.

[32] Ronald O'Rourke, *Navy Irregular Warfare and Counterterrorism Operations: Background and Issues for Congress (October 2012)* (Washington DC: Library of Congress, 2012), p. 10.

[33] Jim Thomas, *Testimony: China's Active Defense Strategy and its Regional Implications* (Washington DC: Center for Strategic and Budgetary Assessments, 2011), pp. 4-5.

[34] Jonathan D. Pollack, "US Navy Strategy in Transition: Implications for Maritime Security Cooperation," in *1st Berlin Conference on Asian Security (Berlin Group)* (Berlin: US Naval War College, 2006), 8.

除了有利於美國提升與該等國家進行聯盟作戰時的作業互通性之外，更值得注意的是，一旦中共與美國爆發軍事衝突，隸屬美國陣營的周邊國家很可能與美國協同行動，對中共發動飽和攻擊，以削弱或破壞中共對美國進行 A2/AD 的作戰能量，進而對美國的空海整體戰提供掩護。亦即，中共對美國進行 A2/AD 的作戰行動時，可能同時遭受美軍及周邊國家的協同飽和攻擊，而出現（例如）雷達幕上難以判讀美軍機艦、戰鬥系統無暇攻擊美軍機艦的窘境，接戰能力將被盟軍消磨殆盡，最終遭致潰敗。

四、強調運用多元工具、強化再平衡巧實力

2013 年 11 月 5 日，國防部長黑格爾在對戰略與國際研究中心的演講中指出，戰略再平衡使用的工具包括外交、經濟、貿易、與文化等倡議在內。[35] 頗有在自動減支陰影籠罩下，以非軍事的軟實力工具彌補硬實力不足之意。前文提及美國指控中共將反介入／區域拒止戰力延伸進入南海，且中共海軍任務之一乃「反海上交通線」；這類有關中共威脅的指控，實為美國著眼於吸引相關國家擁抱美國的前沿部署，發揮軍事外交政策的軟實力。其衍生的戰略意涵是：在既有美國霸權體系中搭便車的利害關係國，如與中共有主權紛爭的聲索國，及憂慮中共的崛起衝擊其利益的其他中等強權，面對益發強勢、對美國自動減支暗自竊喜的中共，渠等更願意支持美國海軍的前沿部署，投入圍堵中共的平衡聯盟行列。

---

[35] Chuck Hagel, "CSIS Global Security Forum Speech As Delivered by Secretary of Defense Chuck Hagel," *US Department of Defense*, 2013, http://www.defense.gov/speeches/speech.aspx?speechid=1814 (accessed November 14, 2013).

這些因應措施，彼此交互錯節、盤根交錯，其中尤以強化盟國防衛合作為首要。2014 年 2 月初，美國利用防空識別區爭議，宣示在南海與東海的航行及飛航自由事關美國國家利益；此聲明意味美國鞏固道德高地，將其在東北亞、東南亞、及環太地區等戰略佈局連成一線，同時將日澳韓紐及南海聲索國等防衛夥伴連成一氣，集體對抗中共的摩擦崛起。

中共學者閻學通曾警告，如果中共繼續依恃軍事或經貿力量脅迫利誘周邊鄰國，而不能以德服眾，則中共恐難逃失敗的命運；這也說明何以美國有超過五十個以上的正式軍事盟國，而中共卻連一個都沒有。[36] 對照之下，美國如繼續善用其文化、價值、與政策等軟實力，仍將很有機會舒緩自動減支對發展硬實力的衝擊，藉海軍外交搶占道德高地、跨越主權障礙，將其 NECC 注入他國合理化，達成制海權向內陸推進的海軍戰略目的。當美國與既有盟國及新興防衛夥伴進行聯合軍演，實亦即展現平衡聯盟的巧實力，貫徹戰略再平衡的國家戰略，維繫美利堅治世。

小結

美軍太平洋司令部在亞太除年度舉行多達百次的軍演外，另有更軟性的「太平洋天使」及「太平洋夥伴關係」等方案，其本

---

[36] Xuetong Yan, "How China Can Defeat America," *New York Times*, November 21 2011, p. A29. 中共學者閻學通認為北韓與巴基斯坦僅能算是中共的準同盟。

質仍是海軍外交。美軍太平洋司令部藉由巧實力使制海權無縫延伸，達成海洋／海軍戰略目標。北京的「摩擦崛起」，促使大部分亞太國家蠆從美國的霸權體系，支持戰略再平衡。因此，美國得以在東北亞打造美日韓及美日澳同盟；在東南亞引領日、澳、菲、印等國海軍向南海匯聚；在環太地區強化美日澳紐同盟。易言之，美國海軍正打造平衡聯盟，以集體之力頓挫中共的海洋／海軍戰略，達成戰略再平衡的目的－形塑有利於維繫美利堅治世的戰略態勢。

然而，美國的自動減支計畫，對其戰略再平衡帶來重大挑戰。儘管如此，美國政軍學等各界仍然不斷強調要貫徹執行戰略再平衡。美國海軍面對中共海軍成長、而自身必須縮減的刺激，乃根據空海整體戰的需求，在建軍規劃上調整海軍兵力規模與架構，賦予 NECC 更多資源，強化其遂行海軍戰略／海軍外交的能量。

展望未來，中共以「摩擦崛起」為特色的海洋戰略，勢必加深與美國「戰略再平衡」佈局的矛盾，升高「反介入／區域拒止」與「空海整體戰」的對峙；中美權力轉移鬥爭，甚至於發生霸權戰爭的可能性持續升高。美國面對數量優勢向中共傾斜的挑戰，要持續保持戰略嚇阻能力，因應措施至少包括：強化盟國防衛合作、平衡共軍數量優勢；加速軍事事務革新、強化尖端核心戰力；藉 NECC Pacific、建反中 A2/AD 網絡；強調運用多元工具、強化再平衡巧實力。其中，尤以強化盟國防衛合作為要。美國利用防空識別區爭議，宣示在南海與東海的航行及飛航自由事關美國國家利益；此意味將日澳韓紐及南海聲索國等防衛夥伴連成一氣，集體對抗中共的摩擦崛起。中共著名學者曾警告，如果中共繼續依恃軍事或經貿力量脅迫利誘周邊鄰國，而不能以德服眾，未來恐難逃失敗的命運。

CHAPTER 9

結論

> "It's why I firmly believe that if we rise to this moment in history, if we meet our responsibilities, then -- just like the 20th century -- the 21st century will be another great American Century."
>
> Remarks by Barrack Obama,
> 2012 Air Force Academy Commencement

1991 年冷戰結束，美國創建美利堅治世。然而，近年中共綜合國力不斷成長，決意發展海權，強勢主張「核心利益」，展現挑戰美國亞太霸權的潛能，導致美中兩國深陷權力轉移的戰略互疑格局。由此之故，美中海權競合已成 21 世紀的國際政治主軸；自西太平洋延伸至印度洋的海域，儼然已成國際政治的中心舞台。

　　美國歷任政府的重要安全文件，反映「霸權穩定論」的論述；當前歐巴馬政府以維繫亞太霸權、防止權力轉移為志業。歐巴馬 2012 年初宣示「戰略再平衡」，原始初衷是企圖藉由調整軍事部署重心於亞太，嚇阻中共的挑戰；該戰略誠乃美國維繫霸權、防止權力轉移的亞太戰略。儘管維護和平、保持合作或為美中的最大共識，且美國於 2013 年初修正再平衡的基調，圖緩和雙邊關係，但彼此戰略矛盾根深柢固；面對中共走向海洋，美國決意貫徹戰略再平衡。

　　美國海軍及其前沿部署，是落實再平衡的主要工具；美國海軍決策階層制訂了貫徹戰略再平衡的核心指導。面對中共強化近海戰力、發展遠洋海軍的挑戰，美國利用「中國威脅論」，因勢利導中共與周邊國家兩造間民族主義相互激盪，俾利美軍加碼進場。美國海軍運用其海軍戰略／海軍外交，鼓吹區域海上安全合作，占據道德高地；並進一步藉由 NECC 遂行「非正規作戰」，尤其是藉由「人道救援暨災難救助」，尋求在中國大陸周邊海域，掌握他國褐水的制海權及鞏固在他國內陸的立足點；使美國海軍得以整合藍水、綠水、褐水戰力，利其戰力無縫延伸，甚至貫穿他國的海岸線及內陸，為發展「空海整體戰」進行佈局。美國藉此在西太平洋鼓舞防衛夥伴，與其合組平衡聯盟，嚇阻可能威脅美國霸權的中共海軍。美國海軍及前沿部署所主導的軍演，其目的乃：在平時遂行預防性外交與軍事戰略，為戰時進行積極攻勢作戰蓄積能量，支持戰略再平衡。

　　研究美軍在亞太各地區的各項軍演發展脈絡與實務，發現：美國在東北亞主導的軍演，尋求因應中共軍事現代化、北韓發展核武與傳統軍力、與俄羅斯的重新崛起；美國在東南亞主導的軍演，尋求因應中共軍力擴張與南海爭議；美國在環太地區所主導的軍演，是以因應中共海軍的擴張為其終極目標。簡而言之，中共軍事現代化與軍力擴張——尤其是中共海軍的現代化與擴張——始終是美國對亞太安全的關切焦點。此印證美國多達百次的軍演，主要是以嚇阻中共的軍事挑戰為目標。

　　就軍事外交的層面而言，美國藉由一連串的軍演，將所有與其有正式盟約的日、澳、韓等中等強權，逐步整合在東北亞地區的戰略佈局之中；尤其，美國致力於打造美日韓及美日澳同盟。在東南亞地區，美國海軍志在南海地區取得基地，調校同盟國與新興夥伴國（針對中共）的防務目標，並編織綿密的聯盟作戰網絡；尤其，美國正引導日澳菲印等國發展海軍外交，並向南海匯聚；南海區域的國際關係，已因以美國為首之域外強權的介入，正進行一波結構性的重組。在環太平洋地區，日本與澳大利亞主動監視並反制中共在該區的軍事外交，此顯示美日澳同盟的契合度與嚴整性；尤其，美國正打造美日澳紐同盟。易言之，美國海軍在亞太正致力於打造平衡聯盟，期以集體之力形塑有利於維繫美利堅治世的戰略態勢。

　　探究美國亞太軍演最精妙之處，當在於探討美國海軍主導的軍演，是否成功達成在平時遂行預防性外交與軍事戰略，為戰時遂行空海整體戰進行佈局的目標。亦即，美國海軍是否成功地遂行海軍戰略／海軍外交，在中共周邊海域極致延伸制海權，並與空海整體戰有效鏈結。歸納美國在亞太軍演的發展趨勢，包括依區域安全輕重緩急投入資源、提倡共同因應非傳統安全威脅、朝向大規模及多邊化發展、及注重提昇多兵種聯合與作業互通性。以上發展趨勢，意味 NECC 正積極遂行海軍外交，編織綿密的聯盟作戰網絡，有利美軍在中共周邊海域遂行空海整體戰，達成壓制中共「反介入／區域拒止」作戰能力的目標。美菲「肩並肩」軍演的案例顯示：美國在南海正落實將制海權貫穿到他國海岸線甚至內陸，支持以空海整體戰壓制中共的反介入／區域拒止戰力，壓縮中共在南海的行動自由。

更值得注意的趨勢是，中共在「習李體制」下，似已揚棄「韜光養晦」的外交政策；中共的海洋／海軍戰略，顯現「採取摩擦崛起、維護海外利益、強化遠洋能力」等特點；此意味中共國家路線正由「和平發展」轉向「摩擦崛起」。中共劃設東海防空識別區，可能再另外劃設南海或其他海域防空識別區，及宣示漁業管理規定等強勢立場，印證以上外交政策、國家路線、及海洋／海軍戰略的變化。

展望未來，在自動減支可能衝擊美國國防戰略的陰影下，中共「摩擦崛起」與美國「戰略再平衡」的矛盾加深，「反介入／區域拒止」與「空海整體戰」的對峙升高；增加了中美發生霸權戰爭的可能性。美國要持續保持戰略嚇阻能力，因應措施至少包括：強化盟國防衛合作；強化尖端核心戰力；建立反中 A2/AD 網絡；及運用多元國力工具。

其中，尤以強化盟國防衛合作為要。美國利用中共劃設防空識別區爭議，宣示在南海與東海的航行及飛航自由事關美國國家利益；此意味美國因勢利導，將東北亞、東南亞、及環太地區的戰略佈局連成一線，並將日、澳、韓、紐、印、及南海聲索國等防衛夥伴納入統一戰線；更重要的是，這也意味美日安保儼然晉身成為戰略再平衡的脊樑，提昇美日行使集體自衛權的正當性；美日將得以確保航行自由與飛航自由為名，在印太海域全面涉入安全事務，尋求抗衡中共的軍事管控權。

相反地，中共的強勢立場與作為，卻驅使大部分亞太國家選擇繼續搭便車（bandwagon），扈從於美國的霸權體系，反制中共的「摩擦崛起」。未來，除非「美利堅治世」全面敗退、同盟瓦解，否則，中共連達成文匯版海洋／海軍戰略第一階段的目標——「確立第一島鏈內的制海權，使其內海化」，恐怕都遙不可及。中共著名學者警告，如果中共繼續依恃軍事或經貿力量脅迫利誘周邊鄰國，而不能以德服眾，未來恐怕難逃失敗的命運。

參考書目

7 AF Public Affairs, "UFG '12 Exercise Wraps Up in South Korea," *US Pacific Command*, 2012, http://www.7af.pacaf.af.mil/news/story.asp?id=123316121 (accessed September 23, 2013).

7 AF Public Affairs, "Ulchi Freedom-Guardian '12 Exercise Wraps Up in South Korea," *US Pacfic Command*, 2012, http://www.pacom.mil/media/news/2012/08/30-ufg12-exercise-wraps-up-in-skorea.shtml (accessed March 24, 2014).

2006 Navy Strategic Plan, ed. United States Navy (Washington DC: Chief of Naval Operations, 2006).

Agence France-Presse, "Navy Chief: US Would 'Help' Philippines In South China Sea," *Defense News*, 2014, http://www.defensenews.com/article/20140213/DEFREG03/302130031/Navy-Chief-US-Would-Help-Philippines-South-China-Sea (accessed March 6, 2014).

Agencies, "Japan Steps into South China Sea Territorial Feud," *Indian Express*, 2011, http://www.indianexpress.com/news/japan-steps-into-south-china-sea-territorial-feud/849134/ (accessed July 16, 2012).

Aguerry, "U.S., India Navies Partner for Maritime-Training Exercise," *US Navy*, 2012, http://navylive.dodlive.mil/2012/04/17/u-s-india-navies-partner-for-maritime-training-exercise/ (accessed March 7, 2014).

Ailes, Justin, "Expeditionary Combat Camera Underwater Photo Team Visits GTMO," *Department of the Navy*, 2012, http://www.navy.mil/submit/display.asp?story_id=65373 (accessed March 1, 2014).

"Airpower on display at Cope North 13," *US Pacific Air Force*, 2013, http://www. pacaf.af.mil/news/story.asp?id=123336666 (accessed March 1, 2014).

American Forces Press Service, "Navy to Help Recovery Effort in Minnesota Bridge Collapse," *Department of the Navy*, 2007, http://www.navy.mil/submit/display.asp?story_id=31025 (accessed March 1, 2014).

Anderlini, Jamil, and Ben Bland, "China Stamps Passports with Sea Claims," *Financial Times*, 2012, http://www.ft.com/cms/s/0/7dc376c6-3306-11e2-aabc-00144feabdc0.html#axzz2v9CLZsqx (accessed March 10, 2013).

Armed Forces of the Philippines, "30 Aircraft, 3 Vessels Deployed for Balikatan 2013," *Noodls.com*, 2013, http://www.noodls.com/view/7AF373F2E95 42424EC1FF6EEB6B295606CCADC22?9807xxx1364972406 (accessed 23 May, 2013).

ASEAN Secretariat, "Declaration on the Conduct of Parties in the South China Sea," *ASEAN*, 2002, http://www.aseansec.org/13163.htm (accessed 4 November, 2009).

"Asia-Pacific Region Sees Projected Spending of 200 Bln USD in Naval Market in 20 Yrs: Expert," *Xinhua*, 2013, http://news.xinhuanet.com/english/world/2013-05/14/c_132382111.htm (accessed May 26, 2013).

Bacevich, Andrew J., *American Empire: The Realities and Consequences of U.S. Diplomacy* (Cambridge: Harvard University Press, 2002).

Background Briefing Subject: National Military Strategy, ed. Department of Defense (Office of the Assistant Secretary of Defense (Public Affairs), 1995).

Bajpaee, Chietigj, "Reaffirming India's South China Sea Credentials," *The Diplomat*, 2013, http://thediplomat.com/2013/08/reaffirming-indias-south-china-sea-credentials/ (accessed March 6, 2014).

Bedi, Rahul. "First P-8I Touches Down in India." *Jane's Navy International* Vol. 118, No. 5, June, 2013, 5.

Bhatia, Sanjaya, Tiziana Bonapace, P.G. Dhar Chakrabarti, Vishaka Hidallege, et al., *Protecting Development Gains The Asia Pacific Disaster Report 2010*, ed. Economic and Social Commission for Asia and the Pacific (ESCAP) and International Strategy for Disaster Reduction (ISDR) (Bangkok: United Nations, 2010).

Blair, Dennis C., *The National Intelligence Strategy of the United States of America* (Washington DC: Office of the Director of National Intelligence, August 2009).

Blankenship, Karen, "Bonhomme Richard ARG, 31st MEU Begin PHIBLEX," *US Pacfic Command*, 2012, http://www.pacom.mil/media/news/2012/10/09-bonhomme_richard-arg-31stmeu-begin-phiblex.shtml (accessed March 7, 2014).

Bonilla, Ernesto, "RIMPAC 2012 Concludes," *Department of the Navy*, 2012, http://www.navy.mil/submit/display.asp?story_id=68817 (accessed March 10, 2014).

Bradford, John F. 2011. "United States Maritime Strategy-Implications for Indo-Pacific Sealanes." In *Re-evaluating the Importance of Sea Lines of Communication (SLOCs) in the Asia Pacific Region*. New Delhi: Observer Research Foundation.

"British Maritime Doctrine BR1806: Chapter 2—The Maritime Environment and the Nature of Maritime Power," *The Stationery Office*, 2004, http://www.da.mod.uk/colleges/jscsc/courses/RND/bmd (accessed March 2, 2012).

Brown, Michelle, "Khaan Quest 2012 Opening Ceremony Demonstrates Strength of Multinational Relationships," *US Army*, 2012, http://www.army.mil/article/85459/Khaan_Quest_2012_opening_ceremony_demonstrates_st rength_of_multinational_relationships (accessed March 13, 2014).

Brown, Seyom, *The Illusion of Control: Force and Foreign Policy in the Twenty-First Century* (Washington DC: The Brookings Institution, 2003).

Brown, Seyom, 掌控的迷思－美國21世紀的軍力與外交政策 Translated by 李育慈（台北：國防部譯印軍官團叢書，2006）.

Burford, Sarah E., "Lummus Concludes Active Support of Dawn Blitz 2013," *Department of the Navy*, 2013, http://www.navy.mil/submit/display.asp?story_id=74952 (accessed March 13, 2014).

CAPT David Balk. 2008. "NECC 57th Annual Conference of the Civil Affairs Association." 16. Little Creek: Navy Expeditionary Combat Command.

CAPT Grant Morris. 2011. "Naval Construction Force Overview SAME Mid Atlantic Region Conference November 2 2011." 23. Little Creek: Navy Expeditionary Combat Command.

CAPT Steve Hamer. 2013. "AFCEA/U.S. Naval Institute East: Joint Warfighting 2013." 23. Little Creek: Navy Expeditionary Combat Command.

CDR Jim Turner. 2011. "National Defense Industrial Association Joint Missions Conference, 31 August 2011." 17. Little Creek: Navy Expeditionary Combat Command.

Chang, Andrei, "PLA Navy to Guard China's Global Interests," *UPI Asia*, 2009, http://www.upiasia.com/Security/2009/02/20/pla_navy_to_guard _chinas_global_interests/1570/ (accessed September 13, 2010).

Chen, Edward, "Rebalancing Act US Policy of Rebalancing toward Asia Seen Continuing in Obama Second Term," *Strategic Vision*, Vol. 2, No. 9 (2013), pp. 15-19.

Childers, Timothy, "ercise Iron Fist Brings Two Nations Together," *US Marine Corps*, 2012, http://www.15thmeu.marines.mil/News/NewsArticleDisplay/ tabid/8671/Article/82567/exercise-iron-fist-brings-two-nations-together. aspx (accessed March 14, 2013).

"Chinese Troops Join US-Thailand Cobra Gold Military Exercises for the First Time," *Xinhuanet*, 2014, http://news.xinhuanet.com/english/video/ 2014-02/12/c_133109141.htm (accessed March 4, 2014).

Clinton, Hillary, "America's Pacific Century," *Foreign Policy*, Vol. 2013, No. 189 (2011), pp. 56-63.

Clinton, Hillary Rodham, "Remarks With Secretary of Defense Leon Panetta, Philippines Foreign Secretary Albert del Rosario, and Philippines Defense Secretary Voltaire Gazmin After Their Meeting," *US Department of State*, 2012, http://www.state.gov/secretary/rm/2012/04/188982.htm (accessed May 4, 2012).

"Cobra Gold," *GlobalSecurity*, http://www.globalsecurity.org/military/ops/ cobra-gold.htm (accessed March 4, 2014).

Cole, Bernard, *The Great Wall at Sea: China's Navy Enters the 21st Century* (Annapolis: Naval Institute Press, 2001).

Cole, J. Michael, "US, Japan to Jointly Develop Littoral Combat Ship," *The Diplomat*, 2014, http://thediplomat.com/2014/03/us-japan-to-jointly-develop-littoral-combat-ship/ (accessed March 14, 2014).

"Cooperative Security Location," *Wikipedia*, http://en.wikipedia.org/wiki/Cooperative_Security_Location (accessed March 13, 2014).

"Cope India," *GlobalSecurity*, http://www.globalsecurity.org/military/ops/cope-india.htm (accessed March 23, 2014).

Corbett, Julian Stafford, *Principles of Maritime Strategy*. Dover ed (New York: Dover, 2004).

Cronin, Patrick M., and Robert D. Kaplan, "Cooperation from Strength: US Strategy and the South China Sea," in Patrick M. Cronin (ed.), *Cooperation from Strength: The United States, China and the South China Sea* (Washington DC: Center for New America Security, 2012), pp. 3-29.

CSI Fact Sheet, ed. Department of Homeland Security (US Customs and Border Protection, 2007).

Debby Guha-Sapir, Femke Vos, Regina Below, and Sylvain Ponserre, *Annual Disaster Statistical Review 2011 The Numbers and Trends* (Brussels: Center for Research on the Epidemiology of Disasters (CRED), 2012).

"Defense Department Background Briefing on Global Posture Review," *Department of Defense*, 2004, http://www.defense.gov/transcripts/transcript.aspx?transcriptid=2641 (accessed March 13, 2004).

Dempsey, Martin E., *Joint Operational Access Concept (JOAC) Version 1.0*, ed. Department of Defense (Wasington DC: 2012).

Deng, Xiaoping, "Socialism with Chinese Characteristics and the Development of Marxism in China," http://www.puk.de/de/nhp/puk-downloads/socialism-xxi-english/35-socialism-with-chinese-characteristics-and-the-development-of-marxism-in-china.html (accessed September 12, 2010).

Department of Defence, *Defence White Paper 2013* (Canberra: Department of Defence (Australia), 2013).

Department of Defence, *Defending Australia in the Asia Pacific Century: Force 2030 (Defence White Paper 2009)* (Canberra: Department of Defence (Australia), 2009).

Department of Defense (ed.), *Joint Publication 1-02: Dictionary of Military and Associated Terms (As Amended through 16 July 2013)* (Washington DC: DoD, 2010).

Department of the Navy (ed.), *Highlights of the Department of the Navy FY 2012 Budget* (Washington DC: Department of the Navy, 2011).

DoD, "DOD News Briefing with Geoff Morrell from the Pentagon," 2011, http://www.defense.gov/transcripts/transcript.aspx?transcriptid=4758 (accessed August 14, 2011).

"DoD Release Fiscal 2015 Budget Proposal and 2014 QDR," *US Department of Defense*, 2014, http://www.defense.gov/Releases/Release.aspx?Release ID=16567 (accessed March 9, 2014).

Donilon, Tom, "Remarks By Tom Donilon, National Security Advisor to the President: "The United States and the Asia-Pacific in 2013"," *White House*, 2013, http://www.whitehouse.gov/the-press-office/2013/03/11/ remarks-tom-donilon-national-security-advisory-president-united-states-a (accessed 22 June, 2013).

Esplanada, Jerry E., "Japan, SoKor, Australia to Help PH Improve Defense Capability－DFA," *Philippine Daily Inquirer*, 2012, http://globalnation. inquirer.net/37441/japan-sokor-australia-to-help-ph-improve-defense-c apability-%E2%80%93-dfa (accessed July 15, 2012).

"Exercise Balikatan Shouldering the Lord Together," *GlobalSecurity*, http://www.globalsecurity.org/military/ops/balikatan.htm (accessed March 7, 2014).

"Exercise Cope North," *Department of Defence (Australia)*, 2012, http://www. defence.gov.au/opex/exercises/copenorth/index.htm (accessed May 25, 2013).

"Exercise Cope North," *Department of Defence (Australia)*, 2012, http://www. defence.gov.au/opex/exercises/copenorth/index.htm (accessed March 24, 2014).

"Exercise Foal Eagle 2013 Concludes," *United States Forces Korea*, 2013, http://www.usfk.mil/usfk/Article.aspx?ID=1050&AspxAutoDetectCoo kieSupport=1 (accessed July 17, 2013).

"First Naval Construction Division," *U.S. Naval Construction Force*, http://www. public.navy.mil/necc/1ncd/Pages/default.aspx (accessed March 9, 2014).

Fisher-Thompson, Jim (ed.), *21st Century Naval Strategy Based on Global Partnership* (Washington DC: Department of State, 2007).

Fravel, M. Taylor, "International Relations Theory and China's Rise: Assessing China's Potential for Territorial Expansion," *International Studies Review*, Vol. 12, No. 4 (2010), pp. 505-32.

Friedman, Norman, 海權與戰略 *(Seapower as Strategy)* Translated by 翟文中，軍事參考譯著－183（台北：國防大學，2012）.

Fuentes, Gidget, "Exercise Readies Troops for Sustained Amphib Ops," *Defense News*, 2012, http://www.defensenews.com/article/20121001/ TSJ01/310010006/Exercise-Readies-Troops-Sustained-Amphib-Ops (accessed March 14, 2014).

Galli, Michael F., James M. Turner, Kristopher A. Olson, Michael G. Mortensen, et al., *Riverine Sustainment 2012* (Monterey: Naval Postgraduate School, 2007).

Gertz, Bill, "Pentagon Battle Concept Has Cold War Posture on China," *Washington Times*, November 9, 2011.

Gilpin, Robert, *The Political Economy of International Relations* (Princeton: Princeton University Press, 1987).

Glaser, Bonnie, "Tensions Flare in the South China Sea," *Center for Strategic and International Studies*, 2011, http://csis.org/files/publication/110629_ Glaser_South_China_Sea.pdf (accessed 23 November, 2011).

Glaser, Bonnie, and Denise Der, "American Reassurance of Rebalance Encourages Cooperation & Progress at ADMM+," *CSIS*, 2013, http://cogitasia. com/american-reassurance-of-rebalance-encourages-cooperation-progr ess-at-admm/ (accessed September 11, 2013).

GlobalSecurity, "Foal Eagle," *GlobalSecurity*, http://www.globalsecurity.org/ military/ops/foal-eagle.htm (accessed March 4, 2014).

Godbee, Tim D., "Pacific Partnership Flag Crosses Decks to HMNZS Canterbury," *U.S. Pacific Fleet*, 2013, http://www.public.navy.mil/surfor/

Pages/PacificPartnershipFlagCrossesDeckstoHMNZSCanterbury.aspx (accessed March 16, 2014).

Goldstein, Joshua S, and Jon C. Pevehouse, *International Relations*. 9 ed (New York: Russak & Company, 2010).

Goldstein, Joshua S, and Jon C. Pevehouse, 國際關係 *International Relations* Translated by 歐信宏 and 胡祖慶. 7E ed（台北：雙葉，2007）.

Grado, Rey Gerilla, "Different Nationalities Participate in the Pacific Partnership 2012," *Leyte Samar Daily Express*, 2012, http://leytesamardaily.net/2012/06/different-nationalities-participate-in-the-pacific-partnership-2012/ (accessed 17 July, 2012).

Greenert, Jonathan, *CNO's Position Report: 2012* (Washington DC: US Navy, 2012).

Greenert, Jonathan, "Navy 2025: Forward Warfighters," *Proceedings*, Vol. 137, No. 12 (2011), pp. 18-23.

Greenert, Jonathan, "Sea Change The Navy Pivots to Asia," 2012, http://www.foreignpolicy.com/articles/2012/11/14/sea_change?page=0,1 (accessed December 27, 2012).

Guzman, Ricardo, "Exercise Keen Sword 2013 Kicks Off With JSDF Embark Aboard The George Washington," *US Pacific Command*, 2013, http://www.pacom.mil/media/news/2012/11/14-Exercise-keen-sword-kicksoff-jsdf-embark-abordGW.shtml (accessed March 1, 2014).

Hagan, Kenneth J., *This People's Navy The Making of American Sea Power* (New York: The Free Press, 1991).

Hagel, Chuck, "CSIS Global Security Forum Speech As Delivered by Secretary of Defense Chuck Hagel," *US Department of Defense*, 2013, http://www.defense.gov/speeches/speech.aspx?speechid=1814 (accessed November 14, 2013).

Hagel, Chuck, "Statement by Secretary of Defense Chuck Hagel on the East China Sea Air Defense Identification Zone," *US Department of Defense*, 2013, http://www.defense.gov/releases/release.aspx?releaseid=16392 (accessed November 27, 2013).

Hall, Rosalie Arcala, "Boots on Unstable Ground: Democratic governance of the Armed Forces under post 9/11 US-Philippine Military Relations," *Asia-Pacific Social Science Review*, Vol. 10, No. 2 (2010), pp. 25-41.

Harris, S. M. 2011. "Confronting Irregular Challenges Brief to Navy League." 27: Navy Irregular Warfare Office.

Hatfield, Egon, "War of 1812 Bicentennial: Cruise of the USS Essex," *US Army*, 2013, http://www.army.mil/article/98107/ (accessed March 1, 2014).

Heavin, Shannon, "Allied Navies Perform ASW Exercise During Pacific Bond 13," *Department of the Navy*, 2013, http://www.navy.mil/submit/display.asp?story_id=74999 (accessed March 13, 2014).

Hebert, Adam J. "Presence, Not Permanence." *Air Force Magazine* Vol. 89, No. 8, 2006, 34-39.

Herndon, David, "Cope Tiger Trilateral Exercise in Full Swing," *GlobalSecurity*, 2012, http://www.globalsecurity.org/military/library/news/2012/03/mil -120313-afns01.htm (accessed March 7, 2014).

Herndon, David, "U.S.-Thailand-Singapore Airmen Strengthen Ties during Cope Tiger 12," *US Pacific Air Force*, 2012, http://www.pacaf.af.mil/news/story.asp?id=123294164 (accessed March 7, 2014).

Horario, Ritchie A., Jaime R. Pilapil, and Anthony Vargas, "'Prepare for War'," *The Manila Times*, 2012, http://www.manilatimes.net/index.php/news/top-stories/22594-prepare-for-war (accessed May 11, 2012).

Hoskins, Steven C., "Coastal Riverine Force Establishes Squadron," *Department of the Navy*, 2012, http://www.navy.mil/submit/display.asp?story_id =68790 (accessed March 1, 2014).

Hoyt, Brian J., "Reserve Cargo Handling Battalion Lowers Battle Flag for Last Time," *Department of the Navy*, 2009, http://www.navy.mil/submit/display.asp?story_id=46749 (accessed March 1, 2014).

Iron, Lynn, "MDSU 2 Assists Hurricane Katrina Victims," *Department of the Navy*, 2005, http://www.navy.mil/submit/display.asp?story_id=20835 (accessed March 1, 2014).

JAISWAL, "India Invited by Vietnam to South China Sea " *Defence Forum India*, 2011, http://defenceforumindia.com/military-strategy/23019-india -invited-vietnam-south-china-sea.html (accessed Jul 22, 2011).

"Japan's Abe Shows More Conservative Side in Policy Speech to Diet " *Nikkei Asian Review*, 2014, http://asia.nikkei.com/Politics-Economy/ Policy-Politics/Japan-s-Abe-shows-more-conservative-side-in-policy-s peech-to-Diet (accessed February 6, 2014).

"Japan PM Shinzo Abe Visits Yasukuni WW2 Shrine," *BBC*, 2013, http://www. bbc.co.uk/news/world-asia-25517205 (accessed March 7, 2014).

Jensen, Aaron, "Military Mindedness," *Strategic Vision*, Vol. 2, No. 8 (2013), pp. 23-26.

Joint Chief of Staff (ed.), *Military Operations Other Than War*, Joint Doctrine Joint Force Employment Briefing Modules (Washington DC: Joint Chief of Staff, 1997).

Joint Chiefs of Staff (ed.), *The National Military Strategy of the United States of America* (Washington DC: Department of Defense, 2011).

Joint Staff, "SDF Joint training FY13 in United States (Dawn Blitz 13)," *Ministry of Defense, Japan*, 2013, http://www.mod.go.jp/js/Activity/ Exercise/dawn_blitz2013_en.htm (accessed March 13, 2014).

Jones, James, "Strategic Theater Transformation," *United States Eruopean Command*, 2005, http://web.archive.org/web/20070204141322/ http://www. eucom.mil/english/Transformation/Transform_Blue.asp (accessed March 13, 2014).

Kan, Shirley A., *Guam: US Defense Deployments* (Washington DC: Library of Congress, 2013).

Kang, David C. 2012. "Is America listening to its East Asian Allies? Hugh White's *The China Choice*." *PacNet Newsletter*, no. PacNet #64, http://csis. org/files/publication/Pac1264.pdf.

Kaplan, Robert D., "Center Stage for the 21st Century Power Plays in the Indian Ocean," *Foreign Affairs*, Vol. 88, No. 2 (2009), pp. 16-32.

Kaylor, Marissa, "NECC Establishes Navy Expeditionary Intelligence Command," *Department of the Navy*, 2007, http://www.navy.mil/submit/display.asp? story_id=32405 (accessed March 1, 2014).

Keck, Zachary, "U.S. Chief of Naval Operations: 11 Littoral Combat Ships to Asia by 2022," *The Diplomat*, 2013, http://thediplomat.com/flashpoints -blog/2013/05/17/u-s-chief-of-naval-operations-11-littoral-combat-ships -to-asia-by-2022/ (accessed November 18, 2013).

"Keen Sword," *GlobalSecurity*, http://www.globalsecurity.org/military/ops/ keen-sword.htm (accessed March 1, 2014).

Kessler, Edward, "NCHB 3 Decommissioning After 42 Years of Service," *Department of the Navy*, 2013, http://www.navy.mil/submit/display.asp? story_id=76166 (accessed March 1, 2014).

"Key Resolve," *GlobalSecurity*, http://www.globalsecurity.org/military/ops/ rsoi.htm (accessed October 8, 2013).

"Key Resolve/Foal Eagle 2013," *GlobalSecurity*, http://www.globalsecurity. org/military/ops/key-resolve-foal-eagle-2013.htm (accessed October 8, 2013).

"Kiwi Troops Take Part in US Dawn Blitz Exercise," *TVNZ*, 2013, http://tvnz. co.nz/national-news/kiwi-troops-take-part-in-us-dawn-blitz-exercise-54 75420 (accessed March 13, 2014).

Kojm, Christopher, *Global Trends 2030: Alternative Worlds* (Washington DC: National Intelligence Council, December 2012).

Kyodo, "Armitage says Japan's ban on collective self-defense "impediment"," *GlobalPost*, 2013, http://www.globalpost.com/dispatch/news/kyodo-news -international/130624/armitage-says-japans-ban-collective-self-defense -imped (accessed November 18, 2013).

Lance Cpl. Brianna R., "Exercise Valiant Shield Kicks Off," *GlobalSecurity*, 2012, http://www.globalsecurity.org/military/library/news/2012/09/mil- 120915-nns01.htm (accessed March 10, 2014).

Lee Jeong-hoon, "Living Target," *Donga.com*, 2010, http://english.donga. com/srv/service.php3?biid=2010070748478 (accessed July 13, 2010).

"Leon Panetta Calls for Closer Defence Ties with India," *BBC*, 2012, http://www.bbc.co.uk/news/world-asia-18336854 (accessed July 17, 2012).

Lin, Wen-lung Laurence, "America's South China Sea Policy, Strategic Rebalancing and Naval Diplomacy," *Issues & Studies*, Vol. 49, No. 4 (2013), pp. 189-228.

Lin, Wen-lung Laurence, "The U.S. Maritime Strategy in the Asia-Pacific in Response to the Rise of a Seafaring China," *Issues & Studies*, Vol. 48, No. 4 (2012), pp. 171-219.

Linder, Byron C., "Carrier Strike Group 1 Completes Exercise Malabar 2012," *US Pacfic Command*, 2012, http://www.pacom.mil/media/news/2012/04/18-Carrier-strike-group1-completes-exercise-malabar2.shtml (accessed March 7, 2014).

Lu, Rude, "The New U.S. Maritime Strategy Surfaces," *Naval War College Review*, Vol. 61, No. 4 (2008).

Mabus, Ray, "Remarks by Secretary of the Navy Ray Mabus USS FREEDOM (LCS-1) Arrival

Singapore," *Department of the Navy*, 2013, http://www.navy.mil/navydata/people/secnav/Mabus/Speech/LCS1Arrival.pdf (accessed March 4, 2014).

Mahan, Alfred T., *海軍戰略論* Translated by 楊鎮甲（台北：中華民國三軍大學，1989）.

"Malabar District," http://en.wikipedia.org/wiki/Malabar_District (accessed April 14, 2013).

Mangosing, Frances, "Philippines to Receive 10 New Patrol Ships from Japan," *Philippine Daily Inquirer*, 2012, http://globalnation.inquirer.net/37265/philippines-to-receive-10-new-patrol-ships-from-japan (accessed July 15, 2012).

Maplecroft, "Natural Hazards Risk Atlas 2011 Press Release," *Maplecroft*, 2011, http://maplecroft.com/about/news/natural_hazards_2011.html (accessed 13 August, 2011).

Marcus, Jonathan, "Leon Panetta: US to deploy 60% of Navy Fleet to Pacific," *BBC*, 2012, http://www.bbc.co.uk/news/world-us-canada-18305750 (accessed June 3, 2012).

Maritime Command, "NATO's Relations with Russia," *NATO*, http://www. mc.nato.int/about/Pages/NATO%20Russia%20Partnership%20in%20 Maritime%20Affairs.aspx (accessed March 13, 2014).

Marshall Jr., Tyrone C., "Kendall: Sequestration Will Make Hollow Force Inevitable," *US Department of Defense*, 2013, http://www.defense.gov/ news/newsarticle.aspx?id=121076 (accessed November 14, 2013).

Martin, Joshua, "BOXESG, Indian Western Fleet Complete Malabar '06," *Department of the Navy*, 2006, http://www.navy.mil/submit/display. asp?story_id=26575 (accessed March 23, 2014).

Maxwell, David S., "Operation Enduring Freedom-Philippines: What Would Sun Tzu Say?," *Military Review*, Vol. 2, No. 4 (2004).

Miles, Donna, "Locklear: U.S. Focuses on Strengthening Asia-Pacific Alliances," *US Department of Defense*, 2013, http://www.defense.gov/ News/NewsArticle.aspx?ID=121072 (accessed November 14, 2013).

Ministry of External Affairs, "List of Documents Signed during the State Visit of Nguyen Phu Trong, General Secretary of Communist Party of Vietnam to India," *Government of India*, 2013, http://www.mea.gov.in/ bilateral-documents.htm?dtl/22508/List+of+documents+signed+during+ the+State+Visit+of+Nguyen+Phu+Trong+General+Secretary+of+Com munist+Party+of+Vietnam+to+India (accessed March 6, 2014).

Minnick, Wendell, "Asia's Naval Procurement Sees Major Growth," *Defense News*, 2013, http://www.defensenews.com/article/20130519/ DEFREG03/305190004/Asia-s-Naval-Procurement-Sees-Major-Growth (accessed May 26, 2013).

Mullen, Michael G., "Remarks as Delivered by Adm. Mike Mullen," *US Navy*, August 31, 2005, http://www.navy.mil/navydata/cno/speeches/mullen050831. txt (accessed 15 October, 2007).

Mullen, Michael G., "Remarks as Delivered for the 17th International Seapower Symposium," *US Navy*, 2005, http://www.navy.mil/navydata/cno/mullen/ speeches/mullen050921.txt (accessed December 5, 2007).

Mullen, Michael G., "What I Believe: Eight Tenets That Guide My Vision for the 21st Century Navy," *Proceedings*, Vol. 132, No. 235 (2006), pp. 12-16.

Murphy, Martin N., *Littoral Combat Ship: An Examination of Its Possible Concepts of Operation* (Washington DC: Center for Strategic and Budgetary Assessments, 2010).

National Defense Program Guidelines for FY 2014 and Beyond (Summary), ed. National Security Council (Tokyo: Government of Japan, 2013).

National Security Strategy, ed. National Security Council (Tokyo: Government of Japan, 2013).

Naval Doctrine Publication 1 —Naval Warfare, ed. Department of the Navy (Washington DC: Department of the Navy, 1994).

Naval War College (ed.), *Joint Military Operations Reference Guide* (Newport: US Navy, 2011).

"Navy Announces Plan to Reduce Flag Officer Structure," *Department of the Navy*, 2013, http://www.navy.mil/submit/display.asp?story_id=76067 (accessed August 31, 2013).

"Navy Explosive Ordnance Disposal Program," *United States Navy*, http://www.public.navy.mil/bupers-npc/enlisted/detailing/seal/Documents/EODWAR NINGORDE.doc (accessed March 12, 2014).

"Navy Reserve Sailors Participate in Exercise Key Resolve 2013," *US Navy*, 2013, www.msc.navy.mil/publications/pressrel/press13/press04.htm (accessed April 17, 2013).

NECC, "NECC Frequently Asked Questions," *Navy Expeditionary Combat Command*, 2006, http://www.navy.mil/navco/speakers/currents/NECC_FAQs. doc (accessed September 17, 2013).

NECC. 2009. "Science & Technology Strategic Plan December 2009." 82. Little Creek: Navy Expeditionary Combat Command.

NECC Public Affairs, "#Warfighting: Navy Expeditionary Combat Command Pacific Established," *Department of the Navy*, 2012, http://www.navy.mil/submit/display.asp?story_id=69947 (accessed March 1, 2014).

NECC Public Affairs Office, "Expeditionary Combat Readiness Center," *NECC*, http://www.public.navy.mil/necc/hq/PublishingImages/NECC %20fact%20sheets/00063_NECC_SubCom_ECRC_FactSheet.pdf (accessed March 9, 2014).

NECC Public Affairs Office, "Maritime Civil Affairs and Security Training Command," *NECC*, http://www.public.navy.mil/necc/hq/Publishing Images/NECC%20fact%20sheets/_NECC_MCAST_FactSheet2012.pdf (accessed March 9, 2014).

NECC Public Affairs Office, "MCAST," *NECC*, http://www.public.navy.mil/ necc/mcast/Pages/MCAST%20at%20a%20Glance.aspx (accessed March 9, 2014).

NECC Public Affairs Office, "Navy Expeditionary Logistics Support Group," *NECC*, http://www.public.navy.mil/necc/hq/PublishingImages/NECC %20fact%20sheets/NECC_NAVELSG_FactSheet2012.pdf (accessed March 9, 2014).

NECC Public Affairs Office, "NECC Fact Sheets: Coastal Riverine Force," *NECC*, http://www.public.navy.mil/necc/hq/PublishingImages/NECC %20fact%20sheets/NECC_CRF_FactSheet2012.pdf (accessed March 9, 2014).

NECC Public Affairs Office, "NECC Fact Sheets: Explosive Ordnance Disposal," *NECC*, http://www.public.navy.mil/necc/hq/Publishing Images/NECC%20fact%20sheets/00064_NECC_SubCom_EOD_FactS heet_3.pdf (accessed March 9, 2014).

NECC Public Affairs Office, "NECC Fact Sheets: Naval Construction Force (Seebees)," *NECC*, http://www.public.navy.mil/necc/hq/PublishingImages/ NECC%20fact%20sheets/NECC_SEABEES2_FactSheet2012.pdf (accessed March 9, 2014).

NECC Public Affairs Office, "NECC Fact Sheets: Navy Expeditionary Intelligence Command," *NECC*, http://www.public.navy.mil/necc/hq/ PublishingImages/NECC%20fact%20sheets/NECC_NEIC_FactSheet2 012.pdf (accessed March 9, 2014).

Nye, Joseph S., "The U.S. Can Reclaim 'Smart Power'," *Los Angeles Times*, 2009, http://www.latimes.com/news/opinion/commentary/la-oe-nye21 -2009jan21,0,3381521.story (accessed February 17, 2009).

O'Hara, Vicky, "Worries over U.S. Lily Pad Base Strategy," *National Public Radio*, 2005, http://www.npr.org/templates/story/story.php?storyId= 4827697 (accessed March 13, 2014).

O'Rourke, Ronald, *China Naval Modernization: Implications for US Navy Capabilities—Background and Issues for Congress* (Washington DC: Library of Congress, 2009).

O'Rourke, Ronald, *Navy Force Structure and Shipbuilding Plans: Background and Issues for Congress* (Washington DC: Library of Congress, 2013).

O'Rourke, Ronald, *Navy Force Structure and Shipbuilding Plans: Background and Issues for Congress* (Washington DC: Library of Congress, 2012).

O'Rourke, Ronald, *Navy Irregular Warfare and Counterterrorism Operations: Background and Issues for Congress (August 2013)* (Washington DC: Library of Congress, 2013).

O'Rourke, Ronald, *Navy Irregular Warfare and Counterterrorism Operations: Background and Issues for Congress (December 2011)* (Washington DC: Library of Congress, 2011).

O'Rourke, Ronald, *Navy Irregular Warfare and Counterterrorism Operations: Background and Issues for Congress (March 2013)* (Washington DC: Library of Congress, 2013).

O'Rourke, Ronald, *Navy Irregular Warfare and Counterterrorism Operations: Background and Issues for Congress (October 2012)* (Washington DC: Library of Congress, 2012).

Obama, Barrack, "Remarks by President Obama to the Australian Parliament," *White House*, 2012, http://www.whitehouse.gov/the-press-office/2011/ 11/17/remarks-president-obama-australian-parliament (accessed November 20, 2011).

Office of Chief of Naval Operations, "Forward ... From the Sea—The Navy Operational Concept," *US Navy*, March, 1997, http://www.navy.mil/ navydata/policy/fromsea/ffseanoc.html (accessed September 23, 2007).

Office of Chief of Naval Operations, "Global Maritime Partnerships ... Thousand Ship Navy," *US Navy*, 2007, http://www.deftechforum.com//ppt/Cotton. ppt (accessed 14 June 2007).

Office of Chief of Naval Operations, *Naval Operations Concept 2006*, ed. Department of the Navy (Washington DC: US Navy, 2006).

Office of Commandant of the Marine Corps, Office of Chief of Naval Operations, and Office of Commandant of the Coast Guard (eds.), *A Cooperative Strategy for 21st Century Seapower* (Washington DC: US Navy, US Marine Corps, US Coast Guard, 2007).

Office of Naval Research, "Navy Leaders Announce Plans for Deploying Cost-Saving Laser Technology," *Department of the Navy*, 2013, http://www.navy.mil/submit/display.asp?story_id=73234 (accessed March 2, 2014).

Office of Secretary of Defense, *Quadrennial Defense Review Report 1997*, ed. Department of Defense (Washington DC: Office of Secretary of Defense, 1997).

Office of Secretary of Defense, *Quadrennial Defense Review Report 2001*, ed. Department of Defense (Washington DC: Office of Secretary of Defense, 2001).

Office of Secretary of Defense, *Quadrennial Defense Review Report 2006*, ed. Department of Defense (Washington DC: Office of Secretary of Defense, 2006).

Office of Secretary of Defense, *Quadrennial Defense Review Report 2010*, ed. Department of Defense (Washington DC: Office of Secretary of Defense, 2010).

Office of Secretary of Defense, *Quadrennial Defense Review Report 2014*, ed. Department of Defense (Washington DC: Office of Secretary of Defense, 2014).

Office of Secretary of Defense, and Office of Secretary of Homeland Security (eds.), *The National Strategy for Maritime Security* (Washington DC: Department of Defense, Department of Homeland Security, 2005).

Office of the Assistant Secretary of Defense (Public Affairs), "Presenter: Admiral Samuel J. Locklear III, Commander, U.S. Pacific Command DOD News Briefing with Adm. Locklear from the Pentagon," *Department of Defense*, 2012, http://www.defense.gov/transcripts/transcript.aspx? transcriptid=5161 (accessed 13 December, 2012).

Office of the Chief of Naval Operations. 2012. "OPNAV INSTRUCTION 8027.6F." 56. Washington DC: Department of the Navy.

Office of the Secretary of Defense, *Military and Security Developments Involving the People's Republic of China 2010*, ed. Department of Defense (Washington DC: Office of the Secretary of Defense, 2010).

Office of the Secretary of Defense, *Military and Security Developments Involving the People's Republic of China 2011*, ed. Department of Defense (Washington DC: Office of the Secretary of Defense, 2011).

Office of the Secretary of Defense, *Military and Security Developments Involving the People's Republic of China 2012*, ed. Department of Defense (Washington DC: Office of the Secretary of Defense, 2012).

Office of the Secretary of Defense, *Military and Security Developments Involving the People's Republic of China 2013*, ed. Department of Defense (Washington DC: Office of the Secretary of Defense, 2013).

Office of the Spokesperson, "Joint Statement of the Security Consultative Committee," *US Department of State*, 2012, http://www.state.gov/r/pa/ prs/ps/2012/04/188586.htm (accessed July 16, 2012).

Office of the Spokesperson, "Joint Statement of the Security Consultative Committee: Toward a More Robust Alliance and Greater Shared Responsibilities," *US Department of State*, 2013, http://www.state.gov/ r/pa/prs/ps/2013/10/215070.htm (accessed November 16, 2013).

Office of the Spokesperson, "Joint Statement of the US-Japan Security Consultative Committee," *US Department of State*, 2011, http://www. state.gov/r/pa/prs/ps/2011/06/166597.htm (accessed July 16, 2012).

Organski, A.F.K., *World Politics* (New York: Alfred A. Knopf, 1958).

"Over 200 Canadian Representatives Take Part in Dawn Blitz 2013," *Naval Today*, 2013, http://navaltoday.com/2013/06/21/over-200-canadian-representatives-take-part-in-dawn-blitz-2013/ (accessed March 13, 2014).

"Pacific Reach," *GlobalSecurity*, http://www.globalsecurity.org/military/ops/ pacific-reach.htm (accessed March 13, 2014).

Panetta, Leon E., "Washington DC "The Force of the 21st Century" (National Press Club)," *US Department of Defense*, 2012, http://www.defense.gov/speeches/speech.aspx?speechid=1742 (accessed December 23, 2012).

Parrish, Karen, "Chairman Explains Joint Operational Access Concept in Blog," *US Department of Defense*, 2012, http://www.defense.gov/news/newsarticle.aspx?id=66830 (accessed March 14, 2014).

"Pentagon Seeks Return to Long-Abandoned Military Port in Vietnam," *Los Angeles Times*, June 3, 2012.

Perkins, John, "SUBMARINE RESCUE Pacific Reach 2002 puts Mystic to the Test," *Department of the Navy*, 2002, http://www.navy.mil/navydata/cno/n87/usw/issue_15/submarine_rescue.html (accessed March 13, 2014).

Perry, Charles M., Marina Travayiakis, Bobby Andersen, and Yaron Eisenberg, *Finding the Right Mix Disaster Diplomacy, National Security, and International Cooperation* (Washington DC: The Institute for Foreign Policy Analysis, 2009).

Pineiro, Dominique, "Pacific Fleet Commander Discusses Rebalance, Asia-Pacific Mission at AFCEA West," *Department of the Navy*, 2013, http://www.navy.mil/submit/display.asp?story_id=71774 (accessed August 31, 2013).

"Piracy and Armed Robbery against Ships Annual Report 1 January – 31 December 2010." 2010. edited by ICC International Maritime Bureau, 99. London: International Maritime Organization.

Piszkiewicz, Dennis, 恐怖主義與美國的角力 *(Terrorism's War with America A History)* Translated by 方淑惠（台北：國防部譯印軍官團叢書，2007）.

Pollack, Jonathan D., "US Navy Strategy in Transition: Implications for Maritime Security Cooperation." Paper presented at the 1st Berlin Conference on Asian Security, Berlin, September 14-15, 2006.

President of the United States (ed.), *A National Security Strategy of Engagement and Enlargement* (Washington DC: White House, 1995).

President of the United States (ed.), *A National Security Strategy for A New Century* (Washington DC: White House, 1998).

President of the United States (ed.), *National Security Strategy* (Washington DC: White House, 2010).

President of the United States (ed.), *The National Security Strategy of the United States of America 2006* (Washington DC: White House, 2006).

Radics, George Baylon, "Terrorism in Southeast Asia: Balikatan Exercises in the Philippines and the US 'War against Terrorism'," *Stanford Journal of East Asian Affairs*, Vol. 4, No. 2 (2004), pp. 115-27.

Rahman, Chris, *The Global Maritime Partnership Initiative Implications for the Royal Australian Navy* (Canberra: Royal Australian Navy, 2008).

Ramos, Marlon, "PH Buying 2 Brand-New Warships," *Philippine Daily Inquirer* 2013, http://newsinfo.inquirer.net/399539/ph-buying-2-brand-new-warships (accessed May 26, 2013).

Reed, John, "Surrounded: How the U.S. is Encircling China with Military Bases," *Foreign Policy*, 2013, http://complex.foreignpolicy.com/posts/2013/08/20/surrounded_how_the_us_is_encircling_china_with_militar y_bases#sthash.DhUDGQiW.dpbs (accessed October 17, 2013).

Reilly, Corinne, "New Navy Command to Incorporate Riverines," *PilotOnline*, 2012, http://hamptonroads.com/2012/05/new-navy-command -incorporate-riverines (accessed March 1, 2014).

"Rim of the Pacific Exercise (RIMPAC)," *GlobalSecurity*, http://www. globalsecurity.org/military/ops/rimpac.htm (accessed March 10, 2014).

Robinson, Amber, "Multinational Maritime Disaster Response Roundtable Discussion Held during Balikatan," *US Pacific Command*, 2013, http://www.dvidshub.net/news/105381/multinational-maritime-disaster -response-roundtable-discussion-held-during-balikatan (accessed May 26, 2013).

Rowlands, Kevin, ""Decided Preponderance at Sea" Naval Diplomacy in Strategic Thought," *Naval War College Review*, Vol. 65, No. 4 (2012), pp. 89-105.

Russel, Daniel R., "Daniel R. Russel, Assistant Secretary-Designate, Bureau of East Asian and Pacific Affairs, Before the Senate Foreign Relations

Committee," *US Senate*, 2013, http://www.foreign.senate.gov/imo/media/doc/Russel_Testimony.pdf (accessed March 7, 2014).

Russel, Daniel R., "Maritime Disputes in East Asia," *US Department of State*, 2014, http://www.state.gov/p/eap/rls/rm/2014/02/221293.htm (accessed February 12, 2014).

Ryland, Erich, "Japanese Army Trains with U.S. Marines," *Department of the Navy*, 2006, http://www.navy.mil/submit/display.asp?story_id=22000 (accessed March 1, 2014).

Savarese, Kay, "NECC Establishes Coastal Riverine Force," *Department of the Navy*, 2012, http://www.navy.mil/submit/display.asp?story_id=67545 (accessed March 1, 2014).

SBLT Sarah West, "Full Steam Ahead on Exercise PACIFIC BOND," *Royal Australian Navy*, 2012, http://www.navy.gov.au/news/full-steam-ahead-exercise-pacific-bond (accessed March 13, 2014).

Sche, Daniel, "Burma Observers Participate in US-Led Military Exercises in Thailand," *Voice of America*, 2013, http://www.voanews.com/content/burma-observers-participate-in-us-led-military-exercies-in-thailand/1601193.html (accessed March 4, 2014).

Schreer, Benjamin, *Planning the Unthinkable War 'AirSea Battle' and its Implications for Australia* (Australia: Australian Strategic Policy Institute, 2013).

Secretary of Defense, *Sustaining US Global Leadership: Priorities for 21st Century Defense*, ed. Department of Defense (Washington DC: Department of Defense, 2012).

"Seebee History: Formation of the Seebees and World War II," *Naval History & Heritage Command*, http://www.history.navy.mil/faqs/faq67-3.htm (accessed March 9, 2014).

"Seebee History: Introduction," *Naval History & Heritage Command*, http://www.history.navy.mil/faqs/faq67-2.htm (accessed March 9, 2014).

Senate Armed Services Committee (ed.), *Statement of Admiral Robert F. Willard, US Navy Commander, US Pacific Command, before the Senate Armed Services Committee on Appropriations on US Pacific*

Command Posture, 28 February 2012 (Washington DC: US Senate, 2012).

Shea, Dennis C. 2013. "US-China Economic and Security Review Commission *2013 Report to Congress*: China's Maritime Disputes in the East and South China Seas, and the Cross-Strait Relationship." In *Report to Congress of the US-China Economic and Security Review Commission*, 10. Washington DC: US-China Economic and Security Review Commission.

Sieff, Martin, "China, Australia, New Zealand, U.S. Naval Exercises Strengthen Partnerships," *Asia Pacific Defense Forum*, 2013, http://apdforum.com/ en_GB/article/rmiap/articles/online/features/2013/10/16/china-australia -drills (accessed 10 December, 2013).

Smith, Daryl C., "First Naval Construction Division Decommissioned," *Department of the Navy*, 2013, http://www.navy.mil/submit/display.asp? story_id=74594 (accessed March 1, 2014).

Smith, Jennifer, "Navy Expeditionary Combat Command Executing the Navy's Maritime Strategy in an Expand Battlespace," *Naval Reserve Association News*, Vol. 55, No. 4 (2008), pp. 15-21.

Smith, Neil, *American Empire: Roosevelt's Geographer and the Prelude to Globalization* (Berkeley: University of California Press, 2003).

Smith, Shannon M., "RIVRON 3 Disestablishes at Naval Weapon Station Yorktown," *Department of the Navy*, 2013, http://www.navy.mil/submit/ display.asp?story_id=71538 (accessed March 1, 2014).

"South Korea Announces Expanded Air Defence Zone," *BBC*, 2013, http://www.bbc.co.uk/news/world-asia-25288268 (accessed February 12, 2014).

Stewart, Phil, "China to Attend Major U.S.-Hosted Naval Exercises, But Role Limited," *Reuters*, 2013, http://www.reuters.com/article/2013/03 /22/us-usa-china-drill-idUSBRE92L18A20130322 (accessed March 10, 2014).

Stirrup, Robert, "MDSU-1 Sailors Reflect on Humanitarian Mission in Haiti," *Department of the Navy*, 2010, http://www.navy.mil/submit/display.asp? story_id=52580 (accessed March 1, 2014).

Stoner, Robert H., "The Brown Water Navy in Vietnam," *Warboats of America*, http://www.warboats.org/stonerbwn/the%20brown%20water%20navy%20in%20vietnam_part%203.htm (accessed March 1, 2014).

Storey, Ian, and You Ji, "China's Aircraft Carrier Ambitions: Seeking Truth from Rumors," *Naval War College Review*, Vol. 57, No. 1 (2004), pp. 77-93.

Strachan, Anna Louise, Harnit Kaur Kang, and Tuli Sinha. 2009. "India's Look East Policy: A Critical Assessment Interview with Amb. Rajiv Sikri." In *Southeast Asia Research Programme*, 2-10. New Delhi: Institute of Peace and Conflict Studies.

Swaine, Michael. "China's Assertive Behavior Part One: On "Core Interests"." *China Leadership Monitor* Vol. 2011, No. 34, June 15, 2011, 1-25.

Swartz, Peter M., and Karin Duggan (eds.), *U.S. Navy Capstone Strategies and Concepts (2001-2010): Strategy, Policy, Concept, and Vision Documents* (Alexandria: Center for Naval Analysis, 2011).

"SYS Technologies Installs FORCEnet System To Support Navy's Katrina Relief Efforts Monitors Commercial Shipping Information, Buoy Data, Satellite Imagery, Weather, and Fires," *SYS Technologies*, 2005, http://www.systechnologies.com/PressReleases.aspx?id=22&year=2005 (accessed Nov 22, 2007).

"Talisman Saber," *GlobalSecurity*, http://www.globalsecurity.org/military/ops/talisman-saber.htm (accessed March 10, 2014).

"Talon Vision," *GlobalSecurity*, http://www.globalsecurity.org/military/ops/talon-vision.htm (accessed March 7, 2014).

Tanguy Struye de Swielande, "The Reassertion of the United States in the Asia-Pacific Region," *Parameters*, Vol. XLII, No. Spring (2012), pp. 75-89.

Thayer, Carlyle A., "Hanoi and the Pentagon: A Budding Courtship," *US Naval Institute*, 2012, http://www.usni.org/news-analysis/hanoi-and-pentagon-budding-courtship (accessed June 16, 2013).

Thomas, Jim, *Testimony: China's Active Defense Strategy and its Regional Implications* (Washington DC: Center for Strategic and Budgetary Assessments, 2011).

Thompson, Mark, "China's Restriction on Airspace over Disputed Islets Could Lead to War," *Time*, 2013, http://swampland.time.com/2013/11/25/meanwhile-3500-miles-from-iran/ (accessed November 27, 2013).

Till, Geoffrey, "New Directions in Maritime Strategy? Implications for the US Navy," *Naval War College Review*, Vol. 60, No. 4 (2007), pp. 29-43.

Tokunaga, Mallory K., "Australian, U.S. Sailors Trade Places During Pacific Bond 2013," *Department of the Navy*, 2013, http://www.navy.mil/submit/display.asp?story_id=75024 (accessed March 13, 2014).

Tol, Jan Van, Mark Gunzinger, Andrew Krepinevich, and Jim Thomas, *AirSea Battle A Point-of-Departure Operational Concept* (Washington DC: Center for Strategic and Budgetary Assessments, 2010).

U.S. Pacific Fleet, "Talisman Saber 2013," *United States Navy*, 2013, http://www.public.navy.mil/surfor/Pages/TS2013.aspx#.UyrTg_mSwZ5 (accessed March 22, 2014).

U.S. Pacific Fleet Public Affairs, "Joint Forces to Conduct Valiant Shield Exercise," *US Pacfic Command*, 2012, http://www.pacom.mil/media/news/2012/09/06-joint-forces-conduct-vs_exercise.shtml (accessed March 10, 2014).

"Ulchi-Freedom Guardian," *Wikipedia*, http://en.wikipedia.org/wiki/Ulchi-Freedom_Guardian (accessed March 13, 2013).

UNC/CFC/USFK Public Affairs Office, "Exercise Key Resolve to Start Feb. 27," *US Forces Korea*, 2012, http://www.usfk.mil/usfk/(S(2s4sgc455s wf5qq4suym4055)A(Lq4qUp0vzAEkAAAAOTEzNjcyYWEtOWNkN i00NjUxLTljODktMTg3N2Q2MWQyMDI2j3x1t_hxicnM0W1cppanJE mz1Ys1))/press-release.exercise.key.resolve.to.start.feb.27.944?AspxA utoDetectCookieSupport=1 (accessed March 24, 2014).

"United States Military Exercises," *Federation of American Scientists*, 2013, http://www.fas.org/index.html (accessed November 21, 2013).

"United States Navy EOD," *Wikipedia*, http://en.wikipedia.org/wiki/United _States_Navy_EOD (accessed March 7, 2014).

"US and South Korean militaries start exercise Ulchi Freedom Guardian 20," *Army Technology*, 2013, http://www.army-technology.com/news/newsus -south-korean-militaries-exercise (accessed August 30, 2013).

USARPAC, "Exercise Khaan Quest," *GlobalSecurity*, 2010, http://www. globalsecurity.org/military/library/news/2010/08/mil-100805-arnews01. htm (accessed March 13, 2014).

USDOD, "International Institute For Strategic Studies (Shangri-La--Asia Security) Remarks as Delivered by Secretary of Defense Robert M. Gates, Shangri-La Hotel, Singapore, Saturday, June 05, 2010," 2010, http://www.defense.gov/speeches/speech.aspx?speechid=1483 (accessed Jul 18, 2011).

USDOS, "Daily Press Briefing, Philip J. Crowley, Assistant Secretary, Washington DC, August 16, 2010," 2010, http://www.state.gov/r/pa/prs/ dpb/2010/08/146001.htm (accessed Aug 18, 2010).

USDOS, "Marie Harf, Deputy Spokesperson, Daily Press Briefing," *US Department of State*, 2014, http://www.state.gov/r/pa/prs/dpb/2014/01/ 221118.htm (accessed February 6, 2014).

USDOS, "Remarks at Press Availability, Hillary Rodham Clinton, National Convention Center, Hanoi, Vietnam," *Department of State*, 2010, http://www.state.gov/secretary/rm/2010/07/145095.htm (accessed 30 July, 2010).

USDOS, "South China Sea Press Statement Patrick Ventrell August 3, 2012," *US Department of State*, 2012, http://www.state.gov/ r/pa/prs/ps/2012/08/ 196022.htm (accessed August 8, 2012).

"Vietnam Appreciates India's Role in South China Sea," *The Times of India*, 2013, http://timesofindia.indiatimes.com/india/Vietnam-appreciates-Indias -role-in-South-China-Sea/articleshow/25991342.cms (accessed March 6, 2014).

"Vietnam Begins Naval Exercises with the US," *The Telegraph*, April 23, 2012.

"Vietnam Requests Indian Navy to Train Personnel," *The Asian Age*, 2013, http://www.asianage.com/india/vietnam-requests-indian-navy-train-per sonnel-114 (accessed November 21, 2013).

Vinson, Brandon, "X-47B Accomplishes First Ever Carrier Touch and Go aboard CVN 77," *Department of the Navy*, 2013, http://www.navy.mil/ submit/display.asp?story_id=74225 (accessed March 2, 2014).

Walton, Donald, "Dawn Blitz 2013: Training for Strength," *Department of the Navy*, 2013, http://www.navy.mil/submit/display.asp?story_id= 71675 (accessed March 13, 2014).

"What's Hot?—Analysis of Recent Happenings," 2008, http://www.indiadefence. com/MilEx.htm (accessed March 6, 2014).

White House (ed.), *National Security Presidential Directive NSPD-41/Homeland Security Presidential Directive HSPD-13* (Washington DC: White House, 2004).

White House, "President Obama's Asia Trip," *White House*, 2012, http://www. whitehouse.gov/issues/foreign-policy/asia-trip-2012 (accessed November 30, 2012).

White House, "Remarks by the President at the Air Force Academy Commencement," *White House*, 2012, http://www.whitehouse.gov/the-press-office/2012/05/23/remarks-president-air-force-academy-commen cement (accessed June 1, 2012).

White House, Office of the Press Secretary, "Fact Sheet: East Asia Summit," *White House*, 2011, http://www.whitehouse.gov/the-press-office/2011/ 11/19/fact-sheet-east-asia-summit (accessed 21 November, 2011).

White House, Office of the Press Secretary, "Press Gaggle by Principal Deputy Press Secretary Josh Earnest Aboard Air Force One en route San Francisco, California," *White House*, 2013, http://www.whitehouse. gov/the-press-office/2013/11/25/press-gaggle-principal-deputy-press-se cretary-josh-earnest-aboard-air-fo (accessed November 27, 2013).

White, Robert J., "Globalization of Navy Shipbuilding A Key to Affordability for a New Maritime Strategy," *Naval War College Review*, Vol. 60, No. 4 (2007), pp. 59-72.

Whitlock, Craig, "US Seeks Return to Southeast Asia Bases " *The Washington Post*, June 23, 2012.

Wikipedia, "Foal Eagle," *Wikipedia*, http://en.wikipedia.org/wiki/Foal_Eagle (accessed March 4, 2014).

Williams, Jess, "Cyber Defense Take Center Stage at Yama Sakura," *US Army*, 2012, http://www.army.mil/article/92647/Cyber_defense_take _center_stage_at_Yama_Sakura/ (accessed March 6, 2013).

Wolf, Jim, "Pentagon Says Aims to Keep Asia Power Balance," *Reuters*, March 8, 2012, http://www.reuters.com/article/2012/03/08/us-china-usa-pivot-idUSBRE82710N20120308 (accessed March 13, 2012).

Wong, Edward, "China Announces 12.2% Increase in Military Budget," *New York Times*, 2014, http://www.nytimes.com/2014/03/06/world/ asia/china-military-budget.html?_r=0 (accessed March 9, 2014).

Woodward, Bob, *Bush at War* (New York: Simon & Schuster, 2002).

Work, Robert O., *The US Navy: Charting a Course for Tomorrow's Fleet* (Washington DC: Center for Strategic and Budgetary Assessments, 2008).

"YAMA Sakura 61," *US Army Pacific*, 2012, http://www.usarpac.army.mil/ ys61/ (accessed March 1, 2014).

Yan, Xuetong, "How China Can Defeat America," *New York Times*, November 21, 2011.

"中國－太平洋島國經濟發展合作行動綱領，" *中華人民共和國商務部*，2006，http://www.google.com.tw/url?q=http://big5.mofcom.gov.cn/ gate/big5/file.mofcom.gov.cn/article/gkml/200804/20080494312083.sh tml&sa=U&ei=r9c0U4LpMsqCkQXJm4CQBg&ved=0CCYQFjAB&s ig2=yBfm4wnMdE8aHthTjqdmqw&usg=AFQjCNERjkCp3uDiM9JR PWi9GvXL3GMrEQ (accessed March 10, 2014).

中華人民共和國國務院新聞辦公室，"中國武裝力量的多樣化運用，" *新華網*，2013，http://news.xinhuanet.com/politics/2013-04/16/c_115 403491.htm (accessed April 20, 2013).

文匯論壇，"2040 年北京將全面部署太平洋，" 香港文匯報，2013，http://bbs.wenweipo.com/viewthread.php?tid=564464&page=1&authorid=309587 (accessed November 27, 2013).

日本防衛省，中期防衛力整備計畫（2014 至 2018 年度），ed.日本防衛省（東京：日本防衛省，2013）.

日本防衛省，平成 25 年日本の防衛白書，ed.日本防衛省（Tokyo：株式会社ぎょうせい, 2013）.

"比 自衛隊などが医療支援開始（Medical Support Is Conducted by Philippines, Japan's Self-Defense Forces and So On），" NHK, 2012, http://www3.nhk.or.jp/news/html/20120619/k10015945601000.html (accessed 19 June, 2012).

毛正氣，2011. "南海的自然資源與爭奪，" In 國防與外交暨南海安全議題，43-72. 八德：國防大學戰爭學院.

王銘義，"劍指南海　陸海軍年增 17 艦，" 中國時報，January 10, 2014.

亓樂義，"3 大艦隊南海實彈演習　向美舞劍，" 中國時報，Jul 30, 2010.

亓樂義，"北京觀察－派漁政船宣示主權中國高招，" 中國時報，March 18, 2009.

亓樂義，"美韓軍演首日　解放軍砲轟黃海，" 中國時報，Jul 28, 2010.

平可夫，"從索馬里反海盜看中國建立全球遠洋海軍的意圖." 漢和防務評論 Vol., No. 53, 2009, 54-55.

白德華，"打破大美國格局　習強勢外交　中美歐俄並肩，" 中國時報，February 6, 2014.

成嵐，"中國四省區首次聯合巡航南海，" 新華網，2012，http://big5.xinhuanet.com/gate/big5/news.xinhuanet.com/world/2012-11/08/c_123929507.htm (accessed March 7, 2013).

李曉宇，"美菲軍演開始　南海油氣漁業之爭引關切，" 大紀元，2004，http://www.epochtimes.com/b5/11/6/29/n3300416.htm (accessed May 17, 2012).

李明峻，"日本的南太平洋政策，" 台灣國際研究季刊，Vol. 3, No. 3 (2007), pp. 111-34.

沙飛，"南海發現可燃冰　41 億噸油當量，" 文匯報, November 20, 2011.

林文隆，"「千艦海軍」戰略評析，" *海軍學術雙月刊*，Vol. 42, No. 1 (2008), pp. 32-47.

林文隆，"浪淘彼岸－從全球海上安全概念之發展看美國海上反恐之實踐，" *國防雜誌*，Vol. 24, No. 4（2009），pp. 6-17.

林文隆，"舊瓶新烈酒：「存在艦隊」－古典戰略的顛覆與創新，" *國防雜誌*，Vol. 23, No. 3（2008），pp. 32-42.

林文隆，and 江柏君，"從日美安全保障條約的演變看日本海上自衛隊的戰略擴張，" *海軍學術雙月刊*，Vol. 47, No. 3（2013），pp. 53-73.

林文隆，劉復國，"國家海洋政策制訂中的海洋外交與海軍"（paper presented at the *第二屆「海洋與國防」學術研討會*，八德，November 18, 2010），pp. 109-34.

林正義，2013. "歐巴馬「再平衡」戰略及其對兩岸關係影響." In *102 年戰略安全論壇*. 政治大學國關中心：政治大學國關中心、國防大學.

林廷輝，"首屆南太平洋國防部長會議評析，" *戰略安全研析（Strategic and Security Analyses）*，Vol., No. 98 (2013), pp. 47-56.

林思慧，"東海、南海　美不接受改變現狀，" *中國時報*，February 6, 2014.

林翠儀，"南海爭鋒　東協對中包圍網成型" *自由時報*，2011，http://www.libertytimes.com.tw/2011/new/nov/9/today-int1.htm (accessed December 2, 2011).

俞力工，"西方主流媒體鴕鳥化，" *中國時報*，December 19 2013.

俞力工，"克里米亞獨立難題，" *中國時報*，March 19, 2014.

胡念祖，"不軍不警如何捍衛東、南沙，" *中國時報*，April 26, 2011.

海南省人民政府，"海南省沿海邊防治安管理条例，" *南海網*，2012，http://www.hinews.cn/news/system/2012/12/31/015302759.shtml (accessed March 7, 2013).

國防部，*中華民國壹百年國防報告書*（台北：國防部，2011 年）。

張文韜，"從「戰略三角理論」分析日本收購釣魚台列嶼後我國所應扮演之角色"（paper presented at the *第五屆「海洋與國防」學術研討會*，八德，October 22, 2013），pp. 29-54.

張序三（ed.），*海軍大辭典*（北京：上海辭書，1993）。

陳世昌，“美籲日協防　行使集體自衛權，”*UDN*, May 17, 2007.

黃秋龍，*非傳統安全論與政策運用*（台北：結構群，2009 年）。

黃菁菁，“安倍晉三提釋憲　行使集體自衛權，”*中國時報*，February 6, 2014.

楊毅，“中共應有新的外交風骨，”*多維新聞*，2012，http://opinion. dwnews.com/big5/news/2012-05-15/58734038.html (accessed March 7, 2014).

趙景芳，“中國和平崛起語境下的四大戰略誤區.”*海峽評論* Vol., No. 264, October 1, 2012, 28-31.

劉復國，“國家安全定位、海事安全與台灣南海政策方案之研究，”*問題與研究*，Vol. 39, No. 4（2000），pp. 1-15.

劉華清，*劉華清回憶錄*（北京：解放軍出版社，2004）.

鄭鏞洙，“金成：如韓國尚未準備好，將不會移交作戰指揮權，”*韓國中央日報新聞中心*，2013，http://chinese.joins.com/big5/article.do? method=detail&art_id=100120&category=002002 (accessed September 30, 2013 2013).

藍孝威，“南海對峙險相撞事件　美艦急煞車　與陸艦長通話，”*中國時報*，December 18, 2013.

藍孝威，“南海對峙險相撞事件　陸：美艦強闖航母內防區，”*中國時報*，December 17, 2013.

蘋論，“台灣玩完了嗎，”*蘋果日報*，March 7, 2014.

顧尚智，“*由美國西太平洋軍事戰略利益檢視釣魚台問題*，”政治大學.

大事年表

全球暨亞太地區重要大事紀（1950 年至 2014 年 7 月）

時間	事件內容
1950/06	韓戰爆發（1950 年 6 月 25 日－1953 年 7 月 27 日）
1951/08	「美菲協防條約」簽署。
1951/09	「美日安保條約」、「美澳紐聯防條約」簽署。
1953/07	「兩韓停戰協定」簽署、韓戰結束。
1953/08	「韓美相互防衛條約」簽署。
1954/09	「東南亞集體防衛條約」簽署。
1955/11	越戰爆發（1955 年 11 月 1 日－1975 年 4 月 30 日）
1962/10	古巴飛彈危機（1962 年 10 月 14 日-28 日）
1966/05	中共文化大革命。
1969/03	中蘇珍寶島武裝衝突事件。
1971/10	中華民國退出聯合國。
1972/02	中共與美簽署「上海公報」。
1973/10	第四次中東戰爭爆發，全球爆發第一次石油危機。
1975/04	越戰結束。
1979/01	中華民國與美斷交、中共與美建交並簽署「中美建交公報」、「臺灣關係法」生效。
1979/12	蘇聯入侵阿富汗。
1980/02	日本海上自衛隊首度參加環太平洋演習。
1980/05	南韓發生「光州事件」。
1980/09	爆發「兩伊戰爭」。
1982/04	爆發「英阿福克蘭戰爭」。
1982/08	中共與美簽署「八一七公報」。
1984/12	中英兩國政府在北京簽署有關香港回歸的「中英聯合聲明」。
1988/03	3 月 14 日，中越海軍在赤瓜礁發生小規模海上衝突。中共佔領赤瓜礁，越方則利用傷艦搶灘佔領了鬼喊礁、瓊礁，對赤瓜礁形成夾擊之勢。
1988/05	蘇聯自阿富汗撤軍。

1989/06	中共六四天安門事件。
1990/08	第一次波灣戰爭（1990年8月2日至1991年2月28日）、第三次石油危機爆發。
1990/11	「美新後勤設施使用諒解備忘錄」簽署。
1991/12	12月25日，蘇聯解體，冷戰告終。
1992/01	日本宮澤首相和布希總統宣布「美日全球夥伴東京宣言」。
1992/11	11月24日，美軍撤出菲律賓蘇比克灣與克拉克空軍基地。
1993/12	美日成立戰區飛彈防禦（TMD）工作小組。
1994/07	北韓最高領導人金日成逝世，金正日繼任。
1994/11	「美汶防禦合作諒解備忘錄」簽署。
1996/03	台海飛彈危機，美國派遣尼米茲號及獨立號航母戰鬥群前往臺灣東部海域。
1998/08	北韓發射一枚三節式大浦洞彈道飛彈飛越日本空域。
1998/09	美、日政府在安全保障協議委員會中同意共同研究戰區飛彈防禦系統
2000/10	美國海軍神盾驅逐艦柯爾號（USS Cole, DDG-67），在葉門亞丁港遭到自殺炸彈小艇攻擊而重創。
2001/04	美中軍機在南海海域爆發擦撞事件。
2001/09	911恐怖攻擊，美國正式向恐怖主義宣戰。
2001/10	美國發動阿富汗戰爭(2001年10月7日-預計2014年12月31日撤軍)、推翻塔里班政權。
2003/03	第二次波灣戰爭（2003年3月20日－2011年12月18日）
2003/05	中共國家主席胡錦濤與俄羅斯總統普亭在莫斯科簽署「中俄聯合聲明」
2003/08	開啓六方會談，針對北韓核武議題表達各國立場。
2004/02	第二輪六方會談，達成一項包含七點內容的主席聲明。
2004/06	第三輪六方會談，達成一項包含八點內容的主席聲明，包含確認承諾朝鮮半島無核化地位。
2005/02	美日召開安保諮商「二加二」部長會議，會後通過「美日安保新宣言」，首度將台海安全列入美日共同戰略目標，此舉也被外界視為美日聯手抵制中共通過「反分裂法」。
2005/02	北韓官方電視台在新聞節目中正式宣布擁有核武器。
2005/03	中華人民共和國第十屆全國人民代表大會第三次會議通過「反分裂國家法」。
2005/07	「美新安全架構協議」簽署。
2005/09	第四輪六方會談，美朝雙邊針對能源議題意見分歧。
2005/10	10月29日，美日外交國防安諮商會談，美日兩國決定重新安置美國海軍陸戰隊普天間基地。

2006/01	美國「海軍遠征戰鬥指揮部」（NECC）正式成立。
2006/03	中共國家主席胡錦濤與俄羅斯總統普亭在北京簽署「中俄聯合聲明」。
2006/07	北韓向日本海試射大浦洞二號、蘆洞及飛毛腿等七枚導彈。
2006/10	10 月 9 日，北韓進行第一次地下核子試爆，引起全世界同聲譴責。
2007/01	1 月 9 日，日本防衛廳升格為防衛省。
2007/02	第五輪六方會談，會中通過「落實共同聲明起步行動」文件。
2007/04	4 月 28 日，布希安倍大衛營會談，矢言強化兩國關係，建立合作關係
2007/07	7 月 14 日，北韓關閉寧邊核設施，國際原能會核查人員確認。
2007/10	第六輪六方會談，達成對朝援助等經濟與能源合作共識。
2008/07	美國海軍成立「海軍非正規作戰辦公室」。
2008/12	12 月 26 日，中共海軍正式派遣軍艦前往亞丁灣、索馬利亞海域護航
2009/01	歐巴馬就任美國第 44 任總統。
2009/03	美國海軍「無瑕號」（USNS Impeccable, T-AGOS-23）海洋監測船，在海南島潛艦基地以南約 75 浬處監測中共潛艇位置時，遭中共包括情報船在內的五艘船艦包圍，無懈號聲納遭破壞。
2009/04	4 月 5 日，北韓「光明星二號」在舞水端里的火箭發射基地升空；14 日，北韓宣布退出六方會談並重啓核設施。
2009/05	1. 聯合國海洋法公約締約國會議通過 SPLOS/72 號決議，要求各締約國在 2009 年 5 月 13 日前上報對海洋島嶼和管轄海域的主權申請，供委員會審議畫界。 2. 5 月 25 日，北韓進行第二次核子試爆，聯合國加強對其經濟制裁。
2009/06	美國海軍「麥肯號」（USS John S. McCain, DDG-56）飛彈驅逐艦在菲律賓蘇比克灣附近遭中共潛艦跟監，聲納受損。
2010/03	南韓「天安艦」（ROKS Cheonan, PCC-772）沉沒事件。
2010/06	美國防部長蓋茲（Robert Gates）在香格里拉會談中宣布美國的南海政策。
2010/11	1. 北韓多次砲擊南韓「延坪島」（Yeonpyeong Island）事件。 2. 俄羅斯總統於 2010 年 11 月登上南千島群島宣示主權，日俄關係緊繃。
2011/03	日本發生 311 大地震，強烈地震引發海嘯，毀損核電廠導致輻射外洩的「複合式災害」，造成嚴重之人命與財產損失。
2011/05	5 月 1 日，「基地」組織首腦賓拉登在巴基斯坦遭美軍海豹部隊擊斃。
2011/09	1. 菲律賓總統艾奎諾三世（Noynoy Aquino III）訪日，日菲就加強南海安全合作達成共識。 2. 印度應越南邀請，參與南海油氣田開發。

2011/10	1. 越南國防部長馮光青訪日，和日本防衛相一川保夫簽署有關加強兩國防衛合作與交流備忘錄。 2. 菲律賓與越南簽署一項允許雙邊海軍與海岸防衛隊能對發生在南沙群島周邊的緊急事件，有更佳的監視與反應的協議。
2011/11	1. 歐巴馬在東亞高峰會中提議發展「快速災難反應協議」（Rapid Disaster Response Agreement）。 2. 日本──東協峰會以 2003 年的「東京宣言」為基礎，在新宣言加入「海洋安全合作」，深化日本與東協在海洋安全領域的合作另通過「二〇一一至一五年行動計畫」。 3. 美國歐巴馬總統宣佈將在澳洲北部達爾文（Darwin）港維持 2,500 名陸戰隊輪駐兵力，進行為期 6 個月的訓練部署。
2011/12	1. 美軍撤離伊拉克。 2. 北韓第二代最高領導人金正日逝世，金正恩繼任。
2012/01	1. 歐巴馬發表《維繫美國的全球領導地位：21 世紀防衛優先任務》（Sustaining US Global Leadership: Priorities for 21st Century Defense） 2. 歐巴馬政府於 1 月 5 日宣佈「戰略再平衡」。
2012/04	1. 日本右翼人士東京都知事石原慎太郎稱東京都政府將購買釣魚台列島，熱點再次升溫。 2. 中菲黃岩島對峙事件、美菲肩並肩軍演、美越舉行聯合海軍演習，演練打撈與救災等訓練。 3. 北韓衛星「光明星三號」發射升空，爆炸墜海，國際社會譴責，並取消糧食援助。
2012/05	1. 中共在新版電子驗證功能護照中，將九段線內的南海海域與臺灣劃入主權範圍，單方向國際社會宣示中共在南海的主權。 2. 泰越寮印領袖出席「世界論壇」開幕式，強調東協將進一步強化區域安全合作與鏈結，以和平手段確保區域穩定與安全。
2012/07	中共宣佈在南海的東沙群島、西沙群島、南沙群島領域成立「三沙市」，並派遣巡邏艇衛護這一區域；越南國會通過「越南海洋法」，把西沙和南沙群島劃入越南領土範圍。
2012/08	1. 日本防衛大臣森本敏與美國防部長潘尼達達成共識，擬修改美日「防衛合作指導方針」，提升雙邊應對中共軍事力量崛起之能力。 2. 8 月 5 日，中華民國總統馬英九先生提出「東海和平倡議」，呼籲相關各方自制、擱置爭議，以和平方法化解爭端。 3. 8 月 10 日，南韓總統李明博登「獨島」（日本稱竹島）宣示主權；日方強烈抗議，並重新檢視與南韓之軍事與經貿等合作。

2012/09	1.日本野田政府表示欲將釣魚台國有化。 2.9 月 25 日，中共海軍航空母艦遼寧號（舷號 16）成軍服役。
2012/11	1.歐巴馬勝選連任，與國務卿柯林頓和國防部長潘內達連袂出訪泰國、緬甸和柬埔寨等三國。 2.「泰美國防聯盟共同願景聲明」簽署。
2012/12	1.安倍晉三復出，開始第二任執政。 2.北韓成功將「光明星三號」衛星發射升空，國際社會震驚。
2013/01	1.1 月 25 日，日本政府召開內閣會議，修改現行「防衛計畫大綱」（Defense Plan Outline）和「中程防衛力量整備計畫」（Mid-term Defense Program），期能更有效因應中共軍力快速擴張、釣島爭議、及北韓核武發展等威脅。 2.美國總統歐巴馬就職連任，開始第二輪執政。
2013/02	1.2 月 12 日，北韓進行第三次核子試爆。 2.2 月 25 日，朴槿惠就任南韓總統。
2013/03	1.習近平就任中共最高領導人。 2.北韓掀起核戰危機，片面宣布廢除「兩韓停戰協定」，以強硬回應聯合國對北韓制裁及美韓聯合軍演，進入准戰爭狀態。 3.3 月 26 日，「朝鮮人民軍最高司令部」聲稱，將攻擊美國本土和夏威夷、關島等美國軍事目標，美韓舉行「2013 鷂鷹聯合軍演」，美軍破例派出兩架 B-2 隱形轟炸機回應。
2013/06	1.歐習會在加州陽光莊園，針對網路、經濟、能源安全、東海（釣魚台）安全等議題進行晤談。 2.「美印戰略夥伴關係」簽署。
2013/07	美國海軍公布 X-47B 型隱形無人機，首度成功自美軍航空母艦「布希號」（USS G.H.W. Bush, CVN-77）上起降，此為劃時代的科技革命。
2013/10	1.10 月 3 日，「美日安保磋商委員會」（2+2）共同宣言指出，將再次修改《日美防衛合作指針》（Guidelines for U.S.-Japan Defense Cooperation）；同時，日本將設立「國家安全會議」（National Security Council）、發佈國家安全戰略（National Security Strategy）、檢視行使集體自衛權的法律基礎、檢討國防計畫指針（National Defense Program Guidelines）；而美國歡迎這些努力並重申將與日本密切合作 2.美韓針對朝核威脅簽署「戰略框架協議」。
2013/11	中共以維權為由，公開劃設東海防空識別區（ADIZ），涵蓋釣魚台並與日本原劃設的防空識別區部分重疊。

2013/12	1. 南韓宣布擴大該國防空識別區（KADIZ），延伸範圍涵蓋離於島（中共稱蘇岩礁） 2. 12 月 17 日，日本公佈「國家安全戰略」(National Security Strategy)、「防衛大綱」(National Defense Program Guidelines)、及「中期防衛力整備計畫」。 3. 中共航母遼寧號在南海進行「作戰系統綜合研試」等操演，美國太平洋艦隊導彈巡洋艦「考本斯號」（USS Cowpens, CG-63）監視闖入操演區，雙方險釀海事。
2014/04	1. 4 月 1 日，日本內閣會議通過修改「武器輸出三原則」，以「防衛裝備移轉三原則」更名取代，並宣稱此舉是基於國際情勢變化與國內企業壓力等因素。 2. 4 月 22 至 29 日，美國總統歐巴馬訪亞洲四國（日本、南韓、馬來西亞及菲律賓），宣示美國對亞太地區的安保與經濟高度關注。
2014/05	1. 5 月 13 日，中共在南海設置「海洋石油 981」深水油氣田鑽井平台探勘石油，中越雙方船隻海上對峙，引發一連串排華示威與暴動。 2. 5 月 20 至 21 日在上海舉行的「亞洲相互協作與信任措施會議」（Conference on Interaction and Confidence-Building Measures in Asia）第四次峰會，中俄共同提出亞太安全與合作倡議。 3. 5 月 24 日，中俄於東海舉行「海上聯演-2014」軍事演習期間，中日雙方軍機異常接近。
2014/06	6 月 11 日，中日雙方軍機再次爆發異常接近事件。
2014/08	8 月 12 日，美國與澳洲舉行外交國防「二加二」部長級會議，雙方簽署聯合公報，進一步確認美在澳洲輪調部署二千五百名陸戰隊員的相關協議。

Do觀點18　PF0151

鷹凌亞太
——從美國的再平衡戰略透視亞太軍演

作　　者／林文隆、李英豪
責任編輯／鄭伊庭
圖文排版／楊家齊
封面設計／王嵩賀

出版策劃／獨立作家
發 行 人／宋政坤
法律顧問／毛國樑　律師
製作發行／秀威資訊科技股份有限公司
　　　　　地址：114 台北市內湖區瑞光路76巷65號1樓
　　　　　電話：+886-2-2796-3638　傳真：+886-2-2796-1377
　　　　　服務信箱：service@showwe.com.tw
展售門市／國家書店【松江門市】
　　　　　地址：104 台北市中山區松江路209號1樓
　　　　　電話：+886-2-2518-0207　傳真：+886-2-2518-0778
網路訂購／秀威網路書店：https://store.showwe.tw
　　　　　國家網路書店：https://www.govbooks.com.tw

出版日期／2015年1月　BOD一版　定價／390元

|獨立|作家|
Independent Author

寫自己的故事，唱自己的歌

鷹凌亞太：從美國的再平衡戰略透視亞太軍演 / 林文隆, 李
英豪著. -- 一版. -- 臺北市：獨立作家, 2015.01
　　面；　公分. -- (Do觀點；PF0151)
BOD版
ISBN 978-986-5729-57-8 (平裝)

1. 海軍　2. 美國外交政策　3. 美國亞太政策

592.42　　　　　　　　　　　　　　　　　103025446

國家圖書館出版品預行編目

讀者回函卡

感謝您購買本書，為提升服務品質，請填妥以下資料，將讀者回函卡直接寄回或傳真本公司，收到您的寶貴意見後，我們會收藏記錄及檢討，謝謝！如您需要了解本公司最新出版書目、購書優惠或企劃活動，歡迎您上網查詢或下載相關資料：http:// www.showwe.com.tw

您購買的書名：_____

出生日期：_____年_____月_____日

學歷：□高中 (含) 以下　　□大專　　□研究所 (含) 以上

職業：□製造業　□金融業　□資訊業　□軍警　□傳播業　□自由業
　　　□服務業　□公務員　□教職　　□學生　□家管　　□其它_____

購書地點：□網路書店　□實體書店　□書展　□郵購　□贈閱　□其他

您從何得知本書的消息？

　　□網路書店　□實體書店　□網路搜尋　□電子報　□書訊　□雜誌

　　□傳播媒體　□親友推薦　□網站推薦　□部落格　□其他_____

您對本書的評價：（請填代號　1.非常滿意　2.滿意　3.尚可　4.再改進）

　　封面設計____　版面編排____　內容____　文／譯筆____　價格____

讀完書後您覺得：

□很有收穫　□有收穫　□收穫不多　□沒收穫

對我們的建議：_____

_____

_____

_____

11466
台北市內湖區瑞光路 76 巷 65 號 1 樓
獨立作家讀者服務部　　　收

....

（請沿線對折寄回，謝謝！）

姓　　名：＿＿＿＿＿＿＿＿＿　年齡：＿＿＿＿　性別：□女　□男

郵遞區號：□□□□□

地　　址：＿＿＿＿＿＿＿＿＿＿＿＿＿＿＿＿＿＿＿＿

聯絡電話：(日) ＿＿＿＿＿＿＿＿＿　(夜) ＿＿＿＿＿＿＿＿＿

E-mail：＿＿＿＿＿＿＿＿＿＿＿＿＿＿＿＿＿＿＿